大眾心理館 341

設計的心理學

人性化的產品設計如何改變世界
The Design of Everyday Things

Donald A. Norman——著

陳宜秀——譯

《大眾心理學叢書》出版緣起

一九八四年，在當時一般讀者眼中，心理學還不是一個日常生活的閱讀類型，它還只是學院門牆內一個神秘的學科，就在歐威爾立下預言的一九八四年，我們大膽推出《大眾心理學全集》的系列叢書，企圖雄大地編輯各種心理學普及讀物達二百種。

《大眾心理學全集》的出版，立刻就在臺灣、香港得到旋風式的歡迎，翌年，論者更以「大眾心理學現象」為名，對這個社會反應多所論列。這個閱讀現象，一方面使遠流出版公司後來與大眾心理學有著密不可分的聯結印象，一方面也解釋了臺灣社會在群體生活日趨複雜的背景下，人們如何透過心理學知識掌握發展的自我改良動機。

但十年過去，時代變了，出版任務也變了。儘管心理學的閱讀需求持續不衰，我們仍要虛心探問：今日中文世界讀者所要的心理學書籍，有沒有另一層次的發展？

在我們的想法裡，「大眾心理學」一詞其實包含了兩個內容：一是「心理學」，指出叢書的範圍，但我們採取了更寬廣的解釋，不僅包括西方學術主流的各種心理科學，也包括規範性的東方心性之學。二是「大眾」，我們用它來描述這個叢書的「閱讀介面」，大眾，是一種語調，也是一種承諾（一種想為「共通讀者」服務的承諾）。

經過十年和二百種書，我們發現這兩個概念經得起考驗，甚至看來加倍清晰。但叢書要打交道的讀者組成變了，叢書內容取擇的

理念也變了。

從讀者面來說，如今我們面對的讀者更加廣大、也更加精細（sophisticated）；這個叢書同時要了解高度都市化的香港、日趨多元的臺灣，以及面臨巨大社會衝擊的中國沿海城市，顯然編輯工作是需要梳理更多更細微的層次，以滿足不同的社會情境。

從內容面來說，過去《大眾心理學全集》強調建立「自助諮詢系統」，並揭櫫「每冊都解決一個或幾個你面臨的問題」。如今「實用」這個概念必須有新的態度，一切知識終極都是實用的，而一切實用的卻都是有限的。這個叢書將在未來，使「實用的」能夠與時俱進（update），卻要容納更多「知識的」，使讀者可以在自身得到解決問題的力量。新的承諾因而改寫為「每冊都包含你可以面對一切問題的根本知識」。

在自助諮詢系統的建立，在編輯組織與學界連繫，我們更將求深、求廣，不改初衷。

這些想法，不一定明顯地表現在「新叢書」的外在，但它是編輯人與出版人的內在更新，叢書的精神也因而有了階段性的反省與更新，從更長的時間裡，請看我們的努力。

目錄 | Content

【推薦序1】

知識經濟時代的設計

梁桂嘉

　　設計活動就如同是一種具創意特質的「問題解決」的過程，設計師如何運用知識、技術、資訊、經驗與方法，透過這樣的活動過程，為「人」（客戶或設計對象）進行最佳的服務行動。設計師是如何思考與發展設計解決方案，以及如何確立適合的決策，來達成客戶的目標與期望，或滿足與刺激消費者最理想的需求與欲望，並能傳達價值與意義，是一項很重要的探討議題。此外，由十九世紀工業化時代，演進至二十一世紀知識經濟的社會環境，人類的社會行為與需求的急速擴增，相對促進設計的活動日益複雜與多變，設計除逐步邁向專業化，也同時朝多元的整合。

　　在現代商業主義導向的環境中，設計的專業建立在「商業者」、「設計產物」與「使用者」之間的互動關係中。商業實體根據使用需求與市場行銷的概念，發展與生產出設計產物，並透過各類型的設計功能來建構訊息，期與使用者產生各種互動。因此，設計可以被認知為行銷的最佳利器。

　　在如此社會環境的設計活動中，大多數對「好」設計的討論，仍著重於美感的呈現，然而在神祕美感後的其他因素則較少受到討論，特別是在成功的設計易用性是如何產生的。設計可以根據它們的美感品質來評價，但真正對人類影響的不是設計獨立性，而是在時間流動的過程中與人之間無形的互動關係。舉例而言，從人類社會價值觀的變遷來看，環境不斷地變遷，人們認同的價值觀也會不斷地轉變，以致作用於環境的行為也不停的改變。因此，在設計的發展過程，價值觀對設計師與客戶間，或設計師與消費者間，甚至設計師彼此之間的溝通與相互認同，就會產生極大的影響。

　　個人從事設計實務、教育與研究工作中，也深深體會設計的多變性

與靈活性,尤其是在設計師的概念產製過程所表現出的想像力與創造力,那種令人感動的過程,是難以形容的。同樣的設計條件,不同設計師對問題空間(Problem Space)認知與陳述的不同,造成差異化極大的解決方案的產生。設計結果背後產生的意義,代表了有某些因素導引設計思考與認知發展的差異化,同時也主導創意的發生與發展。因此,誠如愛因斯坦曾說:「精確地陳述問題比解決問題重要得多。」要有效的思考設計問題,就得問出一連串有效的好問題,再由思考問題,產生一些好的設計解決方法。

由於長期以來對設計行為與設計思考等議題就極感興趣,過去在英國攻讀博士學位研究設計思考的論文中,曾引用諾曼先生 *Things That Make us Smart* 與 *The Design of Everyday Things* 書中的經典論述。除工業設計為主,近十年來在個人發展空間設計專業的過程中,確信在 Industrial Design 及 Spatial Design 兩者專業發展與觀念對應間,存在著一定程度的相關性,特別在對「使用者」的思考與認知發展、問題解決等,應用了部分共通的觀念。很高興遠流出版公司能續將諾曼先生《設計的心理學》中文版出版。本書在現今資訊獲取太過於容易而氾濫的商業環境裡,面對設計的問題解決過程,尤其在對應不可見的需求與「深層設計」的多元思考中,對設計資訊的篩選與分析,提供具體與系統化的思考方法——特別是在解決複雜的「人」的議題上。

【推薦者簡介】梁桂嘉,國立臺灣師範大學設計學系教授、中華設計創作學會名譽理事長。國立成功大學工業設計工學士/英國設計博士。專長於工業設計與空間設計實務,設計思考研究。曾任銘傳大學商品設計系系主任/國立臺灣師範大學設計研究所長。

【推薦序2】
放諸四海皆準的設計原理

黃啓梧

　　唐納‧諾曼教授在本書第一版中所提出的設計者、使用者與系統三者所形成的設計概念模型，是迄今最常廣泛被設計研究者引用的文獻之一，距離1988年出版至今已經超過四分之一世紀。我1993年在英國修讀博士學位期間接觸到這本書，當時我的論文題目為《易用性——產品語意學與設計教育之研究》，這模型解答了我心中許多的疑惑，根據這模型我進行了一連串的使用者實證研究，而推論出要設計容易使用的產品，設計師必須去了解使用者，去研究使用者心中的模式究竟為何。這就是所謂的人本設計，以使用者為中心的設計思想。

　　諾曼厲害的地方是把很生澀難懂的認知心理學專有名詞，用生動有趣的日常故事娓娓道來，讓讀者很容易理解，例如：大樓的大門推或拉開，飯店浴室水龍頭的開關等，都是我們日常生活所常碰到的問題，但一般人都選擇責怪自己笨，而不去抱怨設計不良；只見他信手捻來，深入淺出地說一番道理，結論是設計師沒有設計好，他指引設計師們設計東西時必須以使用者為中心。

　　在20世紀末，個人電腦普及，網路及電子郵件剛剛起步，在科技發展的推動下，許多功能被添加到產品中來吸引顧客，因而產生許多產品不易使用之問題，諾曼的理論的確給設計師們帶來許多啟發。到了21世紀，諾曼更進一步注意到：為何好看的東西，人們總是覺得比較好用；剛洗過的車子，好像比較好開。這不是和易用性相矛盾嗎？因此，2004年出版了《情感@設計》這本書，來解答這個疑問。他運用了認知三層次的理論，將產品設計由易用性推進到使用者經驗的境界。諾曼有感於他所提出的理論至今仍是放諸四海皆準的原理，只是四分之一世紀前所舉的例子已經不存在或過時了，例如：錄放影機、幻燈機都已經被淘汰，於是大幅改寫，更新補充新的例子，並增加了他在產業界服

務多年的經驗、產品開發的方法，以及如何運用設計思維來改善人們的生活。

　　本書深入淺出，讀來輕鬆易懂，不但適合學習設計的學生閱讀，也很適合一般普羅大眾。誠如書中所言，本書讓一般使用者碰到不易使用的東西時，不再怪自己，該怪就怪設計師沒有充分了解使用者，好好的設計。

　　【推薦者簡介】黃啓梧，英國 Manchester Metropolitan University 博士，現任國立臺北科技大學工業設計系副教授兼系主任、中華民國設計學會理事。研究領域包括：產品語意學、使用性工程、人本設計、高齡輔具設計。設計專長為家具設計、文具設計、生活用品設計。

【推薦序 3】

實踐使用者經驗思維，重新認識世界

蔡明哲

　　如果你讀過本書的第一版，你應該讀一次升級版，因為經過改寫，升級版加入了更符合時代的具體案例與詮釋。再讀一次不僅不是浪費時間，你會因此獲得更多的知識與啟發。

　　如果你不曾讀過這本書，那麼不論你將它視為設計入門，或者如同我一樣，將它視為一本改造思維與生活態度的著作，這本書都值得大力推薦。從初版到修訂經過了二十五年，這仍然是一本值得一讀再讀的經典。在此，請容我敘述一些在專業上的轉變歷程，以自身的經歷來見證本書的意義。

　　我既不是心理學家，也不是設計師。多年前我是個網站規劃者及行銷顧問，現在是個「使用者經驗」（User Experience, UX）的實踐者。UX 對我來說是一門學以致用的學問，不是口號，更不是潮詞。除了應用 UX 的知識協助客戶規劃產品，我也將 UX 落實於各種生活及工作場域之中。

　　受教於臺灣最棒的電腦科學學府，以及任職於全球最頂尖的網路行銷集團，這兩段經歷幫助我立足於資訊業及行銷業，創造出不錯的工作成績。隨著網路發展熱潮，我轉戰到網路行銷，在行銷領域闖出一片天地，幫助金融、電信、汽車、消費產品等國內外知名品牌，在網路世界打出江山。

　　身為一個資訊技術者或是網路行銷顧問，我只擅長「完成任務」，能面對目標，在時限內使命必達。雖然作出了些成果，隨著經驗累積，我不免覺得工作內容固定循環，也欠少了真正幫助客戶的成就感。於是我開始尋求個人境界的提升，以及能提供給客戶的創新價值。知道自己的不足，我為了做出更好的網站規劃而尋求知識，因而開啟了這段學習

過程，踏入使用者經驗的門檻。我取得的第一張門票是「資訊架構學」（Information Architecture），第二張門票是「易用性」（Usability）。

資訊架構源自於圖書館學，用來解決資訊的組織問題，幫助人們在龐大複雜的資訊空間裡找到需要的資訊。易用性則是非常清楚的產品指標，與資訊架構與介面設計融合。解決易用性問題不僅有助於使用者與網站的互動，還可以提升行銷效益。透過這兩門學問，我認識了許多專家，長了不少見識，更看懂了許多優秀網路服務背後的設計原理。我更驚訝地發現，這些公司除了有資訊技術與服務創意的基礎，還有一群多元領域的團隊，例如心理學家、社會學家和人類學家。他們為何出現在這些創新的網路服務裡？他們究竟做些什麼？對於只認識電腦運作原理的我來說，這是個全然陌生的世界。我渴望知道答案，也感覺到一個新的突破就在眼前。

2009 年臺灣使用者經驗設計協會邀請高雄醫學大學的蔡志浩老師來演講，讓我深受啟發，了解到認知心理學對產品設計的價值。原來在心理學中存在著強大的力量，可以讓產品脫胎換骨。其關鍵就在於判斷什麼才是真正的問題。

人們容易就眼前看到的事情引發直覺判斷（像這樣的東西，就該拿來做什麼）。花點時間去想，你能找出背後的運作原理（由什麼組成，可以做些什麼）；更深入一點，可以發現這個現象存在的社會脈絡（這樣的現象是什麼原因造成的）。最有價值也是最根本的核心往往是最後一個問題，但它也最難被理解。心理學的訓練能夠幫助我們看穿表象問題，進一步理解使用者的行為脈絡，挖掘深層的動機，甚至分析社會框架，讓我能更深入地理解問題的本質。在這個變動劇烈的時代，這是我們極為需要的能力，因為這會使得產品與服務的創新具備扎實的基礎。

　　學習使用者經驗的起點，來自於對人的關切。唐納‧諾曼在 1980 年代提出「使用者經驗」這個詞，用一個包容性的概念來將產品的外觀到使用程序都納入設計工作之中。如果用一句話來解釋，「使用者經驗」是一種從發現根本問題，到尋求最佳解答的思維及態度。了解這種思維與態度，正是我從資訊技術及行銷轉變過來的經歷。這些內容在本書的第 6 章有更深入的探討。

　　領略到「使用者經驗」的力量，我不斷地在協助客戶規劃產品與服務的過程裡，帶入這些觀念與方法。這幾年來，我陸續在知名科技業、網際網路業、企業資訊系統、與政府公共服務中去應用它們。使用者經驗早就不是一個學術名詞，而是企業產品與服務創新的重要方法。在一項 2012 年的調查中，全球有超過 30 個國家，300 場以上大型研討會探討使用者經驗，參與的行業跨越科技、網路、服務、商業、交通、醫療、學術、公共服務等等。

　　可惜的是，國內還有太多企業在口頭上談創新，可是對使用者經驗的了解投入不夠，有更多的企業則是完全不曾嘗試去認識使用者，傾聽使用者的心聲。臺灣使用者經驗設計協會、HPX、IxDA 三個專業團體在這幾年來，不斷舉辦公開的研討會、工作坊和講座，他們很願意幫助每位有興趣的人進一步地理解這個領域。為了承續我們引以為傲的臺灣經驗，讓臺灣恢復競爭力，我們渴望這種以人為核心的思維能在產業界普及，更能應用到個人、家庭、社會與政府。

　　非常慶幸在這個時候能見到本書的升級版，尤其是看到作者加入許多新元素與內容，用深入淺出的方式讓我們知道，原來道理這麼淺顯，而實踐上的挑戰又在哪裡。能夠透過中文輕鬆閱讀這本經典著作更是一件愉快的事情，而且看到設計與心理學名詞得到準確的中文翻譯，更讓

人開心。用心的讀者還會發現，中文譯本添加了許多不同型態的註釋，除了提供更準確的解釋之外，還兼具了導讀功能，讓讀者獲得更完整方便的參考資訊，這樣優秀的翻譯品質，足見本書譯者的學養及用心。

　　這本書究竟適合誰來讀，要分到哪一種類別？這個問題會讓出版社及書店傷點腦筋。表面上這是一本談論認知心理學和設計的書籍，然而書中所陳述的原理方法以及各種案例，又可以涵蓋到人文、科技、社會、組織管理等各種面向。它既可以是個人成長的基礎知識，也可以是產品設計思考的準則。

　　它之所以能夠涵蓋這麼多種可能性，主要是根源於「人」。文明發展至今，生活形態變化越來越快，人們也越來越倚賴科技。科技與需求交織，促進不同產業不斷蛻變結合。想要在目不暇給的科技變革中，找到滿足人類需求的著力點，答案不在科技，而在於人的心理，你可以在這本書中找到答案。

　　不管你是個設計或是心理學的愛好者，或只是想找一本好書，這都是一本有趣的書。它不只是寫給設計者看的，更是為了在生活中應用各種科技事物的一般讀者所寫的書。希望你能因為這本書改變你的視野，了解到如何洞察使用者，獲得更大的力量來改變我們的社會及生活環境。我們因為有這樣的視野，自然得以提昇與創新。

【推薦者簡介】蔡明哲，國立交通大學資訊科學系，資訊科學研究所畢業。曾任職於知世網絡（現名為安索帕，電通安吉思集團旗下數位行銷公司）。現任悠識數位顧問有限公司首席體驗架構師，HPX 創辦人。

【推薦序 4】

設計有理可循

陳秉良

求學過程中，總覺得課本中的知識沉重乏味，當時一心只想往設計發展，每次在創作時，在圖像上的嘗試讓人滿足又安心，強大的內在驅力讓我不斷前進探索。

經過多年品牌實踐，當設計實務經驗已累積到一定程度時，卻反而沒辦法純粹看待美感層面了，使用者經驗、市場評估、策略方向、創新性等重重考量加進來，設計變成博大精深的學問，文字陳述出來的邏輯與理論，成為幫助自己理解設計問題的重要依據，釐清許多創作過程中模糊難以言說的部分，不但從前不以為意的地方變得有理可循、更發現意想不到的成長空間。

對一向圖像思考的人來說，一次讀完幾十萬字實在是艱鉅的任務。不過，這本書也的確不是短時間能消化得了，反覆閱讀思考更能享受其中的趣味。書中融合作者多年的實務經驗和觀察，提出眾多觀點，為生活中可能想都沒想過的問題做了精彩的研究，梳理出設計心理各層面的清晰脈絡。無論你是設計人、研發者、甚至只是個好奇的使用者，我想都能從中得到許多有價值的參考知識。

【推薦者簡介】陳秉良，遊戲橘子數位科技品牌總監、遊戲橘子關懷基金會執行長、中華民國設計師協會理事長、實踐大學時尚與媒體設計研究所講師。2003 年領軍東岸創意團隊進入遊戲橘子成立品牌中心，專責 gamania 的品牌策略、品牌創意、視覺資產與商品之開發與整合。

臺灣版序

唐納・諾曼

　　我很高興我的書能被翻譯成正體中文。在消費性產品的發展上，臺灣處於世界領先的地位。我也訪問過臺灣的大學，留下很好的印象。

　　設計是現代產品極其重要的一部分，尤其是書中所討論到的技術，是人機互動、人機介面設計、易用性研究，以及使用者經驗各個領域的基礎。這許多名詞的共同理念，是我們必須設計能配合人們的需求和生活方式的產品。隨著越來越多的裝置包含微處理器、通訊能力和螢幕，對人本設計哲學的需求更形重要。許多裝置需要複雜的設定，而太多的設定令人困惑，增加了人們的挫折感，讓他們無法享受新科技帶來的好處。這本書的原則對臺灣尤其重要。雖然臺灣島並不大，但是你們的影響力非常大，這個影響力來自臺灣的企業，以及在世界各地，許多公司裡的臺灣設計師和工程師。

　　我也很高興我的好朋友陳宜秀博士願意翻譯這本書，我很享受和他在亞洲和美國共處的時間。我知道他一面在翻譯這本書，一面也在參與HTC 手機以人為中心的介面設計工作。雖然這本書的翻譯加重了他的工作量，他也是翻譯這本書的極佳人選，因為他每天都在面臨本書中所討論的設計問題。我用的是 HTC 的手機，所以我得以享受他的工作成果。謝謝你，Yihsiu。

　　我希望你能享受這本書。如果你喜歡它，請到我的網站 jnd.org 看我其他的文章（很抱歉，這些文章只有英文版）。

美國，加州，矽谷
2014 年 3 月

譯序

陳宜秀

設計，是人和人的一種溝通。

雖然在學校裡研究的是社會心理學，我卻始終認為自己是一個做產品的人。經歷的工作也恰好包括了一個使用者經驗的工作者能接觸的種種面向：從對心理學的研究，到實驗性的電訊服務，設計新的通訊產品，管理從舊手機到智慧型手機的產品轉型，又回到使用者行為的研究上來。

在這段過程中，我看到許多人對這個專業的熱忱及投入。設計是如此豐富的領域，有太多的工作者來自不同的訓練背景，有不同的觀點以及不同專長。因為這些不同的觀點，使得這個行業變得精彩，也充滿挑戰及挫折。在產業界，我看到公司的同仁為了創造更好的產品而努力。一個產品的使用經驗，絕對不是一位設計師或一群設計師做得出來的，而是許多人在巨大的競爭壓力下，掙扎挫折，痛苦選擇累積出來的。然而，做出一項好產品的成就感，無可取代。作為一個產品設計的參與者，我為與我共事的夥伴們驕傲喝采！

諾曼的思想從心理學和科技工業的研究出發，在設計界中自成一家。雖然本書的第一版啟發了許多後繼者，他也持續受到設計本位者的批評挑戰。究其思想，其實很簡單：設計是為使用者做的，而好設計是對使用者的良好溝通。溝通的方式，就是書中討論的種種原則。好的溝通，不只是把話講明白，還要引人入勝，令人回味。設計得不好，就是溝通不良。

這也是設計的困難，因為設計的溝通不比交談。與人談話，如果說不清楚，有許多機會可以澄清。設計的溝通是單向的，是設計者透過產品，對心中理解的使用者所發出的訴求。你我心中的使用者並不見得相同，但是做一項產品又必須彙集所有部門的合作。雖然設計的發端應該

是對「為誰設計」建立共識，設計的過程依然充滿衝突。很少有一條設計原則在所有情況下都適用，而每個設計的決定都要有所取捨。這不表示這些原則都是錯的，只能說人和情境是複雜的。一個設計不能討好所有的人，而設計風格的完整，是一個設計團隊、一家公司的挑戰。一個零碎、不完整的使用者經驗，也表示後頭有破碎、不協調的組織。

　　然而這本書中的原則是所有設計的基礎，只要是為了別人所做的設計，便不能不考慮。好的設計，來自對使用者的真誠。一位非常傑出的設計師曾經告訴我，即使他必須充滿自信，帶領團隊把東西做出來，對即將上市的產品能不能被人接受，他比任何人都緊張。

　　常常聽說產品的使用經驗很難顧及，因為觀念太新了，許多人不了解，也沒時間去管。其實使用經驗或易用性不是個新的觀念。從人類製作任何東西的頭一天起，這個觀念就存在了。一根拿在手中照明的火把，長度不能太短，以免燒到手；把手的地方用石片削圓一些，比較好拿。這些經驗累積出來的做法，不是設計的一部分、不是易用性，又是什麼？我們只是因為技術的進步，產品的複雜，對功能的渴求，忘記了使用經驗曾經是產品的基本要求，而不是今天所以為的最高標準。一件衣服穿起來舒服，我們只會說「好穿」，不會說「易用性高，使用經驗很好」，但是那是同樣的意思。不符合使用者需求的產品就是「不能用」，而不只是「不好用」。以為消費者會願意將就，會自己想辦法習慣「不太好用，但可以用，要學著用」的產品，是企業對顧客的不尊重；願意去遷就這樣的產品，是我們消費者對自己權益的漠視。

　　這本書的意義也在此。無論食衣住行，使用各式各樣的服務或產品，我們無時無刻不被各種設計所圍繞。「求有」不是個問題的時候，要求高品質的設計，才能「求好」。一旦知道這一點，你會發現周圍的

環境還是有太多值得思考改善的地方。從這本書所提供的觀點去觀察自己周圍的事物，是提升生活品質的起點，也是一種樂趣。

去國多年，很高興見到在臺灣有這麼多的專業者，勇敢迎向產業界所給予的挑戰。從早年幾位先進的篳路藍縷，到今天臺灣培養出來的人才楚材晉用，專業社群的成長的速度遠超過產業環境能提供的機會，令人憂心。臺灣的產業界必須認清，當功能及成本不足以恃，使用者經驗已經是產品的最後競爭力，以及企業的終極挑戰。中國在這方面十年來的成長有目共睹，也支撐了網路服務及科技業的急速發展。從人才不足到人才流失，這是急於找回競爭力的臺灣令人扼腕的事。

最後感謝內人秋樺，在我深夜趕稿時為我遞上咖啡。也請容我向第一版的翻譯者卓耀宗先生致意。卓先生早年經常回臺灣講學，也翻譯了三本諾曼的著作。如果你讀過諾曼的其他著作，你很可能接觸過卓先生的譯筆，受益於他的貢獻。

書於 HTC 西雅圖設計中心
2014 年 4 月

升級版序

唐納・諾曼

　　本書的第一版，在當年名為《設計心理學》（POET, *The Psychology of Everyday Things*，中譯本遠流 2000 年出版）。一開頭我是這麼說的：「這是一本我一直很想寫的書，只是我還不清楚會是本什麼樣的書。」今天我知道了，所以我只想簡單地說：「這是一本我一直很想寫的書。」

　　這是一本設計的入門書，希望帶給大家（包括一般讀者、科技人和設計師）翔實有趣的內容。本書的目的之一，是希望讀者能看到不良設計在現代生活中所造成的諸多問題，尤其是和科技有關的問題。我也希望大家能發現，好的設計及設想周到的設計師如何使我們的生活更輕鬆、更順暢。其實，良好的設計比不好的設計更難察覺。一方面因為好的設計是無形的，能滿足我們的需求，但設計本身卻不引起我們注意；另一方面，不好的設計卻非常明顯，讓我們很容易注意到它的不足之處。

　　藉著書中我提出的幾項設計基本原則，我將解釋該如何解決使用上的問題，讓日常的事物變成令人愉悅滿足的產品。良好的觀察力加上對設計原則的了解，就是人人適用的好工具，即使你不是專業的設計師也沒關係。怎麼說呢？因為就某種意義而言，我們都是設計者；我們設計自己的生活、自己的環境，和做事的方式。我們也會發明變通的方法來克服現有產品的缺陷。這本書的另一個目的是希望你更能掌握自己的生活，知道如何選擇容易使用和易於理解的產品，以及如何應付不易使用、令人困惑的產品。

　　本書的第一版已經有一段悠久的歷史。問世之後，它的名字很快就變成《設計 & 日常生活》（*The Design of Everyday Things*，中譯本遠流 2007 年出版），變得活潑一些，也更加貼切。至今，第一版受到廣大讀者和設計界的關注，也成為許多課程和公司所指定的參考書。在二十多年後的今天，這本書依然受到歡迎。我很高興收到許多讀者的來信，

以及各種各樣考慮不周、愚蠢，或者是令人驚豔的設計實例。許多讀者告訴我這本書改變了他們的生活，使他們對生活中的問題和其他人的需求更加敏感。有些人甚至因為讀了這本書而決定成為設計師，改變了自己的職業生涯。這一切的迴響都是我原先意想不到的。

為什麼要出升級版？

第一版問世之後的這二十五年來，科技已經發生了巨大的變化。在我寫第一版時，無論是手機或網際網路都尚未廣泛使用，家裡可以上網更是聞所未聞。摩爾定律（Moore's Law）宣稱，電腦的速度大約每兩年增加一倍，這表示今天的電腦比當初寫這本書時，快上了 5000 倍。

雖然《設計 & 日常生活》提出的基本設計原則到今天仍然重要，但是書中的例子已經嚴重過時。甚至有學生問我：「什麼是幻燈機？」即使其他的部分都不改，起碼這些例子需要更新。

有效的設計方法也必須加以改寫。人本設計（Human-Centered Design, HCD，或稱以人為中心的設計）自第一版之後逐漸興起，多少是受到本書的啟發。這一次的升級版中我用了一整個章節，專門討論產品開發的人本設計過程。第一版專注在如何使產品易於理解、容易使用，但是沒有討論到樂趣、享受及情感的成分，而這些成分在一項產品的整體經驗中扮演極其重要的角色。我後來寫了一整本《情感 @ 設計》（Emotional Design，中譯本遠流出版）來談它們在設計上的意義，這些議題現在也包含在這個版本裡。

我從工業界的經驗中學到了現實世界的複雜性，成本和進度為什麼

如此關鍵，為什麼要了解競爭對手，以及跨領域團隊的重要性。我了解到成功的產品固然要吸引顧客，但是購買時考慮的標準跟使用過程中的標準並不相同。最好的產品不見得一定會成功，聰明的新技術可能要花上好幾十年才能被接受。要做好產品，光是了解設計或科技並不夠，對商業的了解也是非常關鍵的。

我修改了些什麼？

如果你熟悉本書的第一版，我在這裡稍微介紹一下改了哪些部分。我修改了些什麼？也不太多，只是將整本書全改了一遍。

開始改寫的時候，我以為既然所有的基本原則仍然成立，我只需要更新書中舉出的例子就完工了。但是改到最後，我把全部內容都修改過了。為什麼呢？即使所有的原則到今天仍然適用，在二十五年間我們學到了更多。我知道書中哪一個部分比較不容易了解，所以需要更清楚的解釋。在此期間，我還寫了許多文章和六本相關的書籍，其中一些重要的內容也納入升級版中。例如說，第一版並沒有提及「使用者經驗」（user experience）一詞，這個名詞必須要加進來。我是最早開始使用這個名詞的人之一；在 1990 年初期，我在蘋果電腦公司率領的團隊便自稱為「使用者經驗架構師辦公室」（User Experience Architect's Office）。

同時，我在工業界的經驗教了我很多產品開發的實際過程，所以我添加了許多有關預算、進度和競爭壓力對產品影響的討論。當我寫第一版時，我是一個學院派的研究者；如今，我曾擔任蘋果、惠普和一些新創公司的高階主管，無數公司的顧問，以及不同企業的董事會成員。我

把這些經驗的心得也寫進書裡。

最後，第一版的一個重要特色是很簡潔，是對這個領域的基本介紹，可以讀得很快。我在升級版中保留了這個特色；因為增加了上述的內容，我試著刪除一些章節，讓全書的篇幅大致不變（這個打算顯然不太成功）。這應該是本介紹性的書，為了要讓它的內容簡潔緊湊，太深入的討論，以及許多重要但是艱深的主題都被排除在外。上一版從 1988年延續至 2013 年，如果新版本能持續一樣久，那就是從 2013 年到 2038年。我必須小心選擇例子，以免在幾年之後就過時了。因此我盡量不選用某些實際公司的例子。畢竟，誰能記得二十五年前的公司？誰又能預測什麼新的公司會出現，哪些現有的公司將會消失？而今後的二十五年裡，又有什麼新的技術會發生？我唯一能肯定的一件事，是人類心理的原則將保持不變，這也意味著基於心理學，基於人類認知、情感、行為的設計原則，以及人與周圍世界互動的本質，將保持不變。

以下是每一章改寫的摘要。

第 1 章：日常事物的精神病理學

「指意」（signifers）是升級版中最重要的新詞彙。這個詞在《好設計不簡單》（*Living with Complexity*，中譯本遠流出版）一書中開始介紹。第一版的重點是「預設用途」（affordances）；雖然在跟實體對象的互動中，預設用途的概念很清楚，但在跟抽象的對象互動中這個概念有些模糊，因此預設用途這個詞在設計專業裡引起不少混淆。預設用途決定了哪些操作是可行的，而指意是用來幫助人們發現這些操作方式。指意是一種標示，是能被感知的信號，它告訴使用者有什麼事可以做，在哪裡做。指意對設計來說更為重要，所以我加入了詳細的討論。

我也加上了一小節對人本設計的敘述。在第一版出版時，這個詞還不存在，但是回顧本書的歷史，我們可以看到這整本書都在闡述人本設計。

除此之外，本章的內容和第一版大致是相同的。雖然所有的照片和插圖都是新的，不過例子基本上是大同小異。

第 2 章：日常行動的心理學

本章在第一版的內容之外添加了一個主要成分：情感。行動的七階段模型，以及我在《情感 @ 設計》一書中所提到的三個層次的心理歷程，已經對設計界產生了相當的影響。在這一版中，我描述了兩者之間的交互作用，說明不同的情感出現在不同的行動階段，以及每一個階段位於哪一個心理層次：本能層次負責動作表現和知覺，行為層次制定行動及初步解釋行動的結果，反思層次則決定目標、計畫及對結果的最後評估。

第 3 章：腦中的知識和外界的知識

除了更新書中的例子，最重要的新內容是有關文化的部分，這部分對自然的對應特別重要。在一種文化中看起來自然的對應方式，在另一種文化中不見得自然。這個章節詳細分析不同文化看待時間的方式，而這些方式可能會讓你大為驚訝。

第 4 章：知道該做什麼：局限，可發現性和回饋

這一章有幾項重大的更改。除了更新許多例子，我將強制性機能分成三種分別敘述：互鎖，鎖入和對外封鎖。我也加了一個章節來描述以

目標樓層控制的電梯，藉以說明即使是好的改變也會令人感到不安，甚至連專業人士也是一樣。

第 5 章：人為過失？錯了，是設計不良

這一章的基本內容是相同的，但是文字上做了大量的修改。我修訂了人為過失的分類，以配合第一版出版以來的研究成果。具體來說，我現在將失誤（slips）分為兩大類，行動性失誤和記憶性失誤；錯誤（mistakes）則分為三類：基於規則的錯誤，基於知識的錯誤，以及記憶缺失的錯誤。這些區別在今天已經很常見，但是我用了一個稍微不同的方式來解釋記憶的缺失。

雖然在第一版中所提出的分類仍然有效，但和設計不太有關係，所以在升級版中刪掉了。我提供了一些與設計更相關的例子，同時也解釋了人為過失的分類和行動的七個階段之間的關係。這是升級版中首次提出的。

本章在最後討論了我在《設計 & 未來生活》（*The Design of Future Things*，中譯本遠流出版）中所提出的自動化問題，以及我認為最能減少損失的設計方向，也就是韌性工程（Resilience Engineering）。

第 6 章：設計思維

這是一個全新的章節。我討論了兩種人本設計的觀點：英國設計委員會提出的雙菱形模型，以及傳統人本設計的重複漸進方式。雙菱形模型的第一個菱形，經由從發散到收斂的方式來定義正確的問題，而第二個菱形用同樣的方式來找到最好的解答。人本設計的重複漸進方式，則是不斷重複觀察—衍生想法—製作原型—測試的過程，直到找到好的設

計為止。我也介紹了以活動為中心的設計，一種將人的活動作為設計對象的理論。這是種不同的人本設計取向，適合很多情況下的不同群體。

然後這一章來了個急轉彎，告訴讀者「我剛剛怎麼說的？通常不是那麼一回事。」接下來我提出了所謂的諾曼定律：「一個產品開始開發的那一天，它就已經落後進度、超過預算了。」

在現實中的設計面臨了種種的挑戰，從進度、預算到不同部門之間互相牴觸的要求，都對設計工作施加嚴格的限制。設計專業的讀者告訴我，他們想看到這方面的內容，因為這是他們每天工作中真正面臨的壓力。

本章最後提到了標準化所扮演的角色，稍微修改了第一版的相關內容，再加上一些通用的設計準則。

第 7 章：商業世界裡的設計

這一章也是全新的，延續從第 6 章開始的主題，探討設計與現實世界的關係。本章中先提到「功能沉迷症」（featuritis），一種因為新技術或競爭壓力，將多餘的功能強加在產品身上的問題。我也討論了漸進和激進式創新之間的區別；每個人都希望看到激進的創新，但事實上，激進的創新大多是失敗的。即使少數能夠成功，也要花上幾十年的時間才能為人接受。因此成功的激進式創新非常少見，而漸進式的創新是常見的。

以人為中心的設計，適合用在漸進式的創新。它們無法導致激進的創新。

本章的最後展望未來的發展趨勢，包括書籍的改變、設計的道德義務，以及我所謂的「小而美的崛起」。許多個人開始自己動手，使用方

便、有彈性而低廉的科技，革命性地改變了不同想法引入市場的方式。

總結

隨著時間的推移，即使人的心理保持不變，世界上的工具、事物和文化會持續改變。科技會繼續前進。雖然設計的原則不會變，但應用這些原則的方法必須因新的人類活動、新的科技，和新的溝通互動方式而改變。《設計 & 日常生活》對上一個世紀來說是適用的，而升級版的《設計的心理學》是為二十一世紀而寫的。

美國，加州，矽谷
www.jnd.org

1

日常事物的精神病理學
The Psychopathology of Everyday Things

　　如果我無法駕駛新型噴射客機，這件事不至於讓我苦惱。可是我為什麼連開個門、開個燈、開水龍頭或爐子都會碰到麻煩？我可以聽到讀者問道：「開門？你連開門也有麻煩？」是的，我曾經推本來該拉的門，拉本來該推的門，以及撞到既不是拉又不是推，而是該左右滑動的門。而且我看到別人也有同樣的麻煩——這些不必要的麻煩。我對這些門的不滿眾所周知，乃至這些難開的門常被稱為「諾曼門」（Norman doors）。你想想：我居然靠難開的門出了名，我確定這絕對不在我父母的料想之中。（把「Norman doors」打進你最喜歡的搜尋網站，你會讀到一些滿有意思的事情。）

　　怎麼連門這麼簡單的東西都能令人混淆？門應該是最簡單的一個裝置。你能對門做的事很有限：你可以開門，或關門。假設你在辦公大樓裡順著走廊，來到一扇門前面。這扇門怎麼開？該推還是拉？左邊還是右邊？也許這扇門會滑動。如果是這樣，往哪個方向滑？我看過門往左側、右側，甚至往天花板滑進去。門的設計應該顯示它的功能，不需要任何標示，更不需要人反覆嘗試錯誤。

　　有位朋友告訴我，一回他在歐洲某個郵局的入口受困的經驗。郵局入口有一排六扇氣勢不凡的玻璃門，緊跟著又一排相同的玻璃門。這是種標準的設計：有助於減少建築裡外空氣的對流，保持建築內的溫度。門上看不到任何配件；顯然這些門可以向裡或向外擺動。人只需要推門邊就可以進去了。

　　我的朋友從外頭進來，推了外面那排其中一扇門。門往內開，他就進來了。然後，在他進到下一道門之前分了心，轉了一下身子。當時他並沒有意識到他往右邊挪了一點，所以當他推下一道門時，門推不動。「咦？」他想：「門一定鎖上了。」所以他推旁邊那一扇門，還是推不

動。百思不得其解，我的朋友決定回到外面去。他轉過身來，試著推開一扇門，還是推不動。他又推旁邊另一扇門，推不動。他剛進來的那扇門居然不能開了。他再次轉身過來，試著推裡面那道門，也推不動。他開始擔心，然後有點恐慌。他被困住了！就在這時，一群人從入口（他的右手邊）輕鬆地穿過了兩道門，我的朋友趕緊跟在他們後面進去了。

怎麼會發生這樣的事情？一扇擺動的門有兩邊，一邊有轉軸和鉸鏈，另一邊可以前後擺動。要開門，你必須推或拉可以擺動的那邊。如果你推轉軸的那邊，門就不會動。我的朋友剛巧來到一個設計上重美觀、不重實用的地方。門上沒有擾人的線條，也沒有看得到的轉軸或鉸鍊。在這種情形下，一般的使用者怎麼知道該推哪一邊？我的朋友一分心已經移到（看不到的）轉軸那一邊，所以他推錯邊，難怪推不開。這門很漂亮、有型，搞不好還得過設計獎。

優良設計的兩個最重要的特點，是**容易發現**和**容易理解**。我們稱這兩個特性為可發現性（discoverability）：使用者能不能發現可以做的動作，以及如何執行這些動作；還有易理解性（understanding）：這是什麼意思？這產品該怎麼用？這些不同的控制器和設置又有什麼意義？

這個故事裡的玻璃門說明設計缺乏可發現性時，會發生什麼麻煩。不管是一扇門、一個爐子、一支手機或一座核電廠，相關的組件必須是看得見的，而且必須傳達正確的訊息：可以做什麼動作，這些動作怎麼進行？在哪兒做？如果是一扇推門，設計師必須提供「往這裡推」的自然信號。這些信號不見得會破壞美感。在推的那一側裝塊垂直的板子，或把支撐的門軸做得明顯一點。不需額外的標示，垂直的板子和看得到的門軸就是自然的信號，會自然地被看到的人詮釋，使他們很容易知道該怎麼做。

　　如果是個複雜的設備，可發現性和易理解性就得借助手冊或特別指導，但是簡單的事物不應該需要這些手冊或指導。許多產品不易理解，就是因為有太多的控制器和功能。我不認為簡單的家電，像瓦斯爐、洗衣機、音響和電視，應該長得像好萊塢式的太空船駕駛艙。讓我們驚愕的是，今天它們已經很像了。面對令人眼花撩亂的控制器和顯示器，我們只好記住一兩個符合需要的固定設置，其他的就不管了。

　　有一回，我在英國拜訪一戶人家，他們有一部義大利製的頂級洗衣機兼烘乾機，上面有一堆按鈕及許多符號，具備任何人所能想到的一切清洗和烘乾衣物的功能。丈夫（一位人因工程心理學家）說他根本不想碰它。妻子（一位醫生）說她只記住了一種設定，完全不管其他功能。我要求看操作手冊，結果手冊跟機器一樣難懂。整個原本的設計目標都喪失了。

現代裝置的複雜性

　　所有人造的東西都是設計出來的。無論是一個房間裡的家具擺設，穿過花園或森林的一條小徑，或電子設備裡的錯綜複雜，某一個人或某些人必須決定其中的配置、運作和機制。並不是所有的設計都涉及物理結構。服務、課程、規則和程序，企業的組織以及政府形式都不具有物理結構，但是它們運作的規則都必須經過設計。有些設計活動是非正式的，有些則包含精確的記錄和界定。

　　即使人們從史前時代就開始設計東西，設計成為一個專業領域還是比較近期的事，而且區分成許多範圍。從衣服、家具到複雜的控制室和

圖 1.1 被虐待狂的咖啡壺。在《找不著的物體目錄》（*Catalogue d'objets introuvables*）系列書裡，法國藝術家卡爾門（Jacques Carelman）提供了一些日常事物裡沒有道理或奇形怪狀的有趣例子。我最喜歡的例子之一是他所謂的「被虐待狂的咖啡壺」。照片中是聖地牙哥加州大學的同事送給我的複製品。這是我珍藏的藝術品之一。（照片由 Aymin Shamma 提供）

橋梁，不同設計範圍的數量繁多。這本書涵蓋的是日常事物，著重於科技和人之間的相互作用，以及強調產品應該容易理解、容易使用，確實滿足人類的需要。一項好的產品，除了功能，也應該讓人愉悅及享受。這表示產品不僅要達到工程、製造，和人體工學的條件，也必須注意整體的使用經驗，包括形態上的美感和與人互動的品質。跟這本書密切相關的設計領域是工業設計（industrial design）、互動設計（interaction design），以及體驗設計（experience design）。這些領域都沒有很清楚的界限，不過它們的著眼點是不同的。工業設計師強調形態和材質，互動設計師強調易理解性和易用性（usability），體驗設計師強調情感上的影響。簡單地說：

> **工業設計**：用創造及發展概念和規格來優化產品或系統的功能、價值及外觀，使得使用者和製造商能互惠互利的一種專業服務（摘自美國工業設計協會網站）。
>
> **互動設計**：重點在於人如何與科技互動。目標是提高人們對可能的操作方式，產品正在做什麼，以及剛剛發生什麼事的認識。互

31

動設計仰賴心理學、設計、藝術及情感的原理來設計正面、愉快的經驗。

體驗設計：在設計產品、程序、服務、工藝、活動和環境的實務工作中，強調整體經驗的品質和享受。

設計關注的是事物如何產生功用、如何使用，以及科技與人之間互動的本質。如果設計得好，結果將是聰明的、令人愉悅的產品。如果設計得不好，產品會無法使用，引起強烈的挫折及煩惱。它們也可能勉強可用，但是卻強迫我們配合產品帶來指定的行為方式，而不是我們希望的行為方式。

機器畢竟是由人類構思、設計和製造的。以人的標準來說，機器受到相當多的限制。它們無法跟人類一樣保存豐富的生活經驗。經由共通的經驗，我們得以與其他人建立共識以及來往互動。與此有別，機器通常遵循相當簡單、僵化的行為規則。如果我們為機器設定的規則是錯誤的，無論多不合理或多不合邏輯，機器只會照著這些規則運作。人類有許多想像力、創造力和各種各樣的常識；這些是多年的生活經驗建立起來的寶貴知識。機器沒有這種優勢，機器要求使用的人要準確精密，而這卻不是我們擅長的事。機器不留餘地，也無所謂常識，而且許多機器遵循的規則只有機器本身和它的設計者才知道。

當人們不遵守這些奇怪又祕密的規則，使用機器就可能出錯，而我們常歸咎於使用者不了解機器，不遵循這些規則。對於日常事物而言，結果也許只是令人挫折；但是由於機器、商業設備或工業程序的複雜性而衍生出來的困難，可能會導致事故、傷害，甚至死亡。現在該是扭轉這種情形的時候了：我們應該要將問題歸咎於機器和它們的設計者。機

器該負這個責任，因為設計有缺陷。了解使用的人，是機器及其設計者的責任。了解機器獨斷、無意義的要求並不是我們使用者的義務。

　　人機互動中的缺失有許許多多的原因。有些原因來自現今技術上的限制，有些來自於設計師的自我設限，而這些限制往往是為了壓低成本。但最重要的問題是，對有效的人機互動所需要的設計原則完全缺乏了解。為什麼會缺乏？因為大部分的設計是由具備科技專長，但對人的理解有所欠缺的工程師做的。這些工程師認為，「我們也是人，因此我們理解使用的人。」其實，我們人類實在是驚人地複雜。沒有研究過人類行為的人常常認為理解人類是很簡單的。此外，工程師往往以為有邏輯性的解釋就足夠了。「如果那些人讀了說明書，」他們說：「一切都不會有問題。」

　　工程師的訓練是邏輯性的思維。結果是他們變得相信所有人都必須如此思考，而且他們用同樣的想法設計機器。當使用的人碰到了麻煩，工程師不爽了。「這些人在幹什麼？」他們搞不懂：「他們為什麼那麼做？」問題是大多數工程師做出來的設計太合邏輯了，而一般人無法這麼合乎邏輯。我們必須接受人類原本行為的方式，而不是我們一廂情願希望的行為方式。

　　我曾經是一名工程師，專注於技術規格，對人類一無所知。即使我進到心理學和認知科學的領域之後，我仍然保有工程師對邏輯思考和合理機制的重視。我花了很長的時間才體會到，對人類行為的理解和我對科技設計的興趣息息相關。當我看到人們與科技對抗，我清楚地看到這種困難是科技造成的，不是使用的人造成的。

　　美國三哩島（因為它位於賓州蜜豆鎮以南三哩的一條河上）核電廠事件時，我被叫去幫忙分析。在這次事件中，一個相當簡單的機械故障

受到誤判，引起數天的混亂，反應爐毀了，差一點就造成輻射外洩，整個事件導致美國核電產業完全停擺。第一時間的分析將這些故障歸咎於操作員的「人為過失」。但是我隸屬的調查委員會發現，核電廠的控制室設計得非常差，差到錯誤根本無可避免。這是設計的責任，不是操作員的責任。這個事件的教訓很簡單：我們是為人而設計的，所以需要了解科技和了解人，缺一不可。但是，對許多工程師而言這是艱難的一步：機器是如此合乎邏輯，如此有秩序。如果我們不用考慮人，一切都容易得多。沒錯，這就是我以前的想法。

這項調查工作改變了我對設計的觀點。今天，我體會到設計具有一種科技和心理學之間迷人的交互影響，而設計者兩者都必須了解。工程師仍然比較相信邏輯，他們常向我詳細地解釋邏輯性的細節，他們的設計為什麼好，功能如何強大，如何有道理。「為什麼用的人會有問題？」他們很想知道。「你太講求邏輯了，」我說：「你在為你想像中的合理行為方式進行設計，而不是人們真正的行為方式。」

當工程師抗議時，我問他們是否曾經犯錯，也許開錯燈，或者點錯瓦斯爐。「有啊，」他們說：「可是那就是人為過失。」重點來了：即使是專家也會犯錯。因此，我們設計機器時必須假定人會犯錯。（第 5 章提供了人為過失的詳細分析。）

人本設計

人們為了日常的事物而感到挫折。從日益複雜的汽車儀表板，到愈發自動化的各種家用系統，像網路連線、音響、影視、遊戲，甚至廚房

自動化，我們的日常生活有時像一種和混亂、錯誤、挫折，以及不斷更新的產品永不休止的抗爭。

在本書初版問世後的這數十年間，設計已經有了長足的進步，這方面的書籍和課程非常多。然而，即使已經有不少改善，科技變化的速度還是超越了設計的進步。新技術、新的應用、新的互動方法日新月異，甚至由此產生了新的行業。每一個新的發展似乎都重複之前的錯誤；每一個新的領域都需要時間來接納良好的設計原則。而每一個新技術或互動方法的發明都需要試驗及研究，才能把良好的設計原則納入實踐。所以，情況的確是越來越好，但也因為如此，挑戰永遠存在。

這其中的解決之道就是人本設計（human-centered design, HCD，或稱以人為中心的設計），一種首先重視人類的需求、能力和行為，然後用設計來滿足這些條件的設計方法。良好的設計始於對心理學和科技的理解。好的設計必須做到好的溝通，尤其是機器向人傳遞的訊息，對人指示什麼樣的行動是可以做的，剛才發生了什麼事，以及即將發生的事情。尤其是事情出錯的時候，溝通是最重要的。如果事情不會出錯，要設計出順利、和諧的流程相當容易。但只要有一個問題或一個誤解，難題就出現了。設計師必須把注意力集中在會出問題的情況，而不單是一切按部就班的狀況。其實，這是能達到最大滿意程度的設計要點：當事情出錯的時候，機器會指出問題，讓使用者理解錯誤的關鍵及採取適當的行動，從而解決問題。這種過程如果順利，人和機器合作的感覺就非常好，這是良好的設計不可或缺的。

人本設計是以人為本的設計哲學，它認為設計始於對人的深入理解。這種理解主要是透過觀察，因為人往往不知道自己真正的需求，甚至無法察覺自己遇到了困難。設計最困難的部分之一，就是找出該為什麼

東西制定規格，因此，人本設計的原則是避免過早定義問題，而利用重複漸進的方式來趨近問題，快速地測試設計的想法，並在每次測試後修改設計方式和問題的定義。人本設計的結果會是真正能滿足人們需求的產品。在嚴格規定的時間表、預算，及各種限制之下從事人本設計是一種挑戰；本書的第 6 章將探討這些問題。

　　人本設計如何應用於前面所提到的不同設計形態，尤其是工業、互動及體驗設計這些領域？它們都是彼此相容的。人本設計是一種哲學和一套步驟，而其他的設計指的是不同的專業領域（見表 1.1）。不論任何產品或服務，或任何設計專業，人本設計的理念和程序為這些領域加入了對人類需求的深思和研究。

表 1.1　人本設計和不同設計分工的角色

體驗設計	
工業設計	重點不同的專門設計領域
互動設計	
人本設計	確保設計能符合使用者的需求及能力的設計過程

互動的基本原則

　　優秀的設計師能創造愉悅的體驗。**體驗**：請注意這個字眼。工程師往往不太喜歡它，因為它太主觀了。但是當我問及他們最喜歡的汽車，

他們會高興地微笑，討論車子的結構及外觀，加速時的馬力，換檔時的輕巧，或使用旋鈕和開關的美妙感覺。這些就是體驗。

體驗是極為重要的，它決定了人們會如何回味他們與機器的互動。整體的互動經驗是正面的，還是令人感到挫折及混淆？當家用科技以一種我們無法解釋的方式運作時，我們會迷惑、沮喪甚至憤怒，這些全都是強烈的負面情緒。對科技運作的理解可以產生可控制、熟練、滿意甚至驕傲的感覺，導致強烈的正面情緒。認知和情感緊密交織在一起，這表示設計工作必須涵蓋認知和情感。

當我們與產品互動，需要弄清楚如何使用它。這包括發現它能做什麼事以及該如何操作：我們稱之為「可發現性」。可發現性來自下一章會提到的五個基本心理觀念：**預設用途**（affordances），**指意**（signifiers）[1]，**使用局限**（constraints），**對應性**（mapping）[2] 和**回饋**（feedback）。但還有第六項觀念，同時也是最重要的觀念，是對系統的**概念模型**（conceptual model），對系統的合理解釋。以下我想談談這些基本原則，從預設用途開始，然後談指意、對應性、回饋，再談到概念模型。使用局限將在第 3 和第 4 章裡討論。

預設用途

我們生活的世界充滿了各種事物，有些是自然的，有些是人造的。每一天，我們遇到數千種物體，其中不乏全新的事物。有許多新的東西跟我們已知的事物很類似，也有許多獨特、完全沒見過的東西，但我們應付得還不錯。我們是怎麼辦到的？當我們碰到這些陌生的自然界事物

，我們怎麼知道如何與其互動？當我們碰到人造的器具，我們又怎麼知道該如何應付？答案在於一些基本的原則，而其中最重要的是對預設用途的考量。

預設用途一詞指的是物體和人之間的關係（或者說，物體跟任何操作者之間的關係，可以是動物、人類、機器，甚至機器人）。預設用途是物體的屬性和操作者能否使用、如何使用這個物體之間的相對關係。椅子提供了支撐的功能（或者說，「可以用來支撐」），所以提供「坐上去」這種用途。大多數的椅子也可以由一個人抬起來，（它們提供「抬起來」這個可能），但某些椅子只能由一個很強壯的人或幾個人一起抬。如果太年輕或身材纖細的人不能抬起這張椅子，對這些人來說，這張椅子就沒有「抬起來」這種預設用途。

預設用途存不存在，由物體的屬性和互動對象的能力兩者共同決定。如何定義這種相對性的關係，對很多人來說相當困難。我們習慣性地認為「屬性」是屬於物體的特性，但是預設用途並不是一種屬性，它是種關係。預設用途是否存在，取決於物體和操作者兩者的性質。

舉例來說，玻璃有透光的功能。同時，其物理結構也不允許大部分的物體穿透它。因此，玻璃提供了透視和支撐的用途，但不能提供透氣或是讓大多數物質通過的可能（除了原子可以穿透玻璃）。這個阻擋穿透的特性可以被視為一種反向預設用途（anti-affordance），因為它阻擋了「穿透」這種互動的可能。有效的預設用途和反向預設用途必須要能被發現、被知覺，而玻璃在這一點上有些困難。我們喜歡玻璃的原因是因為它透明、不太容易看到，所以在一般的情形下透明的窗戶很有用，但是它阻擋穿透的反向預設用途也因此而看不到。其結果是，鳥常常試著飛入玻璃窗戶。同時，每年有數不清的人因為撞上玻璃門或大窗戶而

受傷。如果一種預設用途或反向預設用途不容易被知覺，我們便需要提供一些信號：我把這個特質稱為**指意**（將在下一節內討論）。

　　預設用途的概念和它提供的對事物的洞察力，源自於吉伯森（J. J. Gibson）。這位傑出心理學家的研究提升了我們對人類知覺的了解。我與吉伯森來往多年，有時會在正式的學會和研討會裡碰面，但讓我得益最多的是和他晚上一塊兒喝啤酒聊天。我們幾乎對每件事都有不同意見；我是由工程師轉行的認知心理學家，試圖了解人的心智如何運作。他則是由完形（Gestalt）心理學出發，發展出因他而命名的吉伯森學派（Gibsonian）心理學，一種以生態性的方法來了解人類知覺的研究取向。他認為世界包含了許多人們能夠「直接感知」的線索；我則認為沒有什麼事是直接的，大腦必須先處理感覺器官所匯集的訊息，才能產生對現象的連貫詮釋。「胡說，」他大聲說道：「根本不需要什麼詮釋；人是直接感知的。」然後，他會用誇張的手勢關掉他的助聽器，對我的反駁來個真正的充耳不聞[3]。

　　我不斷思考人在陌生的情況下，怎麼知道如何採取行動。我意識到大部分的答案可以在吉伯森的研究中找到。他指出，所有的感官是一起作用的，而我們感知到對世界的訊息已經是這些感官綜合的結果。「拾取訊息」（information pickup）是他最喜歡的詞彙之一。吉伯森認為，所有感官訊息（視覺、聲音、氣味、**觸覺**、平衡感、肌肉感覺、加速感、身體姿態）的收集已經決定了我們的知覺，而不需要進行進一步的內在處理或認知過程。雖然我們對大腦內在處理扮演的角色，想法不太一致，吉伯森的卓越之處在於他重視環境中豐富的訊息。尤其是物體告訴人們，如何與其互動的這一類訊息，這種吉布森稱為「預設用途」的性質。

　　即使我們看不到預設用途，預設用途還是存在的。對於設計師而言，預設用途的易視性（visibility）是最要緊的：看得到的預設用途提供了操作方式的有力線索，一片裝在門上的金屬板提供「推動」的用途。門的圓形把手提供「轉動」、「推動」和「拉動」的用途。凹槽是用來插入東西的，球形則是用來投擲或會彈跳的。預設用途能幫助使用者了解什麼樣的操作是可行的，而不需要多餘的標示或引導。這種能提示預設用途的要素，我稱之為**指意**。

指意

　　預設用途對設計師來說重要嗎？本書的第一版向設計領域介紹了**預設用途**這個詞彙。這個觀念隨即受到設計界的重視，而預設用途一詞也很快地進入了設計相關的專業著作。我很快地發現這個詞彙隨處可見，甚至被用在與原意完全無關的地方。

　　許多人覺得預設用途很難理解，因為它是一種關係，而不是一個單純的屬性。設計師經常處理固定的性質，所以常會錯認某種屬性為其預設用途。然而，預設用途這個觀念還有其他的問題。

　　設計師要解決的問題很實際，他們要知道如何設計才能讓人容易了解。他們很快發現，在設計圖形介面時，他們必須指出哪些部分可以碰觸，哪些部分能向上、向下或向旁邊滑動，哪些部分可以點選。這些動作可以用滑鼠、手寫筆或手指來完成。某些系統可以對身體動作、手勢或口語指令做出反應，而不需要用手操作。設計師如何描述這些用法？因為沒有一種合適的說法，所以他們借用了一個很接近的詞：**預設用途**

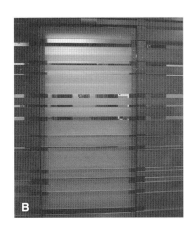
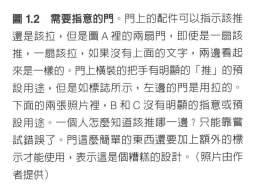

圖 1.2　需要指意的門。門上的配件可以指示該推還是該拉，但是圖 A 裡的兩扇門，即使是一扇該推，一扇該拉，如果沒有上面的文字，兩邊看起來是一樣的。門上橫裝的把手有明顯的「推」的預設用途，但是如標誌所示，左邊的門是用拉的。下面的兩張照片裡，B 和 C 沒有明顯的指意或預設用途。一個人怎麼知道該推哪一邊？只能靠嘗試錯誤了。門這麼簡單的東西還要加上額外的標示才能使用，表示這是個糟糕的設計。（照片由作者提供）

。很快地就有設計者在螢幕上畫了個圓圈，用來代表鼠標或手指觸控的地方，然後說：「我在這裡放了個預設用途」，來形容那個圓圈。「錯了，」我說：「那不叫預設用途，那只是用來表示該點在哪裡的方式。觸控螢幕的預設用途（可以觸控）存在於整個畫面上。你只是指出該點在哪裡，那跟表達可允許的操作行為是不一樣的。」

我的解釋不僅不能讓設計界感到滿意，我自己也不太滿意。最後我放棄了：設計師需要一個詞來形容他們在做些什麼，所以他們選擇了**預設用途**。有其他更好的詞彙來代替嗎？我有一個更好的答案：**指意**。預

設用途決定能採取的行動，指意提示行動該在哪裡發生，這兩個觀念我們都需要。

人們必須經由某種方式來了解他們想用的產品或服務。他們需要一些提示來告訴他們這是什麼產品，用的時候發生了什麼事，以及有沒有其他使用的方法。人們會尋找任何線索作為使用上的提示，幫助他們因應及理解，這就是指意的重要性。人們有需要，而設計者必須提供的，是清楚的指意。好的設計是一種對使用者表達產品的目的、結構和操作方式的良好溝通，這就是指意的作用。

指意（或稱「意符」）這個詞在符號學的領域中有漫長而顯赫的歷史，但正如我在設計領域裡挪用了**預設用途**這個心理學概念，我對**指意**的用法也和符號學有所不同。我所謂的**指意**是能向人傳達適當的行為方式的指示方法，包括符號、聲音，以及所有能被知覺的信號。

指意可以是有意的，例如貼在門上的「推」，但指意也可以是偶然、無心的，例如我們用雪地上的足跡來判斷最佳的路徑，或者我們可以用月臺上有沒有人等車來判斷我們是否錯過了一班車（我在《好設計不簡單》[4] 一書中詳細地解釋了這些想法）。

不管是有意或是無意的溝通，不管這些有用的信號是故意放置的或是湊巧存在的，指意是給使用者的一個重要訊息。一面旗子可以是為了顯示風向而掛（例如在機場或帆船桅杆上的旗子），或是作為國家榮譽的象徵（例如公共建築上的國旗）。只要我能用旗子的飄動來觀察風向，它原本為什麼被掛起來是無關緊要的。

一枚書籤，是一個故意放置的指意，它標示某個人將一本書讀到哪裡。但是書籤的物理性質也使它成為一個偶然的指意，因為它的位置也顯示出這本書還剩下多少沒讀完。這是個意外的指意，但有助於大多數

圖 1.3 　滑門很少做得好。只有極少數的滑門有適當的標示。A、B 兩張照片顯示美國國鐵（Amtrak）火車上廁所的滑門。把手上明明寫著「拉」，但事實上，你必須轉動把手，然後門往右邊滑開。一位中國上海的商店老板用一個標示解決了這個問題。他用中英文註明：「勿推！」美國國鐵的廁所滑門也需要這麼一個標示。（照片由作者提供）

讀者的閱讀享受。如果只剩下幾頁，我們就知道結局不遠了。如果這本書讀起來像指定教材一樣痛苦，我們可以安慰自己一下：「只剩幾頁就看完了。」電子書沒有像印刷書一樣的物理結構，所以除非軟體設計師有意提供一個線索，否則電子書的書籤無法顯示剩餘的頁數。

　　無論是有意設置或意外產生的，指意對這個世界和社會活動提供了有價值的線索。我們要在充滿科技的社會生活，心中就必須建構這些科技運作的心理模型，尋求及利用一切能幫助我們的線索。從這一點上來看，我們很像是偵探，尋找任何能啟發我們的訊息。幸運的話，設想周到的設計師會提供線索。否則，我們只好靠自己的創造力和想像力了。

圖 1.4 不能排水的洗手槽：當指意行不通的時候。我在倫敦的旅館裡洗手，碰上了一個難題：如圖 A 所示，我該怎麼放掉洗手槽裡的髒水？我到處找開關卻找不到。我試圖用湯匙撬開洗手槽的擋水蓋（如圖 B 所示），也不行。我最後跑到櫃臺求救（不騙你，我真的去了）。他們說：「把蓋子往下壓。」這招管用（如圖 C 和 D），但是你怎麼能發現這個方法？而且為什麼我要把才洗乾淨的手放回髒水裡去？問題不只是缺乏指意，一個需要人把乾淨的手放進髒水裡才能放水的擋水蓋本身就是個錯誤。（照片由作者提供）

　　「預設用途」、「感知得到的預設用途」和「指意」之間有很多近似的地方，所以容我清楚地解釋一下其中的區別。

　　預設用途是指一個操作者（人，動物或機器）可以跟一樣東西互動的方式。有些預設用途是可以感知的，有些是看不到的。指意則是一種信號。有時候指意會是個標籤或圖形，例如門上貼的「推」、「拉」或「出口」，或者是指示朝哪裡操作的箭頭或圖示。有時候指意就是清楚的預設用途，像門上的門把或一個開關的構造。請注意，某些能感知的

預設用途並不見得是真的。它們看起來像個門或入口，而事實上不是。這些誤導性的指意，有時是偶然的，但有時是故意的。例如在電子遊戲中，挑戰之一就是要弄清楚什麼是真的，什麼是假的。

我最喜歡的一個誤導性指意的例子是在一個公園裡，一列橫擋在路中間的垂直管子。這些管子顯然有用來阻擋汽車和卡車開進去的反向預設用途。我驚訝的是一部公園管理處的車就從中間開了過去。咦？怎麼會這樣？我走過去仔細檢查了那些管子，發現它們是橡膠做的，所以車輛可以輕易地從上面壓過去。這是個非常聰明的指意。經由一個明顯的反向預設用途，它指示的是「車輛勿入」，但是如果你知道的話，就直接開進去了，對管理人員很方便。

總而言之：

- 預設用途是人與環境之間的互動可能性。有些預設用途是可以知覺的，有些則不行。
- 可以知覺的預設用途往往會成為一種指意，但是它們不見得是清楚的。
- 指意是種指示的信號，指出什麼樣的行動是可行的，以及該怎麼做。指意必須是可感知的、清楚的，否則是無效的。

在設計中，指意比預設用途來得重要，因為它傳達如何使用這項設計。指意可以是文字、圖形說明，或者只是一項明確的預設用途。設計師花很多的工夫在指意上頭。有創意的設計師能將指示性的元素融入一個完整的體驗裡。

因為預設用途和指意是良好設計的基本原則，它們在本書裡會經常

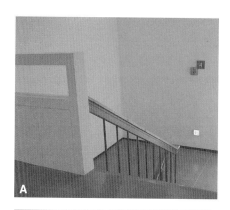

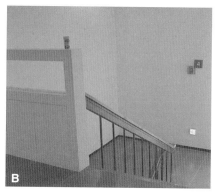

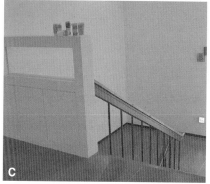

圖 1.5　預設用途可以成為意外的有力指意。韓國高等科學技術學院（Korean Advanced Institute of Science and Technology, KAIST）工業設計系的這面牆提供了一個反向預設用途，防止人不小心墜落樓梯。它的上端是平的，這是一個設計的偶然，但是平面可以放東西（一種意料之外的預設用途），所以很快的就有人發現上面可以放喝完的飲料罐子（圖B）。放在上面的罐子變成一種指意，告訴別人空罐子可以放在這裡。（照片由作者提供）

出現。當你看到門上、開關上，或產品上貼著事後用手寫的標籤，告訴你怎麼用，該做什麼，不該做什麼，你看到的就是不良的設計。

預設用途和指意：一段對話

　　一位設計師去找他的指導老師。他正在設計一個讓使用者依自己或朋友的喜好來找餐廳的評薦系統。可是在測試的時候，他發現沒有人用到系統裡所有的功能。「為什麼不用呢？」他問他的老師（在此向蘇格拉底致歉[5]）。

設計師	指導老師
我覺得好挫折。人們沒有好好使用我設計的應用。	說說看，怎麼一回事？
應用的畫面會顯示我們推薦的餐廳。這些推薦符合使用者和他的朋友的喜好。如果他們想要看其他的推薦，他可以向左或向右滑。想多了解這家餐廳，他們可以往上滑看菜單，或往下滑看看有沒有朋友在那裡用餐。人們似乎有找到其他的推薦餐廳，但是不會去看菜單或看他們的朋友？我搞不懂為什麼。	你覺得是為什麼？
我搞不懂。也許我該加幾個預設用途？例如在上下兩邊加個箭頭或標籤什麼的。	很好。但是你為什麼把它們稱為預設用途？他們已經可以做這些動作了，預設用途已經存在了，不是嗎？
是啦，沒有錯，但是預設用途不明顯。我想把它們變得明顯一些。	是的，所以你加了個動作的指示。
我不是這麼說的嗎？	不太對——你稱之為預設用途，但是這些東西並沒有提供新的互動方式。它們指出這些動作以及位置，所以正確的說法應該叫做指意。
哦，我明白了。不過，為什麼設計師要在乎預設用途？也許我們該把注意力集中在指意上頭。	說得好。溝通是好設計的一個關鍵，而指意是有效溝通的關鍵。
啊，我知道我哪裡搞錯了。能指出意義的是指意，是一個標示。這很明顯嘛。	深奧的想法，一旦了解的話都很明顯。

圖 1.6　在觸控螢幕上的指意。在這份餐廳指南的螢幕上，箭頭和圖示提供了如何操作的信號。向左或向右滑動可以看到新的餐廳推薦。向上滑動會顯示餐廳的菜單，向下則顯示推薦這家餐廳的朋友。

對應性

　　對應性是從數學借來的專業用語，意指兩個集合的元素間的關係。如果在教室或禮堂的天花板上有很多燈，而在入口的牆上有一排開關。開關和這些燈的對應關係，應該要指出哪一個開關控制哪一盞燈。

　　對應性在控制介面和顯示器的安排上是一個重要的設計概念。如果依照控制器和受控制的對象兩者之間的空間對應來安排的話，使用上就很容易。開車的時候，方向盤順時針轉，車子會朝右轉；方向盤的上端跟車子會轉同一個方向。請注意：相反的設計也是可行的。早期的汽車的轉向是由一系列的機械結構，包括舵柄、把手和拉繩來控制的。即使在今天，某些車輛，例如電腦遊戲裡的賽車，則是用搖桿來控制的。在用舵柄操控的汽車上，開車就像開船一樣：舵柄向左打，車子會向右轉。拖拉機、推土機和起重機等建築機具，或軍用坦克是用履帶行進的，而不是用輪子。這些履帶的方向和速度都有各自的控制器。想向右轉時，左邊的履帶要加速，而右邊的履帶要減速，甚至逆轉。輪椅也是這麼

轉向的。

　　這些不同的對應方式都可以用得上，因為每一種方式背後都有心理上能成立的概念模型。如果在輪椅上加快左輪，而右輪不動，我們可以很容易想像輪椅會以右輪為軸，原地轉圈圈。在一條小船上，我們可以很快地理解舵桿的功能。當舵桿往左推，船舵往右擺，水會推向船舵而讓船的右側前進得比較慢，所以船就向右轉了。這些概念模型是否精確並不重要，重要的是它們提供了一個了解和記住對應的方式。如果控制的介面、人的行動，和想得到的結果三者之間的對應容易理解的話，控制的方式就很容易學會。

　　自然的對應利用空間的相似性來引導直接的了解。例如，把控制介面往上移動，被控制的物體也就往上移動。在一個大房間內，想要讓人很容易找出哪一個開關控制哪一盞燈，就把開關排成跟燈一樣的配置。某些自然的對應則是跟文化或生物性有關，例如把手舉起來表示更多，放下去表示較少，這就是為什麼用垂直位置來表示強度、金額或數量是適當的。其他的自然對應遵循知覺的原則。分組（groupings）和接近性（proximity），是完形心理學裡對應的重要原則。相關的控制器應該被放在一起，而且控制器和被控制的對象不該離得太遠。

　　該注意的是，有很多感覺上「自然」的對應事實上是由特定文化決定的，在一種文化裡覺得自然，在另一種文化裡並不見得如此。在第 3 章中，我將討論不同文化對時間的觀點，和這些觀點對某些類型的對應方式產生的影響。

　　當一個裝置容許的動作很明顯，而控制器和功能符合自然對應時，就很容易使用。這個道理很簡單，但是卻很少被納入設計之中。良好的設計需要細心規劃和思考，以及了解人們的行為。

圖 1.7　良好的對應：汽車座椅的調整控制器。這是一個自然對應的極佳範例。控制器的形狀和座椅本身的形狀是一樣的，所以有直接的對應性。要抬高座椅的前端，把座椅控制鈕的前端往上扳。想讓椅背往後倒，把椅背控制鈕往後扳。同樣的原理可以應用在許多的事物上。這種特別的控制器是賓士（Mercedes-Benz）發明的，但今天許多車廠都採用這種形式的對應。（照片由作者提供）

回饋

　　你有沒有看過等電梯的人不停地按上樓鍵？或是等著過馬路的人反覆按著「行人觸動號誌」的按鈕？你是否曾經停在十字路口，等了很久的紅燈，一直不確定燈號系統有沒有偵測到你的車（自行車常碰到的問題）？在這些情況下缺少的是回饋：讓你知道系統已經看到了你，接收到你的動作，或是正在處理你的請求的某種方法。

　　回饋傳達一個動作的結果，是控制理論（control theory）和資訊理論（information theory）中眾所周知的概念。想像一下，在看不見目標的情況下試圖用球擊中這個目標，不太可能吧？甚至用手拿起一個玻璃杯這麼簡單的事，都需要回饋機制來幫你用手對準杯子，握住玻璃杯，然後舉起它。放錯位置的手會把杯裡的東西灑出來，握得太緊會壓破杯子，握得太鬆杯子會掉。人類神經系統配備了大量的回饋機制，包括視覺、聽覺、觸覺、平衡感和肢體感覺系統來監測身體姿勢和肢體動作。回饋如此重要，令人驚訝的是卻有很多產品設計忽略了它。

　　回饋必須是立即的，即使十分之一秒的延宕也會令人不舒服。如果延宕時間過長，人們常常放棄等待，去做別的事情。這是很惱人的事，同時也可能浪費許多資源；當系統花了大量時間和力氣處理使用者的要求，然後才發現使用者已經不見了。回饋必須清楚翔實；許多公司試圖

使用便宜的零件來提供回饋，這些簡單的閃燈或蜂鳴聲與其說有用，不如說很煩人。這些信號告訴我們有事發生，可是說不清到底發生什麼事，然後我們應該做些什麼。如果這個信號是個聲音，很多時候我們甚至無法確定到底有沒有聽到。如果是一個燈號，除非我們的視線擺在正確的方向及位置，不然也可能錯過它。劣質的回饋還不如完全沒有回饋，因為它令人分心，不能提供有效的訊息，在許多情形下令人更焦慮。

太多的回饋有時候比太少的回饋更煩人。我的洗碗機喜歡在凌晨三點用嗶聲告訴我它洗完了，完全違反我讓它半夜洗碗以免吵人的原意。但最糟糕的是不適當、也不可理解的回饋。煩人的「後座司機」（backseat driver，意指坐在後座，卻一直指點司機怎麼開車的人）是許多笑話的主角。後座司機往往是對的，只是他們的意見又多又雜，令人分心，反而是幫倒忙。給太多回饋的系統就像後座司機：連續的閃燈、嗶聲、多餘的文字或語音不僅煩人，甚至危險。太多的通知使人容易忽略它們，或者乾脆把它們關掉，因此重要的訊息就被錯過了。回饋是不可少的，但是不能對平靜和輕鬆的使用環境造成干擾。

設計不良的回饋往往是因為要降低成本。與其使用多重燈號，訊息清楚的顯示，或豐富的音效，過分強調壓低成本迫使設計者重複使用同一個燈號或聲音來傳達不同的訊息。如果用的是一個燈，閃一次可能表示一件事，快閃兩次表示另一件事，一個長燈表示第三件事，一個長燈跟著一次快閃則是第四件事。如果選擇的信號是一個聲音，常常會選擇最便宜的，只能發一個高音的發聲器。就像燈號一樣，你唯一能做區別的方式是改變嗶聲的節奏。所有這些不同的節奏是什麼意思？我們有辦法學習並記住它們嗎？更麻煩的是，每一部機器會使用不同的燈號或嗶聲，有時相同的節奏在不同的機器上有完全相反的意思。所有的嗶嗶聲

聽起來都很像，往往根本弄不清是哪一部機器正在跟我們說話。

回饋必須是有計畫的。所有行動都需要回饋，但不能造成干擾。回饋也必須有優先順序，所以不要緊的訊息以一種不唐突、不擾人的方式呈現，但重要信號必須吸引人的注意力。當有重大緊急狀況時，即使是重要的信號也有優先順序。當每個設備都在發布緊急信號，造成的雜音對解決問題沒有幫助，而持續的嗶聲和警報反而很容易造成危險。在許多緊急情況下，工作人員不得不花寶貴的時間關閉所有的警報，因為這些聲音干擾他們賴以解決問題的專注能力。過量的回饋、警報和互相干擾的呈現方式可以把醫院的急診室、核電廠的控制室，或飛機的駕駛艙變成混亂甚至危及生命的地方。回饋是必要的，但必須要正確、適當。

概念模型

概念模型是一個東西怎麼運作的解釋。它通常是高度簡化的，只要有用，不見得要完整或準確。你在電腦上看到的檔案、檔案夾和圖示幫助人們形成對電腦系統內部的概念模型。事實上，電腦裡頭並沒有實體的檔案夾，檔案夾只是一個有效的概念，讓人更容易了解使用。然而，有時這些概念的描述反而可能讓人搞不清楚。當你在網上閱讀電子郵件或者看網站的時候，那些資料似乎存在於使用者的電腦裡面，因為它們是在這部電腦上顯示及操作的。但是事實上，大部分的情況下，實際的資料是在「雲端」上的，存在於網路另一頭一些遙遠的機器上。使用電腦的概念模型是一個完整的形象，但實際上各個部分可能位於世界上任何地方的機器上。這個簡化的模式有助於一般的使用情況，但是如果電

腦到雲端的網路連接中斷，結果可能令人困惑。資訊仍然在螢幕上，但使用者無法存檔或檢索新的東西。他們的概念模型（所有的東西都在這部電腦上）無法提供解釋。簡化的模型只有在支持這個模型的假設成立時才有價值。

一項產品經常有多個概念模型。以混合動力車（hybrid cars）裡的能源再生煞車（regenerative braking）為例。一般駕駛心裡認為這種煞車如何運作，跟一個對機械內行的駕駛是大不相同的。修理這種煞車系統的人心裡的模式又不太一樣，設計煞車系統的人又有另一套模式。

技術手冊中描述的模型可以很詳細、很複雜。我們關切的這種模型比較簡單：它們存在於使用者的心裡，所以也是心理模型。心理模型，顧名思義，是人的心目中，代表他們對事物如何運作的理解。對同一個東西，不同的人，甚至同一個人的心裡也可能有不同的心理模型。每一個模型著重處理運作的一個面向，這些模型甚至可能彼此衝突。

概念模型往往是從機器本身推測出來的。有一些模型是口耳相傳，有一些則來自操作手冊。機器本身不太提供幫助，所以模型常常是由使用經驗建立的。有時候這些模型也會出錯，並因此導致使用上的困難。

推測概念模型，主要的線索通常來自東西的結構，特別是指意、預設用途、使用局限以及對應性。工廠用、園藝用和家用的手持工具往往有可供辨識的關鍵部分，讓使用者很容易了解使用方法的概念模型。想像一把剪刀的模樣：你的行動方式是有限的。剪刀上面的洞顯然是該拿什麼穿過去的，唯一合乎邏輯的選擇是手指。剪刀的洞是個預設用途，賦予讓手指插入的可能性；同時也是指意，因為指出手指該穿過什麼地方。洞的大小則提供了使用局限：一個大洞表示可以放好幾根手指；一個小洞表示一根手指。洞和手指之間的對應由洞的位置來決定。此外，

圖 1.8　榮漢斯（Junghans）Mega 1000 無線對時電子錶。我的手錶缺乏好的概念模型來幫我理解它的操作方式。上面有五個按鈕，卻不提示每個按鈕做什麼事，而且這些按鈕在不同的狀態下會做不同的事情。但這是一只非常漂亮的手錶，時間也絕對正確，因為它會用官方的無線電臺對時。最上面一行顯示日期：週三，2 月 20 日，今年的第八週。（照片由作者提供）

剪刀的操作並不硬性規定手指的位置：如果你用錯了手，或放錯了手指，剪刀還是可以用，雖然用起來沒有那麼舒服。你可以了解剪刀該怎麼用，因為它的構造很明顯，結構對操作的意義也很清楚。它的概念模型顯而易見，指意、預設用途和使用局限也相當有效。

　　當一樣東西無法提供清楚的概念模型，會發生什麼事？看看我的電子錶，上面有五個按鈕：兩個在上端，兩個在下端，一個在左側（圖 1.8）。每個按鈕有什麼功用？你怎麼設定時間？我看不太出來，因為控制器和功能之間沒有明確的關係，沒有使用局限，也沒有明顯的對應性。此外，這些按鈕有多種使用方式。其中的兩個按鈕依按法不同（按一下或是按住不放）會出現不同的反應。某些操作需要同時按下幾個按鈕。想知道如何使用這只錶，唯一的方法是一遍又一遍地閱讀使用手冊。只要移動剪刀的柄，刀刃就會跟著移動，但是電子錶本身並不說明按鈕和操作方法之間的關係，或行動和結果之間的關連性。我真的很喜歡這只手錶，很不幸的是我記不住所有的功能。

　　概念模型的價值，在於提供一個預測事情會如何進行的理解方式，以及事情不按計畫進行時，能提供排除障礙的方法。一個好的概念模型讓我們能預測行動的結果。如果沒有好的概念模型，我們只能盲目地死背操作程序，或是只能一個指令一個動作，因為我們不能明白動作會產生什麼結果，或出狀況該怎麼辦。只要不出錯，我們還可以應付；當事

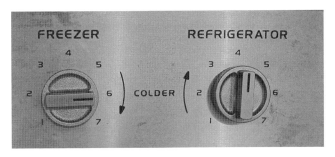

圖 1.9 冰箱的控制鈕。兩個隔間（冷藏室和冷凍庫）和兩個控制旋鈕（放在冷藏室裡）。情形是冷凍庫太冷了，而冷藏室的溫度剛好，你想讓冷凍庫溫度高一點，但是冷藏室溫度不變，該怎麼調整？（照片由作者提供）

情出了差錯，或者一碰到新的狀況，我們沒有一個很好的概念模型是無法處理的。

　　日常事物的概念模型不該是複雜的。畢竟剪刀、筆或開關是相當簡單的東西。我們不需要了解每一樣東西根本的物理或化學原理，我們只需要知道控制器和功能之間的關係。如果一件用品給我們不適當的模型（或者根本沒有模型），我們就會面臨困難。我家的冰箱就是個例子。

　　我家曾經有一個普通的雙門式冰箱，不怎麼特別。問題是，我沒法設定它的溫度。這個問題好像很簡單，我要做的只有兩件事：調節冷凍庫的溫度，和調節冷藏室的溫度。冰箱上有兩個控制鈕，一個標著「冷凍庫」，另一個標著「冷藏室」。這會有什麼問題？

　　噢，也許我該先警告你，這兩個控制鈕不是分開獨立的。冷凍庫的變動會影響冷藏室的溫度，冷藏室的變動也會影響冷凍庫的溫度。此外，操作手冊警告說，調整之後或第一次設定時，需要二十四小時溫度才會穩定。

　　調節這個舊冰箱的溫度是非常困難的。為什麼呢？因為它的控制鈕提示了錯誤的概念模型。兩個隔間，兩個控制鈕，這表示每個控制鈕負責一個隔間，兩者分開獨立，不是嗎？圖 1.10A 說明了這個概念模型。

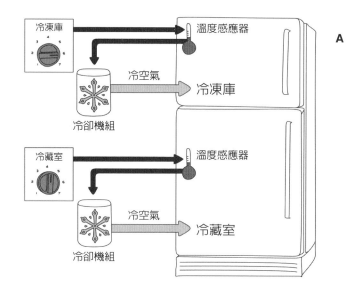

圖 1.10 冰箱的兩種概念模型。概念模型 A 是由冰箱的控制鈕提示的系統印象。每個控制鈕決定了個別儲藏空間的溫度，這意味著每個隔間有自己的溫度感應器和冷卻機制，但是這並不正確。這臺冰箱的正確概念模型如圖 B，因為無法確知溫度感應器在哪裡，所以我把它畫在冰箱外面。標著「冷凍庫」的控制鈕決定了冷凍庫的溫度（所以溫度感應器放在這裡？不太確定），標著「冷藏室」的控制鈕則決定有多少冷空氣會進入冷凍庫或是冷藏室。

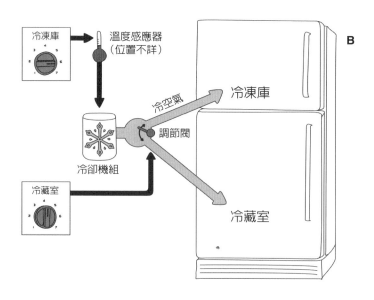

這個概念模型似是而非，因為事實上，冰箱裡只有一個自動控溫器和一個冷卻的機制。這兩個控制鈕，有一個調節控溫器的設定溫度，另外一個調整冷空氣送到兩個空間的相對比例。因此這兩個控制鈕之間有交互作用，而不是分開獨立的（見圖1.10B）。此外，冰箱裡一定有一個溫度感應器，但是找不到它的位置。如果憑著這兩個旋鈕所提示的概念模型去操作，幾乎不可能把溫度調好，而且肯定令人挫折。如果概念模型正確，處理生活上的事物會容易得多。

為什麼製造商會誤導使用者的概念模型？我們無從得知。本書第一版面世以來的二十五年中，我收到許多感謝信函，謝謝我為他們說明了他們家令人糊塗的冰箱，但是我從未收到製造公司（General Electric，奇異公司）的來信。也許設計師認為正確的模式太複雜，而他們提供的模式比較容易理解。但是一旦概念模型錯誤，就不可能調整溫度。即使我知道了真正的模型，我還是不能準確地調節溫度，因為冰箱的設計並沒有指明感應器所在的位置，以及哪一個控制鈕調整溫度，哪一個調整冷空氣的相對比例。缺乏即時的回饋則是另外一個問題，要花二十四小時才能知道新的設定是否適當。我不該需要用到嚴密的實驗和詳細的筆記，才能調節冰箱的溫度。

我很高興我不再用那臺冰箱了。取而代之的是具有兩個獨立控制器的冰箱，一個控制器在冷藏室裡，另外一個在冷凍庫裡。每個控制器都有度數的標記和儲存空間的名稱。這兩個隔間是獨立的：調其中一邊的溫度不會影響到另外一邊。這個解決方法雖然理想，但是成本也高一些，我相信有其他低成本的解決方案。利用現在已經很便宜的感應器和馬達，應該可以設計出一個只用一個冷卻機制的方法，配合自動的調節閥來控制每個隔間冷氣比例。一個簡單廉價的電腦晶片可以自動調節冷卻

機制的運轉和調節閥的轉向，直到使兩個空間的溫度符合使用者的設定。工程設計團隊會不會因此多費點事？會的，但是結果很划算。可惜的是，奇異公司到今天還在賣這種令人糊塗的冰箱。圖 1.9 中的照片是現在的冰箱，寫這本書的時候在一家店裡拍攝的。

系統印象

人們在心中自然形成對自我、他人、環境，以及與他們互動的事物的心理模型。這些模型是經由經驗、學習和指導形成的。這些模型是幫助我們實現目標和理解世界的指南。

我們怎麼對周圍的產品形成一個適當的概念模型呢？因為我們無法與產品的設計師交換意見，我們只能依靠任何用得上的資訊：這東西看起來像什麼樣子，我們過去使用類似產品的經驗，銷售資料裡的資訊，銷售人員說的話和廣告，我們讀過的有關文章，產品的網站和說明書。這些資訊的組合，我稱之為**系統印象**。當系統印象不連貫或不適當的時候（如同前面所提到的冰箱），則使用者不能輕鬆使用。如果系統印象不完整或自相矛盾，麻煩就大了。

圖 1.11 中顯示，產品的設計者和使用者分別在這個三角形上端，不太銜接的兩個頂點。左上方的頂點是設計師的概念模型，是設計師對這個產品的概念。產品本身已不在設計師身邊了，所以它佔據三角形的另一個頂點，或許正擺在使用者廚房的流理檯上。系統印象是從產品的物理結構中形成的心理認知（包括產品上的指意、文件、說明書、網站或售後服務提供的任何資訊）。使用者的概念模型來自於與系統印象的

設計師的概念模型　使用者的概念模型

系統印象

圖 1.11　設計師的模型、使用者的模型和系統印象。設計師的概念模型包括設計師對產品的外觀、手感和操作方式的觀念。系統印象是產品的物理結構或相關文件所表達的印象。使用者的心理模型則是透過和產品的互動及系統印象發展出來的理解。設計師期望使用者的心理模型和自己的模型相同，但因為他們不能直接與使用者溝通，溝通的責任就落在產品的系統印象上。

互動，例如使用產品、閱讀網上的資料，或是看說明書。設計者希望使用者的模型和設計者原來的心理模型是相同的，但由於設計者不能直接與使用者溝通，整個溝通的責任就落在系統印象上。

　　圖 1.11 顯示溝通是良好設計多麼重要的一個環節。不管產品有多好，如果人們不能使用它，評價一定很差。提供相應的訊息，使產品容易理解和使用，是設計師的責任，其中最重要的工作是提供好的概念模型，在出差錯的時候能引導使用者找出錯誤，予以更正。如果沒有一個好的模型，他們的盲目嘗試往往使事情變得更糟。容易理解、令人愉悅的產品，其關鍵是清楚正確的概念模型，而良好的溝通則是形成概念模

型的關鍵。

科技進步的矛盾

　　科技能使生活更輕鬆、更愉快，每一項新的技術都有好處。同時，隨之而來的複雜性也讓我們對使用科技感到困難和挫折。科技的進步帶來了無數的設計問題。以手錶為例，幾十年前的手錶很簡單，你要做的事只是對時和上發條。控制的方法也很簡單：只有一個在手錶側面的旋鈕，轉動旋鈕會上發條，錶就能走動，拉出旋鈕轉動，能移動時針和分針。錶的操作簡單易學，旋鈕的轉動和指針的移動有明顯合理的關係。這個設計甚至把人為失誤考慮進去了：在一般的使用情況下，轉動旋鈕只是上發條。必須要把旋鈕拉出來，才能調時間，不小心轉動旋鈕不會造成時間上的錯誤。

　　過去的手錶是手工打造，在珠寶店出售的昂貴儀器。隨著時間的推移，數位科技急速降低手錶的成本，而且準確性和可靠性增加了。手錶變成一種工具，其風格、形狀和功能日益繁多。從一般的商店到體育用品店或電子賣場，手錶到處都有得賣。此外，精確的計時裝置被納入許多電子產品，很多人不再覺得有必要戴手錶。手錶便宜到一般人都能有好幾只。它們成為時尚的配飾；不同的活動或不同的服飾，都可以搭配不同的錶。

　　現代的電子錶，我們換電池而不是上發條（或者每週給感光發電的錶一點光線）。科技為手錶帶來更多的功能：可以顯示日期，能當馬錶（光這部分就有好幾個功能），能倒數計時，還能當一個鬧鐘（如果設

定好幾個時間,可以當兩三個鬧鐘)。它能顯示不同時區的時間,可以充當計數器,甚至拿來當計算機。如圖 1.8 所示,我的手錶具有許多功能。它甚至有一個無線電接收器,讓它在世界各地自動對時。即便如此,比它複雜的錶還多得是。一些手錶有內建的指南針以及氣壓計、加速計(accelerometers)和溫度計。有些有衛星定位能力或可以網路連線,可以顯示天氣、新聞、電子郵件,以及最新社交網站動態。有些有內建照相機,有些可以用按鈕、旋鈕、動作、手勢或語音操作。手錶不再只是報時的機器:它已經成為多項活動和生活形態的科技平臺。

添加功能會導致問題:如何能把所有功能放進袖珍、可佩戴的尺寸裡?這個問題沒有簡單的答案。許多人已經解決了,但不是用手錶,他們用手機來取代。手機比手錶更能執行這些功能,同時還能顯示時間。

想像一下:在未來,與其說手機取代手錶,不如說兩者會融為一體,也許是戴在手腕上,也許是像副眼鏡戴在頭上,加上一個完整的顯示螢幕。手機、手錶、電腦都將集合成一個電子產品,搭配平時只顯示少量資訊,但是隨時可以展開成大螢幕的軟性顯示器。投影機將會變得更小更輕,小到可以內置於手錶或手機,或者戒指及其他首飾裡,然後投影到任何方便合適的平面上。或者,我們的工具不會有螢幕顯示,但會在耳邊輕聲細語來提供資訊。或者乾脆利用任何手邊方便的顯示器:像汽車或飛機的椅背螢幕,或旅館房間裡的電視。這些設備能做很多有用的事情,但我也擔心它們會阻礙我們:有太多東西需要控制,而沒有足夠的空間來放操作介面或指意。最明顯的替代方式是用特殊的手勢或語音命令,但我們如何學習,然後記得這些替代方式?我在後面會談到,最好的辦法是經由大家同意的標準,所以我們只需要學習一回。但是讓大家能夠彼此同意是一個複雜的過程,許多相互競爭的因素可能會阻撓

這些問題的解決，讓我們拭目以待。

　　提供更多功能，讓生活更簡單的科技同時也讓工具更難用、更難學習，反而讓生活更複雜。這是科技的矛盾和設計師所面臨的挑戰。

設計的挑戰

　　設計需要跨領域的合作。要創造一個好的產品，需要借重的領域為數眾多。優秀的設計需要有優秀的設計師，但這是不夠的：它也需要優秀的管理能力，因為製造一個產品最困難的部分是協調許多不同專業，而每一個專業有各自的目標和優先順序。產品開發包含了諸多因素，而每個專業對這些因素的重要性有不同的看法。一個專業會強調產品必須是好用和容易理解的，另一個專業則認為它必須有吸引力，第三個看法則是它必須要廉價、有競爭力。此外，產品也必須是可靠的，容易製造，維修簡單。它必須和競爭產品之間有所區別，在關鍵性的比較上，像尺寸、價格、可靠性、外觀和功能上優於對手。最後，一定要有人買。不管產品有多好，如果沒有人用，終究是徒然的。

　　往往每個專業領域，都相信他們獨特的貢獻是最重要的。「價格，」行銷部門說：「價格最重要，再加上功能不能輸。」「要可靠，」工程師堅持他們的看法。工廠代表說：「要在現有的廠房裡製造得出來。」「我們一天到晚接到客戶的電話，」管售後服務的人說：「我們希望在設計上解決售後服務的問題。」設計團隊說話了：「你們不能把所有的顧慮加在一起，然後還希望做出一個合理的產品。」誰是誰非？每一個人都對。成功的產品必須滿足這所有的條件。

　　最困難的部分是要說服人們理解彼此的觀點，放棄自己專業的主觀意見，而從消費者和使用者的觀點來考量。商業性的觀點很重要，因為如果沒有足夠的人買它，再好的產品也沒有用。如果賣不出去，即使是個偉大的產品，公司往往必須停止生產。很少有公司能夠承受巨大的成本壓力來持續製造及改進一個無利可圖的產品，直到轉虧為盈。這個時間通常是以年來衡量，有些例子像高畫質電視，甚至要花上幾十年。

　　設計得好，並不容易。製造商想要能用低成本生產產品，零售商則想要能吸引客戶的產品，購買者則有幾種要求。在店裡，購買者注意價格、外觀或華貴的感覺。在家裡，同一個人可能更注重功能性和實用性。維修服務則關心產品維修的可能性：如果要把它拆開，檢查再修復容不容易？相關單位的需求不同，經常發生衝突。即使如此，如果設計團隊能讓各個領域的代表提出他們的顧慮，同時加以考慮，往往可以找到一個令人滿意的解決方式。主要的衝突和缺失通常是因為各個領域獨立作業，不互相配合。我們所面臨的挑戰，是如何運用以人為本的設計原則，來產生正向的結果，創造出能提高生活品質、增添樂趣、讓人享受又深受客戶喜愛的產品。我相信這是可以做到的。

■註釋

1　譯註：signifier 在符號學裡常被譯成「意符」。由於本書著重於互動關係的說明，將沿用卓耀宗先生的原譯「指意」，來表示對使用者指出意義的提示。

2　譯註：mapping 指的是兩個集合的元素之間的對稱關係。斟酌原義及在原文中的用法，本書將採用「對應」或「對應性」來取代卓耀宗先生的原譯「配對」。

3　譯註：原文為 fall upon deaf ears- literally. 英諺不理不睬，充耳不聞之意。在此為雙關語，因為吉伯森戴著助聽器，所以真的是 deaf ears。

4　譯註：《好設計不簡單》的第 1 章和第 4 章特別討論了指意的觀念。

5 譯註:因為蘇格拉底以詰問式的教學法而聞名。此處這段對話仿照蘇格拉底與學生對話的
風格。

2

日常行動的心理學
The Psychology of Everyday Actions

我和家人住在英國的時候，我們租了一間附帶家具的房子。有一天，我們的房東太太回來拿一些文件。她試著打開一個老舊檔案櫃最上面的抽屜，卻打不開。她又推又拉，向左向右，往上頂，往下壓，都沒有成功。我試著去幫忙：我先搖晃抽屜，然後把抽屜的面板用力扳，硬壓下去，另一隻手給它狠拍一掌，抽屜就滑了出來。「唉，」她說：「真是麻煩你了，我對機械的東西實在不行。」錯了，她搞反了。是機械該對人道歉：「我真抱歉。我對人實在不行。」

　　我的房東太太有兩個問題。首先，儘管她有一個明確的目標（拿一些私人文件），甚至有實現這個目標的計畫（打開放文件的檔案櫃最上面的抽屜），一旦計畫失敗，她就不知道該怎麼辦了。但她還有第二個問題：她以為問題在於她自己的能力不足，她錯以為是自己的責任。

　　我怎麼幫她？首先，我不相信這是房東太太的錯；對我來說，這顯然是舊檔案櫃的機械故障，使得抽屜打不開。第二，我有一個檔案櫃怎麼開關，抽屜怎麼從裡面扣住的概念模型，所以我猜想裡面的機械零件可能對不上了。這個概念模型給了我一個想法：晃動抽屜，讓它卡回原來的位置，結果沒有成功。這使得我必須修改我的計畫：晃動可能有用，但力道不夠，所以我使出蠻力試圖把抽屜扳回它原來對齊的狀態。結果還不錯，抽屜稍微移動了，但仍然打不開。於是我使出全世界的專家都用過的一個絕招：狠狠拍了它一下，抽屜應聲而開。雖然我沒有任何確切的證據，但是我對這件事的看法是：我那一掌把抽屜給震開了。

　　這個例子點出了這一章的主題。首先，人是怎麼做事情的呢？照著基本的步驟來操作科技是很容易的（是的，即使是檔案櫃也有科技在裡

頭）。但是出問題的時候呢？我們如何知道它出了問題，以及我們又該怎麼辦？為了幫助讀者理解這一點，我先討論一下行動的心理歷程，選擇及評估行動的簡單概念模型，以及我們如何透過一個概念模型來形成理解。這也牽涉到情緒的角色，包括操作順利時的快感以及不順利時的挫折。最後，我會談到本章提出的知識如何轉化為設計的原則。

人如何做事情：執行和評估的障礙

當人們使用東西時，他們面臨著兩個障礙。執行的障礙：要弄清楚這東西該怎麼用；以及評估的障礙：了解發生了什麼事（見圖 2.1）。設計的工作是幫助人們跨越這兩個障礙。

在檔案櫃的例子裡，正常的情況下，看得到的結構會幫助使用者跨過執行的障礙。抽屜的把手清楚地指出「拉出來」的動作，抽屜把手上的暗卡裝置指示你如何鬆開原本扣住抽屜讓它不致滑動的鉤子。但是當這些操作失敗時，一個巨大的障礙出現了：有什麼其他操作方法可以打開抽屜？

一開始，評估的障礙很容易跨越。舉例來說，當扣住抽屜的鉤子鬆了，把手也拉了，但抽屜還是拉不動。拉不動這個狀態表示目標沒有達成。當我試著用其他手段，例如說又拉又扳又壓，檔案櫃並沒有給我更多的訊息，告訴我是否更接近目標。拉不動就是拉不動，如此而已。

評估的障礙指的是人為了理解事物所處的狀態，以及評估目標達成的程度要花的力氣。如果這件事物容易了解，並且以符合使用者期待的方式提供它的現況，則評估的障礙就會變小。回饋及概念模型是幫人跨

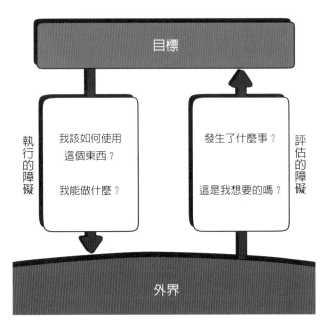

圖 2.1　執行的障礙和評估的障礙。當人們遇上了某個裝置或器具,他們面臨了兩個障礙:
執行的障礙,意思是他們試著揣摩如何使用它;以及評估的障礙,意思是試圖了解這個裝置
或器具的狀態,以及他們的操作是否達成目的。

越這個障礙的主要設計元素。

　　這兩個障礙在許多情形下都會出現。有趣的是,很多人遇到了困難
時,他們的解釋是自己有問題。尤其是面對一些自己應該有能力使用的
東西,像水龍頭、調整冰箱內的溫度或瓦斯爐,他們就會認為:「我好
笨,連這個都不會。」另一方面,對看起來複雜的東西,像縫紉機、洗
衣機、電子錶或任何數位控制的機器,他們乾脆就放棄了,認定自己無
法理解它們。這兩種想法都是錯的,這些都是日常家庭裡使用的東西,
並沒有複雜的底層結構。使用困難的問題在於它們的設計,而不是在試
圖使用它們的人。

　　設計師怎麼幫助我們跨越這兩個障礙?要回答這個問題,我們需要
更深入地探討人類行動的心理因素,但是基本的工具已經在第 1 章提過

了。我們用指意、使用局限、對應性和概念模型來跨越執行的障礙。我們用回饋和概念模型來跨越評估的障礙。

採取行動的七個階段

一個動作有兩個部分：執行這個動作，然後評估其結果。執行和評估兩者都要能夠理解這個東西該怎麼用，以及該有什麼結果。執行動作和評估結果都能夠影響我們的情緒。

假設我坐在沙發上看書。這會兒已經是傍晚時刻，光線愈來愈暗。我現在的活動是閱讀，可是因為光線變暗了，這個目標開始有點難以達成。這個認知觸發了一個新的目標：得到更多的光線。我該怎麼做？我有很多選擇。我可以打開窗簾，坐到比較亮的地方，或者打開附近的燈。這是計畫的階段，我要決定採取這些行動中的哪一項。但是，即使在我已經決定了行動的計畫，我還是要決定怎麼執行這項計畫。如果我決定開附近的一盞燈，我還要決定怎麼開。我可以叫別人幫我開，我可以用我的左手開，或是用右手開。最後，我必須執行這項行動。如果這是我常做而且有經驗、很熟練的一件事，這些階段是下意識[1]，不經思索的。當我還在學習如何做這件事時，決定行動的計畫、執行順序和解釋行動的結果則是有意識的，需要思考的。

假設我正在開車，而我的打算是在下一個路口左轉。如果我是熟練的駕駛，我不需要花太多注意力去有意識地執行這個動作。我才想著「左轉」，就很順利地執行了必要的操作順序。但是，如果我剛學開車，我就要思考每個單獨的動作。我必須想著踩煞車，記得看前後左右的車

輛和行人，還不能錯過每一個交通號誌。我必須在油門和煞車之間來回移動我的腳，在打方向燈和握方向盤之間移動我的手，還得記得教練教的，轉彎時我的手該怎麼打方向盤。我的注意力分散在周圍的所有活動中，時而直視前方，時而轉頭側視，時而關注一下後照鏡。這些動作對熟練的駕駛很簡單，對初學者而言，開車似乎是件忙到不可能的任務。

具體的動作連結我們的目標，和可能用來實現目標的行動。在我們決定要採取什麼行動之後，必須實際執行這些行動。在定目標之後有三個執行階段：計畫，制定和執行（圖 2.2 左側）。評估也有三個階段：第一，感知：知道發生了什麼事；第二，解釋：試著理解其意義；最後，把發生了的事和目標做比較（圖 2.2 右側）。

以下就是七個行動階段：一個目標、三個執行階段和三個評估階段（圖 2.2）。

1. 目標（形成目標）   5. 感知（知道事物的狀態）

2. 計畫（選擇行動）   6. 解釋（對感知的結果形成了解）

3. 制定（決定動作順序）   7. 比較（評估結果與目標的差異）

4. 執行（付諸行動）

七階段的行動週期是個簡化的描述，但對人類行動的理解和設計提供一個很有用的架構。在互動設計上，它已經被證明是有幫助的。並不是每一個階段的活動都是有意識的；我們可以做很多的事，卻不曾意識到我們正在反覆地經歷各個階段。只有當我們遇到新的事物、碰到某種僵局，或某些問題擾亂了正常的流程，我們才會有意識地注意到這樣的行動週期。

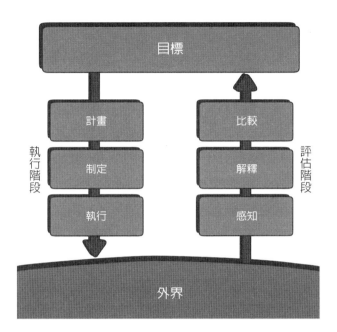

圖 2.2 行動七階段的循環。把所有的階段放在一起,可以看到有三個執行階段(計畫,制定和執行),三個評估階段(感知,解釋和比較)。加上想達成的目標,總共七個階段。

　　大多數的行為並不需要經歷每一個階段,然而,大多數活動也不止於單一的行動。做一件事,通常必須有無數次的反覆循環,整件事的活動可能會持續數小時甚至數天。一個活動裡可以有多個回饋的迴路,影響到下一個目標或計畫。根據回饋的結果,有些目標或計畫會被捨棄或重新定義。

　　讓我們回到我開燈的例子。這是一個由「事件」所引起的行為:這個行動順序始於世界上發生的某一件事,導致對狀態的評估和目標的重新制定。剛開始是一個環境裡發生的事件:光線不足,使得看書變得困難。這個事件違反了「閱讀」這個目的,所以導致了一個子目標(subgoal)的形成:增加光源。但「閱讀」不見得是最高層次的目標。對於每一個目標,都有另一個「為什麼」。為什麼我要閱讀?我可能是想照一份新食譜做一頓飯,所以下廚之前,我得把食譜讀一遍,因此閱讀

是一個子目標。但是，煮這頓飯本身也可以是一個子目標：煮飯是為了想吃飯，解決我飢餓的需求。所以粗略地說，目標的層次可以是：充飢、吃飯、煮飯、讀食譜、得到足夠光源，獲得更多的光線。這就是所謂的根本原因分析：一直問「為什麼？」直到了解活動的最終根本原因。

操作循環可以從最頂端開始，先建立一個新的目標。我們把它稱為目標驅動（goal-driven）的行為。在這種情況下，行動從目標開始，然後經歷了三個執行階段。但操作循環也可以從最底層做起，由某些世界上發生的事件所引發，在這種情況下，我們把它叫做資訊驅動（data-driven）或事件驅動（event-driven）的行為。一個這樣的循環始於環境的狀態，然後經過三個評估階段。

許多日常事務中，目標和意圖都沒有明確的定義：它們是機會性的而不是計畫性的。機會性的行動依情況決定；我們日常生活裡的活動並不完全依照詳盡的分析規劃，有許多事情因當時的環境和機會而引發。例如說，我們也許沒想到要去一家新的咖啡店，或問朋友一個問題，但是如果剛好經過一家沒去過的咖啡店又有點時間，或湊巧遇到了一個朋友，就有機會進行這些活動。對於關鍵性的事務，我們則會有意地花力氣去完成。機會性的行為比計畫性的行為來得不精確，但它們花的精力少、方便性高。有時候我們會因為日常生活中的這些機會調整步調，有時候我們會製造生活中的事件來完成目標驅動的行為。例如說，當我有必須完成的重要工作時，我會請人幫我設一個期限，然後用這個期限來要求自己準時完成工作。也許我會拖到期限截止前的幾個小時才做完，但是重要的是它因此而及時完成了。這種自我設定的外在事件，是與七個階段分析完全相符的。

這七個階段提供了產品設計的指導方針。執行及評估的障礙是明顯

的出發點，因為兩者都提供改良產品的機會。關鍵是要有足夠的觀察能力來發現這些機會。大多數的創新來自對既有產品的不斷改良。有人會問：「那麼革命性的想法呢？那些獨創一格的嶄新產品又算什麼？」這些想法和產品還是來自於對目標的重新考量，不停地追問什麼是才是真正的目標：我們所謂的**根本原因**分析。

哈佛商學院的行銷學教授萊維特（Theodore Levitt）[2] 曾經指出：「人們不是想買四分之一英寸的鑽頭；他們是想要鑽一個四分之一英寸的洞！」萊維特的意思是我們應該專注於真正的目標，但是這個例子只對了一半。到店裡買鑽頭不是他們真正的目標，而又為什麼會有人只想鑽一個四分之一英寸的洞？顯然，鑽一個洞也只是過渡性的目標，也許他們想在牆上裝一個書架。萊維特教授的例子結束得太早了。

一旦你意識到這點，也許不需要鑽頭，或許也不見得需要那個洞。他們只想裝個書架，為什麼不開發一種不需要鑽洞就能裝書架的方法？或是發明不需要書架的書，例如像電子書之類的。

人類的思想：大部分是下意識的

為什麼我們需要了解人的心理？因為東西是設計來讓人使用的。不對人的心理進行深刻的了解，設計就容易出錯，變得難以使用，難以理解。這就是為什麼我要考慮七個行動階段。大多數人相信我們已經理解人類的行為和心理，畢竟我們都是人類，而我們對自己多少有些了解。但事實上，大多數人的行為是下意識心理歷程的結果。我們並不見得了解或知覺到這樣的過程。於是，許多我們對人的行為（包括對自己行為

）的理解是錯誤的。這就是為什麼我們會發展出社會和行為科學，而且結合了數學、經濟學、電腦科學、資訊科學，和神經科學來了解人類。

考慮以下的簡單實驗。執行這三個步驟：

1. 晃動你的食指。
2. 晃動同一隻手的中指。
3. 描述你前面這兩個動作，做了什麼不同的事。

表面上看，答案似乎很簡單：我先想著要移動我的手指，然後它們就動了。兩次之間不同的是，我每次想的手指不一樣。沒錯，但是那個想法怎麼傳遞到行動，形成不同的指令，導致手臂的不同肌肉分別控制手指肌腱，而使得手指能夠晃動？這個過程完全是不經由意識層面的。

人類的大腦非常複雜，經過長期的演化，演變成許多不同結構。對心智的研究是許多專業領域的課題，包括行為與社會科學、認知科學、神經科學、哲學，以及資訊和電腦科學。儘管我們的理解已經有許多進展，但還有太多尚未了解的問題。其中的一個問題是意識性的活動和下意識的活動之間的性質和區別。大腦大部分的運作都是下意識的，是隱藏在意識之下，我們無法察覺的。只有最高層次、**反思性**的歷程，才是意識性的。

意識性的注意力對學習大多數事情是必要的，但在最初的學習之後，經過數千個小時或幾年下來不斷的實踐和練習，會產生心理學家所說的「過度學習」（overlearning）。一旦一項技能已經被過度學習，表現這項技能似乎毫不費力，想都不想，可以自動完成。舉例來說，請回答下列問題：

你最好的朋友，電話號碼是？

貝多芬的電話號碼是？

下列國家的首都是？

- 巴西？

- 威爾斯？

- 美國？

- 愛沙尼亞？

　　想想你如何回答這些問題。如果你知道這些問題的答案，答案會自然浮現，但是你不知道這是怎麼發生的，你「就是知道」。即使是錯的答案，也是下意識地浮現在腦海中。你可能會有些疑問，但不會知道這些名字怎麼進入你的意識。如果你不知道答案，你會毫不費力地知道「你不知道」這件事情。即使你以為你知道，但是想不起來，你還是不知道這個感覺是從哪兒來的。

　　你也許記不得朋友的電話號碼，因為大多數人已經把這件差事交給科技。我不記得任何人的電話號碼，我連自己的號碼都不太記得。當我想給人打電話，我只會搜索我的連絡人列表，然後讓手機撥號。或者我只是按著手機上的「2」幾秒鐘，然後它會快速撥號，自動打我家的電話。或者我在車上，我可以簡單地對語音系統說：「打電話回家。」號碼呢？我不知道，但我的科技產品知道。科技產品算不算是我們的記憶系統、思維過程，或者心智的延伸？

　　貝多芬的電話號碼是什麼？如果問我的電腦，它會花很長的時間，因為它會搜索所有我認識的人，看看其中是否有一個人叫貝多芬。但是你會立刻認定這是個無厘頭的問題，你不認識貝多芬，而且他已經去世

了。此外，他死在 19 世紀初，而電話在 19 世紀後期才發明。我們怎麼如此迅速地知道「我們不知道」這件事？然而，有些事情雖然我們知道，但卻需要很長的時間才想得起來。例如說，試著回答這個問題：

> 你住過的前一棟，再前一棟，再前一棟房子，進門的時候，前門的把手是在左邊還是右邊？

這回你需要用意識性的反思方式來解決問題，首先先弄清楚說的是哪一棟房子，然後正確的答案是什麼。大多數人都可以想清楚房子是哪一棟，但難以回答門把的位置，因為他們能容易地想像門把在左邊，也可以想像它在右邊。解決這個問題是想像一些活動，例如用雙手抱著沉重的包裹走到門前：我是用哪一隻手開門的？或者是試著想像在房子裡面，急著開門迎接一位訪客，我是用左手或是右手開門的？

往往經過這樣的想像，我們就能找到答案，但是要注意：這個問題裡找回記憶的方式和別的問題有所不同。這些問題都涉及長期記憶，但是性質很不一樣。前面的問題是有關事實的記憶，或稱為**陳述性記憶**（declarative memory）。最後一個問題雖然可以根據記得的事實來回答，但通常最容易的方式是回想開門的行動過程。這是所謂的**程序性記憶**（procedural memory）。我將在第 3 章進一步討論人的記憶。

走路、說話、閱讀、騎自行車、開車、唱歌。所有的技能都需要長時間的練習才能掌握，但一旦掌握住，這些技能便常常成為一種下意識的能力。只有在特別困難或意外的情況下，才需要我們有意識的注意。

因為我們只知覺到反思層面的心理歷程，就常以為所有人類的想法都是有意識的，但事實並非如此。我們也常以為思想跟情感是分開的，

這也不盡然，認知和情感不能分開。認知的想法會導致情緒，而情緒會推動認知的想法。大腦結構使我們可以做種種的行動，而每個行動都附帶某些期望，這些期望影響我們的情緒。這就是為什麼人類語言裡有許多基於現實世界的譬喻，而身體及環境的互動是人類思想的重要成分。

情感的影響力常常被低估。事實上，情感是與認知並列的一個功能強大的訊息處理系統。認知系統試圖理解世界；而情感系統賦予評價。一個情況是安全還是危險，發生的事情是好還是壞，由情感系統決定。認知提供對事物的理解，情感提供對事物的價值判斷。一個沒有情感系統功能的人很難做出抉擇，一個沒有認知系統的人則有理解的障礙。

很多行為是下意識的，也就是說，我們沒有意識到它們怎麼發生。我們往往不知道我們會做什麼、說什麼、想什麼，直到我們已經做了、說了或想到了。這種感覺就像我們有兩個大腦，一個管下意識的行為，另一個管意識性的思考，而兩個腦之間不見得互相交談。這聽起來不像你學過的心理學？也許吧，但是越來越多的證據顯示，我們在事後用邏輯和理性解釋自己的行為，而不是在事前用邏輯和理性決定行為。這點奇怪嗎？是有點奇怪，但是別埋怨，事實上這是件值得享受的事。

表 2.1　下意識和意識性的認知系統

下意識	意識性
快	慢
自動的	能控制的
有許多訊息的來源	訊息來源有限
控制擅長的行為	在異常的情況下被觸動：學習的時候、危險的時候、出問題的時候

　　快速、自動化的下意識心理歷程能自動比較配對，毫不費力地找出過去的記憶中和當前的狀況最匹配的經驗。這種下意識的處理是我們的優勢之一，它能察覺一般性的趨勢，辨別出當下的情況和過去經驗之間的關係，將過去發生過的例子予以類化（generalize），讓我們了解現在遇到什麼事，預期接下來會發生什麼事。但是下意識的想法也可能配對不當，無法區分常見的情形和特例之間的差異。下意識的想法偏向規律性及結構性的判斷，它缺乏象徵性操作（symbolic manipulation）或仔細推理步驟順序的能力。

　　有意識的思想是完全不同的。它遲緩而費力，我們用這種方式細細思考我們的決策，考慮其他的可能性，並比較不同的選擇。有意識的思想首先考慮種種方向，然後進行比較、合理化、尋求解釋。形式邏輯、數學、決策形成：這些都是意識性思考的工具。這兩種思維方式（意識性和下意識）都是人類生活中強大而不可或缺的方法。兩者都能產生飛躍性、創造性的想法，但也可能有誤解和失敗的時候。

　　情感與認知透過生化機制互動，經由血管或大腦中的神經通道和激素，影響腦細胞的行為。激素對大腦運作施以強大的影響，所以在緊張、感受威脅的情況下，情感系統釋放激素，指示大腦開始專注於環境裡相關的資訊，而肌肉也繃緊準備開始行動。在平靜、沒有威脅的情況下，情緒系統釋放另一種激素來放鬆肌肉，促使大腦進行探索性和創造性的活動。大腦會容易注意到環境的普遍變化，因外在的事件分心，或將本來看起來不相干的事件和知識，拼湊成有意義的模樣。

　　正向的情緒狀態會促進創造性思維，但不能幫助你專注於眼前的事情。如果太過分了，我們會說這個人容易分心、思緒不定，一個念頭還沒想完又換了一個念頭。負向的情緒狀態容易讓精神集中，保持關注，

完成任務。然而，如果太過分了，我們無法放開視野，超越狹隘的主觀
。無論是正向、放鬆的狀態，或是負向、緊張的狀態，對人類的創造力
和行為都是有力的工具。而太過極端，兩者都可能會導致危險。

人類的認知與情感

　　心靈和大腦複雜的作用，仍然是相當大的科學課題。一個很好的解
釋方式將認知和情感分成三個不同層次的處理過程，每一個層次與其他
層次不同，但彼此和諧分工。雖然這個解釋方式稍微過於簡化，對於了
解人類行為，這個模型還不錯。我在這裡敘述的分類來自拙著《情感
@設計》。在書中，我詳細討論了這個用來解釋人類認知及情感的模
型，其中包括三個層次的心理歷程：本能、行為和反思。[3]

本能層次

　　三個心理歷程中最基本的層次，被稱為**本能**層次，有時候又被稱為
「蜥蜴的腦」，因為它是人類和許多動物在演化上共有的部分。所有的
人類都有同樣的本能反應和情感系統的基本保護機制，能夠快速判斷環
境的好壞，是安全還是危險。本能系統使我們能下意識地迅速做出反
應，不需經過自覺意識的控制。本能系統的生物學基礎限制了它的學習
能力，本能的學習主要是經由適應（adaptation）或古典制約（classical
conditioning）等機制，經過學習而敏感化（sensitization）或減敏感（
desensitization）的過程。本能反應自動而迅速，例如在陌生或意外的情

況下反射性感到驚嚇或不悅（害怕高處、害怕黑暗、不喜歡嘈雜的環境、不喜歡苦味卻喜好甜味等等）。值得注意的是，本能層次只對當時的事件做出情緒性的反應，而相對上不受情境或過去經驗的影響。它只是簡單地評估狀況，不分析原因。

本能層次和人體的肌肉及動作是緊密結合的。本能層次驅使動物戰鬥、逃跑，或放鬆。通過分析身體的緊張程度，往往可以了解動物或人的本能層次狀態：緊張代表負面的狀態，輕鬆則是正面的狀態。同時，我們往往經由注意自己的肌肉緊張程度來決定自己的狀態。例如我們常說：「我握緊拳頭，汗流浹背，非常緊張。」

快速的本能反應是完全下意識的，只對當前的情況做反應。大多數的科學家並不稱之為情緒：它們是情緒的先期條件。站在懸崖的邊緣，你會體驗到一種本能的恐慌反應；或者在一頓美食之後，你會沉浸在一種溫暖，舒適的愉悅體驗之中。

本能反應是立即感知的：例如一個圓潤和諧的聲音所引起的愉快，或是指甲刮過粗糙表面所造成的刺耳不悅。這就是為什麼設計風格很重要：不論外型、聲音、視覺、觸覺或嗅覺，都會觸動本能的反應。這和產品好不好用、有沒有效、能不能了解沒有關係。它影響的是產品吸引人或令人排斥。本能反應對設計師十分重要，優秀的設計師用自己的美感來觸動這些本能反應。

工程師和其他邏輯性很強的人，往往把本能反應當作是不相干的事情。工程師自豪於作品的內在品質，而不能接受劣質產品「只因為比較漂亮」就賣得更好。但是我們所有的人，包括那些非常具邏輯性的工程師，都會做本能的判斷。這就是為什麼他們會偏愛某些工具，討厭別的工具。本能反應對每一個人和每一個產品都是很重要的。

三個層次的心理歷程

圖 2.3 三個層次的心理歷程：本能、行為及反思。本能和行為層次是下意識的，是基本情緒的基礎。有意識的思考、決定，以及高階的情緒發生於反思層次。

行為層次

行為層次包含學習而得，會在類似的情況下被觸發的技能。在這個層次的心理歷程大體上是下意識的。儘管通常我們知道自己在做什麼行動，卻往往不知道細節。當我們說話的時候，直到聽到自己說出的話，我們的意識（反思部分）常常不知道自己會說什麼。當我們做運動時，我們對行動準備充足，但身體的反應發生得太快，不是意識可以控制的：它是行為層次控制的。

當我們執行一個學得很好的行動，我們只需要想到一個目標，行為層次就會處理所有的細節。除了決定採取行動之外，意識的部分基本上不怎麼參與。試試看，這其實很好玩：移動你的左手，然後右手，伸出你的舌頭，或張大你的嘴巴。你到底做了什麼？你不知道細節。你只知道你「想要」做這些行動，行動便正確地發生了。你甚至於可以使行動更加複雜。拿起一個杯子，然後用同一隻手再多拿幾樣東西。你的手指和手的方向會自動調整來完成這個動作。你只需要注意杯子裡面的水不

要溢出來，或者其他的東西不要掉了。即使在這種情況下，對肌肉的控制是下意識的：只要注意不讓水溢出來，手會自動去調整配合。

對於設計師而言，行為層次最關鍵的是每個動作後面都跟著一個期待。期待好的結果，會導致正面的情感反應。預期負面的結果，會導致負面的情感反應。不管是恐懼或是希望，是焦慮或是期待，回饋傳達的訊息會引起我們滿意、放鬆、失望或挫折的感覺。

行為的狀態是學習得來的。如果覺得對行為的結果有良好的理解，就會覺得有所掌握。如果事情不順利，而又不知道原因或怎麼糾正，就會覺得挫折甚至憤怒。回饋總是讓你安心，即使它代表一個負面的結果。缺乏回饋讓人感到無法掌握、令人不安，所以良好的設計用回饋來節制使用者的期待。回饋是對結果的認識，影響我們如何決定期待，而且對學習及發展擅長的行為來說是重要的因素。

期待在我們的情感中有重要的作用。這就是為什麼，當我們想趕在紅燈之前過十字路口，我們會緊張；或是學生在考試前會開始焦慮。預期的壓力釋放時，會引起一種如釋重負的放鬆感。情感系統對期待狀態的改變尤其敏感。即使它只是由一個非常糟的狀態，進步到一個不那麼壞的狀態，我們都覺得受到鼓舞。反之，如果從極佳的狀態改變到不完美，但還是不錯的狀況，我們仍覺得有點沮喪。

反思層次

反思層次是有自覺性的認知。這是深刻的理解形成的地方，也是思考、推理和有意識的決策發生的地方。本能和行為層次是下意識的，因此它們反應快速，但不能做太多的分析。反思是認知的、深刻的、緩慢

的，常常在事件發生以後才開始。它是一種回頭審視事件，對情況、行動、成果、過失或責任的評估。最高階的情緒來自反思層次，因為事件的歸因（attribution）和對未來事件的預期都在這裡決定。如果對事件的認知加入了因果關係的元素，會產生種種情緒狀態，例如內疚或自豪（如果認為自己是事件的原因），責備或批評（如果認為別人是事件的原因）。我們大多數人都經歷過對未來的高度期許及高度憂慮，雖然這完全由我們的反思系統想像而生，但卻真實到足以引起憤怒或愉悅的相關生理反應。情感和認知是緊密交織在一起的。

設計必須考慮本能、行為和反思三個層次

對設計者而言，反思也許是最重要的心理歷程。反思是有意識的，在這個層面所產生的情緒最持久，因為它解釋事件的原因和決定對事件的情緒反應：內疚、自責、讚美或自傲。反思的反應是記憶的一部分，而記憶保留的時間遠超過本能和行為層次所回應的使用經驗。反思層次的結果使我們決定要不要推薦一項產品，或是建議別人避免這項產品。

反思的回顧往往比現實更重要。如果我們很喜歡一項產品（一個強烈的正面本能反應），但是產品的易用性令人失望（行為層次），當我們事後回憶這項產品，反思層次可能側重正面的情感反應，而忽視嚴重的行為層次問題（所以人家說「漂亮的產品比較好用」）。同樣地，太多使用階段的挫折，會在我們的反思經驗中被擴大，而讓我們忽略了一些正面的本能素質。廣告商常常希望，即使真正的使用經驗很令人挫折，與品牌形象一致的想法會深深影響我們的判斷。另一個例子：即使日記裡留下了不適應或痛苦的證據，假期的回憶往往是美好的。

　　這三個層次的歷程是分工合作的。當一個人決定喜歡或不喜歡一項產品或服務，每一個層次都會發揮重要的作用。一次討厭的經驗能毀了未來可能有的正面經驗，一次極好的經驗也可以彌補過去的不悅。行為層次包含所有的互動經驗，也產生所有基於期望的情緒，如希望和喜悅，沮喪和憤怒。理解產品需要再加上反思層次的組合，享受產品則需要所有的層次。因為三個層次對設計如此重要，我用《情感 @ 設計》一整本書來討論這個主題。

　　在心理學上，情感和認知何者先發生，是一個長期的爭論。我們有逃離躲避的反應，是因為某些事件的發生讓我們懼怕，還是因為我們逃了、躲了，所以我們意識的思考注意到我們逃避的行為？三個層次的分析顯示，這兩種想法都可能是對的。有時情感反應先產生：突如其來的巨響可能導致立即的本能和行為反應，教我們立刻逃開。其後，反思系統觀察到自己逃離的行為，而推論出恐懼這件事。逃離的行動先產生，並觸發認知對情緒的解釋。

　　但是有時候認知會先出現。假設我們走進一條黑暗狹窄的巷弄，我們的反思系統可能想像出無數在黑暗中等待我們的威脅。在某一個點上，當想像中的潛在危險大到足以觸發行為系統，會導致我們拔腿就跑。這是一個認知系統觸發恐懼和行動的例子。

　　大多數的產品不會引起恐懼的反應或逃跑的行為，但是設計很差的產品會引發挫折和憤怒，或一種無助、絕望甚至憎恨的感覺。精心設計的產品可以給你成就感和享受，一種掌控的快感，或是喜愛和依戀的感覺。遊樂園是平衡不同情感階段衝突反應的專家。一方面提供各種遊戲如摩天輪或鬼屋，從本能和行為層面觸發恐懼反應，而另一方面在反思層次保證來玩的人絕對不會遭受到任何真正的危險。

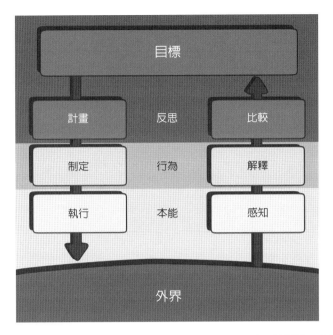

圖 2.4。**心理歷程的層次和行動階段的週期**。本能反應在最低層次，控制簡單的肌肉動作，感知世界和身體的狀態。行為層次和預期密切相關，所以在乎對行動的預期和對回饋的評估。反思層次是目標性及計畫性的活動，在乎預期的目標和實際結果的比較。

　　這三個層次的處理，決定一個人的認知和情感狀態。高層次的反思認知可以觸發較低層次的情緒。較低層次的情緒也可以觸發更高層次的反思認知。

七個行動階段與三個層次的心理歷程

　　如圖 2.4 所示，行動階段可以很容易與三個不同層次的歷程連結。最低層次的焦慮或冷靜由本能主導，對世界的狀態或一個事件做評估和反應。其次，在中間的階段，由行為的預期所驅動（例如對結果的期望或恐懼），或因行為的結果而改變（例如鬆了一口氣或是絕望）。在最

高階段是反思層次的分析，評估事件的結果和推定事件的因果關係，因而產生立即性或長期性的影響。結果可能是滿足、自豪、責怪或憤怒。

一種重要的情感狀態，是當人完全沉浸在一個活動裡的狀態，社會科學家契克森米亥（Mihaly Csikszentmihalyi）稱之為「心流」（flow）。長期以來，契克森米亥研究人們如何工作和娛樂，以及他們的生活如何反映兩者的混合。在「心流」狀態時，人們會忘掉時間和外在的環境，沉浸在活動之中。

在「心流」狀態中，人和自己正在做的事是合而為一的。這樣的事情要有一個剛剛好的難度；困難到具有挑戰性，可以持續吸引注意力，但是沒有難到讓他們太挫折或太焦慮。

契克森米亥的研究顯示行為層次如何產生強大的情緒反應。這些情緒反應由執行方面的行動引發的預期決定。我們的行動結果與預期相比較，由此產生的情緒影響接下來的反應。能給予「心流」感覺的活動不能太容易，也不能太難。如果一個任務太過簡單，遠低於我們的能力水準，預期目標太容易達到，它會缺乏挑戰性。因為沒有花什麼力氣，所以讓人感到索然無趣。一個超過我們能力的困難任務，會導致許多次的失望和挫折，然後緊跟而來的是焦慮和無助。「心流」狀態發生時，通常是當這個活動略微超過我們的能力，所以需要持續的注意力，再加上不斷進步和成功的回饋，這種沉浸其中的體驗，可以持續數小時之久。

使用者是說故事的人

在探討行動的階段及整合認知和情感的三個不同層次之後，我們來

看看它們的一些影響。

人生來就會尋求事件的原因，形成對事件的解釋，提出完整的故事。這就是為什麼「說故事」是如此有力的傳播方式。故事會跟我們自己的經驗產生共鳴，並提供新的實例。從我們的經驗和別人的故事中，往往會形成對人們行為和活動的概括認識。只要因果關係的配對合理，我們會歸結事件的原因，並利用這些原因來了解以後的事件。然而，這些因果關係的歸因不見得正確。有時候我們認定的原因是錯的，而且也許事情並不來自單一的原因，是一群複雜的事件連結起來的結果。如果其中任何一個事件不曾發生，結果就會不一樣。但是即使事件如此，人們還是傾向於歸咎於一個單獨的原因。

因為有尋求解釋的傾向，我們在心中會形成一個概念模型，而概念模型就是某種形式的故事。概念模型幫助我們了解自己的經驗，預測行動結果，並處理突發事件。概念模型建立在許多不同的知識基礎上；這些知識可以是真實的或虛幻的，單純的或複雜的。

一個概念模型通常建構在一些零零星星的證據上，而我們不見得了解這些證據的關係，只是單純地試圖用因果關係把它們串聯起來，形成一個理論來解釋它們的關係。錯誤的模型會導致日常生活中的挫折，例如我家那個無法設定溫度的冰箱。我的概念模型（見圖 1.10A）並不符合現實（圖 1.10B）。更為嚴重的，是工廠或噴射客機等複雜系統的概念模型，對它們的誤解會導致災難性的事故。

我們來考慮一下室內冷暖氣系統的調溫器[4]。它是如何作用的？一般的調溫器以一種非常迂迴的方式告訴你它在運作。我們所知道的是，如果房間太冷，我們可以設一個比較高的溫度，到最後我們會感到暖和一點。同樣的控制方法應用於絕大部分的溫度調節設備。想烤個蛋糕？

設定烤箱的溫度，然後烤箱會加熱到設定的溫度。

如果你在一個寒冷的房間裡，急著把房間變暖，把調溫器調到最高會不會讓房間熱得快一點？或者，如果你想要烤箱更快達到你想要的溫度，你應不應該把溫度轉到最高，然後達到目標溫度時再調低？或者想讓悶熱的房間迅速降溫，你是不是該把溫度調到最低？

如果你覺得把調溫器開到最高或最低，就能讓房間或烤箱加熱或冷卻得更快，你就錯了。這是一種常見的錯覺。很多人以為調溫器的作用像一個控制閥，控制這個裝置提供多少熱量或冷氣，所以只要把調溫器調到極限，溫度就會變動得比較快。這個理論很合理，有很多裝置也是這麼運作的，但是室內的冷暖氣或烤箱不是這麼調整的。

大多數的加熱和冷卻裝置只能全開或全關，沒有介於兩者之間的選擇。根據設定，調溫器會將電熱器、烤箱或空調打開，全速加熱或冷卻直至達到調溫器設定的溫度為止，然後把加熱或冷卻的裝置完全關掉。把調溫器設定在一個極端的溫度不會影響加熱或冷卻的速度。更糟糕的是，因為這種做法跳過了定溫自動切斷的機制，最後必然變得過冷或過熱。如果調溫前因為太冷或太熱而不舒服，另外一個極端也不會舒服，而且在這個過程中浪費大量能源。

但是，你怎麼能了解正確的模型？什麼訊息能幫助你了解調溫器如何運作？前面提到的冰箱的設計缺陷，在於缺乏能幫你形成正確概念模型的資訊。事實上，它們所提供的訊息會誤導你建立一個錯誤的模型。

這些例子真正想說明的觀念是每個人都會用一個故事（概念模型）來解釋他們觀察到的事件。在缺乏外界訊息的情況下，人們會讓自己的想像力天馬行空，形成一個自以為是的概念模型，因而無法正確使用調溫器，造成自己白花力氣又浪費能源。這既是不必要的開支，又對環境

不好（在本章的後面我會討論一個調溫器的好例子，它提供了一個有效的模型）。

怪錯了對象

　　人們會試著找出事件的原因，當兩件事情連著發生時，往往會被認定兩者之間有因果關係。如果在家裡，我做了某些行動之後，發生了一些意想不到的事情，即使兩者之間真的沒有什麼關係，我也很容易以為是我的行動造成的。同樣地，如果我做了一件事，期望看到某些結果，然後什麼事都沒有發生，我會認為我做得不正確。這時我最可能做的事是再重複一次，且加大力度。如果你推一扇門，但是門推不開？再推，推得更用力一點。如果按一個電器的按鈕，應有的回饋延遲了，人們往往以為剛才按的那一下沒有作用，所以會再按一下，有時還會反反覆覆地按，不知道他們按的每一下都被系統處理了，最後導致意想不到的結果。重複按可能導致過度的反應，或第二次按可能取消前一個次按的結果，所以按奇數次最後會產生期望的結果，按偶數次則最後沒有結果。

　　失敗時重複同一個動作，可能會產生災難性的結果。這種傾向會在大夥兒逃離一棟起火的大樓時造成眾多傷亡，因為人們試圖向外推開本來應該是向內拉開的安全門。因此在許多國家，法律規定公共場所的安全門要向外開，而且加上所謂的「恐慌把手」（panic bar），所以當人們在倉皇逃跑的時候，將自己的身體推向安全門，門會自動打開。這是一個很好的預設用途的實際應用，請參照圖 2.5 中的門。

　　現代的系統應盡量在操作的十分之一秒內提供回饋，告訴使用者操

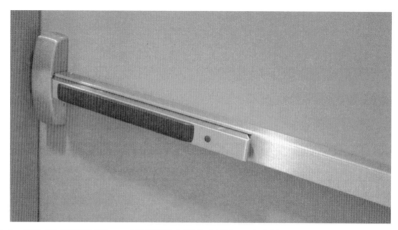

圖2.5 門上的「恐慌把手」。如果逃離火災的人碰上了向內開的門，會無法逃生，因為他們會先試著把門往外推，推不開時他們只會推得更用力。許多法律規定採用的正確設計是往外推開的門。這是一個配合實際行為的優秀設計，同時使用適當的預設用途加上優雅的指意：黑色的把手指示該朝哪裡推。（西北大學福特設計中心，照片由作者提供）

作已經被接收到了。如果處理這項操作會花費較長的時間，回饋尤其重要。電腦上不斷填充的沙漏，或指針旋轉的時鐘表示系統正在工作，是讓使用者寬心的回饋。當系統可以預見反應遲緩，某些系統會估算需要多少時間，用進度尺（progress bar）來顯示系統的處理進行到哪裡。更多的系統應該採用這些合理的顯示方式來提供及時且有意義的回饋。

一些研究指出「提高預期時間」是個聰明的辦法。意思是說，讓使用者預期比實際上更長的時間。當系統估算處理要花的時間，可以算出最快以及最慢的範圍，並且將範圍顯示出來。如果只能顯示單一的數值，那麼就取最長的時間值。透過這種方式，實際的時間常常會比告訴使用者的時間來得短，比使用者的預期還快，導致一個皆大歡喜的結果。

如果碰上了困難，而原因無法確定時，人們會歸咎於誰？通常人們會用自己對世界的概念模型來決定原因和結果之間的關係。這個因果關係可能不存在，只是人主觀地認為它存在。這樣歸咎的結果是錯認為某

些事是我們的行為造成的，事實上並不是。

如果我試著使用日常的事物，可是我用得不順，是誰的錯？是我還是這樣東西？我們很容易責怪自己，尤其是當別人都用得很好的時候。假設真的是東西的錯，應該會有很多人都碰到同樣的問題。因為每個人都覺得是自己的錯，沒有人願意承認碰到困難。這個情況造成了不成文的緘默，而人的內疚感和無助感被隱藏起來，因為沒有人抱怨。

有趣的是，這種對日常事物的自責和一般我們對別人的歸因背道而馳。每一個人都有行為奇怪或是犯錯的時候，這時候我們往往歸咎於環境。當看到別人舉止離譜或是犯錯，我們往往以為是因為他們的個性。

以下是一個虛構的例子：湯姆是全辦公室最討人厭的傢伙。今天，湯姆上班遲到了。因為辦公室的咖啡壺空了，所以他對同事咆哮，然後跑進他的辦公室，砰的一聲把門關上。「唉！」他的同事說：「這傢伙又發作了。」

我們來考慮一下湯姆的觀點。「我今天真的很倒楣。」湯姆說：「我睡晚了，因為我的鬧鐘沒響，我甚至連喝杯咖啡的時間都沒有。然後因為來晚了，我找不到停車位。辦公室的咖啡壺裡也沒有咖啡，全被喝光了。這一切都不是我的錯，我只是碰上了一連串的倒楣事兒。是啦，我是有點不太禮貌，但是碰上這種事誰不會發火？」

湯姆的同事不知道他心裡的想法，也不知道他早上發生了什麼事。他們只看到湯姆只是因為辦公室的咖啡壺空了就對他們大呼小叫。這讓他們想起了另一個類似的事件。他們的結論是：「他老是這樣，總是為了芝麻大的事發脾氣。」湯姆和他的同事，誰是誰非？這件事可以說是從兩個不同的觀點做出的兩種不同解釋：對生活考驗的普通反應，或是因為暴躁個性產生的行為。

把自己的不幸歸咎給環境，似乎是件很自然的事；把他人的不幸歸咎於他們的個性，似乎也同樣自然。當事情進展順利時，理由剛好相反。當自己的事情很順利，人們以為是因為自己的能力和智慧；如果看到別人的順利，人們會覺得那是因為環境或是運氣。

這些情形下，不管一個人是否會為了無法使用簡單的東西而自責，或將行為歸咎於環境或個性，都表示後頭有一個錯誤的概念模型。

習得的無助

一種被稱為**習得的無助**（learned helplessness）的現象可以解釋人為什麼自責。習得的無助指的是在重複失敗的情況下，人開始覺得這件事不可能達成（或至少他做不到）的無奈感，所以他停止嘗試。如果這種感覺在許多事情上發生，結果可能是這個人對適應生活出現困難。在極端情況下，習得的無助使人對生活的能力失去信心，導致憂鬱症。習得的無助往往在幾次意外的失敗經驗之後就會產生。這種現象在臨床心理學上被當成憂鬱症的先期條件來研究。但是我也觀察到，即使只是由於日常事物的挫折經驗，也會產生習得的無助。

對一般科技或數學的恐懼症，是否源自某種學習而得的無助感？幾次在「看起來應該很容易」的問題上失敗，會不會類化到每一種科技或每一個數學問題？事實上，日常事物的設計（和數學課程的設計）似乎註定會導致無助感。我們可以稱這種現象為「被教出來的無助」（taught helplessness）。

當人碰到使用科技的難題，尤其是當他們（錯誤地）以為沒有其他人有同樣的困難，往往就會認為是自己的問題。更糟糕的是，碰到愈多

的困難，他們就覺得愈無助，相信自己一定是科技白癡。這跟一般人把自己的問題歸咎給外在環境的情況剛好相反。這種錯誤的歸因是很不幸的，因為這裡的禍首通常是科技的不良設計，所以責怪環境（科技）是完全正確的。

　　想想一般的數學課程，堅持不懈灌輸新觀念，而每一課都假設學生對之前的課程已經融會貫通。即使每一個新觀念可能很簡單，你一旦開始落後就很難追得上，結果是數學恐懼症。不是因為課程很困難，而是因為教學的方式使得一個階段的困難阻礙了下一個階段的學習。問題是一旦開始失敗，經由自責（認為是自己笨），失敗便開始類化到所有的數學觀念。類似的過程也發生在科技的經驗，然後開始惡性循環：如果遭到困難，你覺得那是自己的錯，自己就是不懂。下一次碰到科技產品，你也認為你不行，所以連試都不試。到最後，就像意料中的一樣，你真的無法搞定科技了。

　　你被困在一個自我實現的預言（self-fulfilling prophecy）裡了。

正向心理學 [5]

　　如果我們在多次失敗之後學會放棄，我們也能藉由學習得到樂觀、積極的生活。多年來，心理學家專注於人們是如何失敗，人的能力極限，以及精神病理學，例如憂鬱症、狂躁症，偏執妄想等等問題。但是，在二十一世紀的今天，我們看到一種新的研究取向：專注於積極的心理學，一種正面思考，提升自我感覺的文化。事實上，大多數人的正常情緒狀態是正面的。當你遭遇失敗時，它可以被視為一個有趣的挑戰，或是一種正面的學習經驗。

我們需要把**失敗**這個字眼從我們的詞彙裡刪除，而用**學習經驗**來取代。失敗是一種學習：我們從失敗中可以學得更多。成功了我們固然高興，但我們常常不知道為什麼成功。失敗了，我們往往可以找出原因，讓它不再發生。

科學家對這一點非常清楚。科學家靠實驗了解世界；有時，實驗如預期般成功，但實驗也常常不成功。這是失敗嗎？不，這些是學習經驗。許多最重要的科學發現來自於這些所謂的失敗。

失敗可以是如此有力的學習工具，許多設計師在產品開發的階段，因失敗而自豪。設計公司 IDEO 有一個信條：「失敗得早，失敗得快。」（Fail early, fail fast.）因為他們知道，每一次的失敗都能教他們設計得更好。設計師跟研究者一樣，需要失敗。我長久以來有一個信念，並以此鼓勵我的學生和員工：失敗是探索和創造的重要成分。如果設計師和研究人員不曾失敗，這表示他們不夠努力，還沒有找到創造性、突破性的想法來改變自己的思路。你也可以走安全路線，避免失敗，但那會是條沉悶無趣的道路。

我們設計的產品和服務也必須遵循這個理念。對正在讀這本書的設計者，我有些建議：

- 當人們不能正確使用你的產品時，不要怪罪他們。
- 把人們所遇到的困擾當成產品如何改進的一種指示。
- 拿掉電子或電腦系統中的錯誤訊息（error message），用幫助性的指示來取代。
- 幫助人們依照指導性訊息糾正問題，並允許人們繼續他們原先想做的事。不要阻礙他們的進程，讓他們的使用經驗連續而順

　　暢。切勿要求他們從頭開始。

・假設人們做的事至少有一部分是正確的。如果中間出問題，提
供指示使他們能夠糾正問題，並且繼續使用。

・為了自己與你周圍的人，用積極的方式去思考。

錯誤的自責

　　我研究人們使用機械設備、燈光開關、保險絲、電腦系統，甚至操
作飛機和核電廠時會犯的錯誤，有時是很嚴重的錯誤。犯錯時人們不約
而同感到不好意思，試圖掩蓋錯誤，或責怪自己「愚蠢」、「笨拙」。
他們通常不允許我觀察他們，因為沒有人喜歡被看到自己表現不佳。我
會向他們指出設計的問題，告訴他們別人也會犯同樣的錯。但是如果這
件事看起來很簡單或瑣碎，人們還是會責怪自己。他們幾乎是用一種奇
怪的方式，因為自己拿機器沒辦法而感到滿足。

　　我曾經為一家大型電腦公司評估一項全新的產品。我花了一天學習
如何使用它，並在不同的問題狀況下測試它。在使用鍵盤輸入數據時，
我必須區分返回鍵（Return key）和輸入鍵（Enter key）之間的差別。如
果按錯了鍵，最後幾分鐘做的工作就付諸流水。

　　我向設計師指出這個問題，我自己犯了好幾次錯，而我的分析顯示
這很可能是使用者會經常犯的錯誤。設計師的第一個反應是：「你為什
麼會犯這樣的錯？難道你不讀說明書的嗎？」然後他繼續解釋這兩個按
鍵有哪裡不同。

　　「是的，沒錯。」我說道：「我知道這兩個鍵不同，我只是把它們

搞混了。它們有類似功能，又位於鍵盤上同一個區域。因為我對打字很熟練，經常想都不想就自動打返回鍵。其他人想必也有類似的問題。」

「不，」設計師說。他聲稱我是唯一曾經抱怨的人，而該公司的員工使用這個系統已經好幾個月了。我很懷疑他的說法，所以我們一同去詢問一些員工，他們是否曾經在該按輸入鍵時按了返回鍵，而且因此失去了一些工作成果。

「哦，是啊。」他們說：「我們常這樣，這種事常發生。」

那麼，為什麼從來都來沒有人提出來過？我們經常鼓勵他們報告所有與系統有關的問題。原因很簡單：當系統停擺或發生一些奇怪的事情時，他們會善盡職責地報告這些問題。但是，當他們搞混了輸入鍵和返回鍵，他們怪罪自己。畢竟他們已經知道該怎麼做，只是犯了錯。

出了問題是人的錯，是一種社會上根深蒂固的想法。這就是為什麼我們會責怪他人或責怪自己。不幸的是，這個想法也深植於法律制度之中。當重大事故發生時，通常會設立調查法庭來判定責任的歸屬。太多的時候會歸咎於「人為過失」，而涉案的人員會被罰款、懲戒或解僱，也許訓練程序也會修改。這些法律決定似乎做得心安理得。

但是根據我的經驗，人為過失通常是設計不良的結果，應該被稱為系統過失。人會不斷犯錯，這是我們本性的一部分。系統的設計應該把這一點考慮進去。將問題歸咎於人也許是一種輕鬆的方式，但是為什麼會設計出因一個人的一個行動就導致災難的系統？更糟糕的是，只怪罪於人，而沒有解決失誤的根源，不能算是解決問題，同樣的錯誤可能換別人重複發生。我在第 5 章會再回來討論人為過失的問題。

當然，因為人會犯錯，複雜的設備總是需要一些指導。不經指導貿然使用，就該預料到一些錯誤和混淆。但是設計者應該要極力減低這些

人為過失的代價。以下是我對人為過失的信條：

> 不要用人為過失這個詞，而用溝通和互動來取代它，因為我們所
> 謂的過失通常是來自不良的溝通或互動。當人跟人合作的時候，
> 我們從來不曾用過失這個字眼來描述另一個人所說的話。這是因
> 為人會試著理解及回應對方，當意思不清楚或不適當的時候，我
> 們會質疑、澄清，然後繼續合作。為什麼人與機器之間的互動，
> 不能是一種合作？

機器不是人，無法用人的方式溝通及理解。這表示機器的設計師
有特殊的責任，要確保機器的行為能被與其互動的人類理解。想
要有真正的合作，每一個合作者都必須努力配合，彼此理解。當
我們使用機器，結果常常是人必須負責所有的溝通。為什麼機器
不能更友善一點？機器應接受人的正常行為，但就像人常常下意
識評估聽到的事情的真實性，機器也應該評估資訊的品質，避免
無心失誤造成的嚴重錯誤（第 5 章會詳加討論）。今天，我們總
是要求人們用異常的方式來配合機器的特殊要求，包括一定要對
機器提供精確的訊息。人類在這一點上特別不擅長，但是當人無
法配合機器獨斷、非人性的要求時，我們卻稱之為人為過失。錯
了，這應該是設計不良。

設計師應該使用預設用途、指意、良好的對應，和使用局限來引
導行動，以盡量減少不當行為的可能性。如果一個人做了一個不
正確的行動，設計應該要極力提高發現及更正這個失誤的機會。
這需要清楚明白的回饋，配上一個簡單、清晰的概念模型。如果
人們能明白發生了什麼事，系統處於什麼樣的狀態，以及什麼是

最合適的行動，他們的活動會更有效。

人不是機器。機器不需要像人一樣應付持續的干擾。因為這些干擾，我們經常在未完成的事情之間疲於奔命，要找回被打斷之前我們在做什麼，做到哪裡，想些什麼。難怪我們常常會忘記自己原先說到哪裡，會不小心跳過或重複先前的步驟，或記不得我們即將輸入的訊息。

我們的優勢在於彈性和創造力，能為從未見過的問題找到解答。我們有創造力和想像力，而缺乏機械性和精確性。機器要求精準和正確，而人不需要。我們尤其拙於提供精準的訊息，所以為什麼總是要我們做這件事？為什麼我們不提高對機器的要求，反而對人苛求？

設計師應該預期人與機器的互動不見得都很順利。為一帆風順的情形設計很容易；很困難卻不可或缺少的部分，是即使在出錯、不按計畫進行的情況下，還能讓人把事情順利完成。

技術如何配合人類的行為

在過去，成本的考慮使得許多廠商無法提供有用的回饋，幫助人們形成準確的概念模型。體積小又廉價的產品無法負擔彩色又有設計空間的大型顯示器。但是由於感應器及螢幕的成本已經下降，現在能做的事更多了。

由於螢幕的改良，電話比以前容易使用得多，所以我刪除了早期版本裡對電話的深入批評。現在，由於這些設計原則的重要性受到正視，高品質、低成本的螢幕使更多想法得以實現，我期望看到科技產品有顯

著的改善。

❖ 家用調溫器的概念模型

例如說，我家由鳥巢實驗室（Nest Lab）設計的調溫器，有一個通常關著的彩色螢幕，只有感應到我在附近的時候才會顯示。它提供房間現在的溫度、設定的溫度，以及現在開的是冷氣或是暖氣（藍色表示冷氣，橘色表示暖氣，黑色表示到達定溫）。它會學習我的生活習慣，自動改變溫度。在人睡覺時節省能源，在早晨起床前調到舒適的溫度，當它感知房子裡沒有人的時候，自動進入「外出」模式。它隨時解釋它在做什麼；因此當必須改變房間溫度的時候（也許是因為有人做了手動的調整，或者因為它決定要切換溫度），它會告訴你：「現在 75°，20 分鐘後達到目標 72°。」此外，鳥巢調溫器可以用無線網路連接，以智慧型手機遙控，在更大的螢幕顯示其性能的詳細分析，有助於使用者形成調溫器運作的概念模型，了解家裡的能源消耗。鳥巢的設計完美嗎？還談不上，但是它代表人和日常事物之間可以有合作性互動。

❖ 輸入日期，時間和電話號碼

許多機器的設計對資訊格式的要求很挑剔。這種挑剔不是機器的要求，而是設計這些機器的人考慮不周。換句話說，是軟體設計不良。我們來看看以下這些例子。

許多人花好幾個小時在電腦上填表格，照著規定的僵化格式輸入各類資訊，像名字、日期、地址、電話號碼、貨幣數額，以及其他資料。更糟的是，除非我們填錯了格式，我們往往不知道正確的格式是什麼。為什麼我們不找出各種不同的填寫方式，然後配合這些方式？一些公司

圖 2.6　**具有明確概念模型的自動調溫器**。鳥巢實驗室（Nest Lab）製造的調溫器（圖 A）幫助人們對它的操作形成一個良好的概念模型。圖 A 顯示調溫器的外觀。藍色的背景表示它目前開的是冷氣。目前的溫度是華氏 75°（攝氏 24°），預計在 20 分鐘後會到達目標溫度華氏 72°（攝氏 22°）。圖 B 說明它怎麼在智慧型手機上顯示目前的設置和家庭的能源使用狀況。A 和 B 結合起來，能讓住戶建立調溫器的概念模型，了解家庭的能源消耗。（照片由鳥巢實驗室提供）

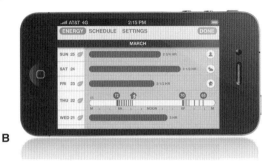

在這方面已經做得很出色，值得嘉獎。

　　以微軟（Microsoft）所設計的行事曆為例。在這個程式裡，你可以用任何你喜歡的格式指定日期：「November 23, 2015」、「23 Nov. 15」，或者是「11.23.15」。它甚至接受文字的描述，例如「下星期四」、「明天」、「一周後的明天」，或「昨天」。時間也是一樣，你可以用任何方式輸入時間：「3:45 PM」、「15.35」、「一小時」、「兩個半小時」。電話號碼也是：想在前面加個「＋」號表示國際電話的國碼？沒問題。想用空格、破折號、括號、斜線或句點來分隔區域號碼和電話號碼？沒問題。不管日期，時間或電話號碼，只要能被這個程式分解成合規定的資訊，什麼格式它都能接受。設計這個行事曆的團隊實在值得加薪升職。

　　雖然我舉微軟作為例子，這種接受多種格式的做法已經成為標準。當你讀到這本書的時候，我希望每一個程式都允許使用者以任何看得懂

的格式來輸入人名、日期、電話號碼、街道地址等等，然後將其轉化為內部程序需要的格式。但是我也預期，由於程式設計師的怠惰，即使在二十二世紀，還是有些程式會要求精確及指定的格式。也許在未來幾年，這方面將有很大的改善。如果我們有幸，這個章節將會嚴重過時。我衷心如此希望。

七個行動階段：七項基本設計原則

七階段的動作週期是一種有價值的設計工具，因為它提供了基本問題的檢核表。在一般情況下，每一個階段需要特殊的設計策略，同時也有獨特的設計挑戰。圖 2.7 總結了這些問題：

    1. 我要完成的目標是什麼？

    2. 有哪些可以採用的行動？

    3. 我現在要做什麼事？

    4. 我該怎麼做？

    5. 做了之後發生什麼事？

    6. 這是什麼意思？

    7. 這樣行嗎？我完成我的目標了嗎？

使用產品的人應該能在任何時刻回答這些問題。設計師有責任確保在每一個階段，產品會提供所需的訊息，來幫助使用者回答這些問題。

有助於使用者回答有關執行問題（怎麼做這件事）的資訊，我們稱

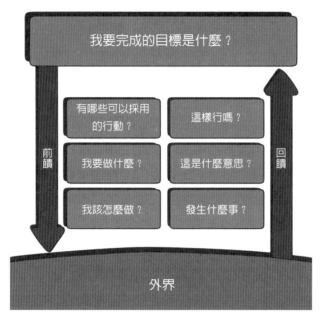

圖2.7　輔助設計的七個行動階段。每一個階段都有一個使用者會問的問題。這七個問題點出了七個設計的主題。好的設計如何傳達必要的訊息來回答使用者的問題？經由適切的使用局限、對應性、指意、概念模型、回饋和易視性。幫助使用者了解如何執行的訊息，我們稱為前饋；有助於理解發生了什麼事的訊息，我們稱為回饋。

為**前饋**（feedforward）。有助於理解發生了什麼事的資訊，稱為**回饋**（feedback）。前饋是從控制理論借來的詞彙。大家都知道什麼是回饋；回饋的訊息有助於理解行動的結果。但是你怎麼知道可以做些什麼？這就是前饋的角色。

　　前饋需要透過指意、使用局限和對應性的適當使用才能完成。概念模型在其中扮演一個重要的角色。回饋是經由明確的訊息顯示行動的效果。同樣的，概念模型的角色非常重要。訊息必須符合人的需求，回饋和前饋都必須以容易了解的形式呈現，而呈現的方式必須符合人們的期望和對目標的觀點。

　　從七個行動階段，我們引申出七項設計的基本原則：

1. **可發現性**。設計應該幫助使用者發現哪些操作是可能的，和了解設備的當前狀態。

2. **回饋**。對操作的結果和當前的狀態，提供完整和連續的訊息。當一個動作執行之後，很容易掌握新的狀態。

3. **概念模型**。提供形成一個良好的概念模型所需的訊息，讓使用者得以理解，產生能掌握的感覺。概念模型能提高可發現性和對結果的評估。

4. **預設用途**。使用適當的預設用途，讓必要的互動得以受注意。

5. **指意**。指意的有效利用能確保可發現性，及對回饋的良好表達和理解。

6. **對應性**。盡可能透過空間布局和時間上的配合，用良好的對應原則來安排控制器和行動之間的相對關係。

7. **使用局限**。提供物理、邏輯、語義和文化性的使用局限來引導行動，減少多餘的解釋。

下次你弄不清楚怎麼使用旅館房間的淋浴水龍頭，或是搞不懂不熟悉的電視機或廚房電器，請記住，這些是設計的問題。問問自己，問題出在哪裡？屬於哪一個行動階段？在哪些設計原則上有缺陷？

然而，挑錯誤是很容易的，把它設計得更好才是關鍵。問問自己困難的地方在哪裡，了解許多不同的人可能參與這項決定，而每個參與者都有很聰明合理的理由。例如，很難用的淋浴設備可能由不懂得怎麼安裝的人設計，然後淋浴的水龍頭可能由建築商挑選，以配合另一個人畫出來的設計圖。最後，一個和這些人都沒有接觸的水電工把它安裝起來。問題出現在哪裡？它可能發生在是其中任何一個（或幾個）階段。其

結果也許是糟糕的設計，但實際上可能源於溝通不良。

　　我為自己訂的規則之一是「除非可以做得更好，否則不要批評別人。」試著了解有問題的設計是怎麼來的，想像自己如何能做得更好。思考不良設計的原因和如何改進，會讓你更懂得欣賞優秀的設計。所以，下一次你遇到設計良好的物品，第一次使用就很順利而且毫不費力的物品，停下來好好觀察它，考慮它如何掌握七個行動階段的設計原則。認識到我們與產品的互動，實際上是和一個複雜的系統互動。好的設計需要考慮整個系統，以確保設計的考量和意圖能在每個階段忠實呈現。

■註釋

[1] 譯註：原文 subconscious 在心理學有普遍的譯名為「下意識」，意指不加思索，不經意識，經由過度學習所建立的行為，並非心理分析所謂的「潛意識」（unconscious）。這兩個觀念容易混淆，請讀者注意。

[2] 這是一個史帝格法則（Stigler's Law）的例子：重要的發現常常不是歸功於真正的發現者。萊維特本人聲稱這句話來自麥吉內瓦（Leo McGinneva），一位商業界人士。

[3] 參照康納曼（Daniel Kahneman）的《快思慢想》（*Thinking Fast and Slow*，中譯本天下文化出版），書中對現代心理學裡的意識及下意識的心理歷程提供了絕佳的描述。

[4] 此處有關溫度調節的討論來自肯普頓（Kempton）的研究，發表於 1986 年的《認知科學》（*Cognitive Science*）期刊。智慧型調溫器會預測調整溫度的需求，提早變溫的過程，而使溫度不至於過冷或過熱，其理論比本章所敘述的複雜一些。

[5] 塞利格曼（Martin Seligman）發展出「習得的無助」這個概念，並應用於憂鬱症的研究上，但是他覺得心理學家不該只研究心理障礙及精神疾病，所以他和契克森米亥合作發展出正向心理學的研究取向。兩位學者曾於 2000 年的《美國心理學家》（*American Psychologist*）期刊發表一篇這方面的論文。正向心理學目前已經發展出自己的專書、期刊以及年會。

3

腦中的知識和外界的知識
Knowledge in the Head and in the World

有一位朋友很好心把他的古董經典紳寶汽車借給我。就在我要把車開走時，我發現一張紙條在車裡等著我：「我忘了告訴你，要拔出車鑰匙前，車子要先打到倒車檔。」要打到倒車檔才能取出鑰匙！如果沒見到這張紙條，我絕對猜不到。車裡沒有明顯的提示，所以這一招只能記在腦子裡。如果不知道這一點，車鑰匙就永遠拔不出來。

　　我們每天都面對許多的事物、設備和服務，每一項都需要我們用某些特定的方式與之互動。總體而言，我們應付得還不錯。我們對這些事物或設備的知識往往是不完整、不清楚，甚至是錯誤的。但是沒關係，我們還是一天一天過了，我們是如何應付的？我們將腦中的知識和外界的知識兩者相結合。為什麼要結合？因為單獨一方是不夠的。

　　證明人的知識和記憶不可靠很容易。心理學家尼克森（Ray Nickerson）和亞當斯（Marilyn Adams）指出，人們甚至不記得普通硬幣長什麼樣子（圖3.1）。雖然這是美國一分錢的例子，但這現象在世界各地都有。然而，儘管我們記不太清楚硬幣的外觀，還是每天用得好好的。

　　為什麼行為的正確和知識的不精確中間有這麼明顯的落差？因為並不是所有正確的行為需要的知識都存在腦中。知識可以分布在許多地方，部分在腦中，部分在周圍的世界上，而部分在外在環境的局限裡。

精確的行為和不精確的知識

　　不精確的知識可以導致正確的行為，原因有四：

圖 3.1 哪一個是美國的一分錢硬幣？只有不到一半的美國大學生能在這些圖片中選出正確的一分錢硬幣。這個表現非常糟糕，但是並不影響他們天天使用這些硬幣。在日常生活中，我們只需要將一分錢和其他的硬幣區分開來，而不是區分同一個面值硬幣的幾種不同版本。雖然這是從前一個有關美國硬幣的心理學研究，其結果在今天任何硬幣的使用上仍然成立。（摘自尼克森與亞當斯的研究，1979 年發表於《認知心理學》〔*Cognitive Psychology*〕期刊，第 11 卷，第 3 期）

1. **知識存在於腦中和外界**。基本上，知識只能存在腦子裡，因為知識是需要理解和詮釋的。但是對周遭世界的解釋和理解也算是一種知識，一個人做一件事需要的知識可以來自各方面的訊息。行為是由在腦中的知識與外界的知識共同決定的。在本章中，我將使用「知識」這個名詞來代表在腦中及在周遭環境裡存在的資訊。雖然不太精確，但這個劃分簡化了對行為的討論和理解。

2. **極高的精確度不是必要的**。大部分的時候，我們不需要精密、準確和完整的知識。如果腦中知識和外界知識合併的結果，足以區分最佳的選擇和不夠好的選擇，正確的行為就能發生。

3. **這個世界上處處都有自然的使用局限**。世界上有許多自然的物理性局限，限制了可能的行為選擇，例如零件組合的順序，或

物體能被移動操弄的方式，這些是所謂周圍世界的知識。每個物體都有物理性的特點：突起、凹陷、螺紋、附屬物，而這些特點限制了物體可以執行的操作，或是與其他物體之間的連接方式。

4. **存在於腦中的文化局限和約定俗成的習慣**。文化局限和風俗習慣是學習得來的局限，會減少行為的可能性。在許多情況下，通常經過局限和習慣的判斷，只剩下一兩個可能的行為方式。這是在腦中的知識，一旦習得，這些文化局限能適用於多種情況。

　　由於行為可以受到內在和外界的知識和局限引導，人們可以減少他們必須學習的資料數量、完整性、精確度及深度。他們也可以刻意安排外界的環境來引導行為。舉例來說，即使在工作中需要閱讀能力，不識字的人常常能掩飾自己的缺陷。聽力不好的人（或在嘈雜環境裡的正常人）會學著使用其他的線索來補救聽覺的不足。即使不能事先預期所有的事，許多人在混亂、陌生的情況下都能應付得還不錯。我們如何做到這一點？我們安排周圍的環境，使得我們並不需要依賴完整的知識，或我們可以依賴周圍的人，模仿他們的行為，或讓他們去採取必要的行動。即使我們不甚理解或毫無興趣，往往也能應付周遭的新事物，掩飾自己的不足，這點相當令人驚嘆。

　　雖然對產品有相當的知識和經驗（屬於腦中的知識）是一件好事，就算使用者事前完全沒有對產品的認識，設計者可以將充分的線索融入設計之中（屬於外界的知識）產生良好的使用效果。如果將腦中的知識和外界的知識二者結合起來，使用者的表現甚至會更好。那麼設計師如

何才能把知識融入產品的設計？

　　第 1 章和第 2 章介紹了許多由人類認知和情感的研究中衍生出來的設計原則。本章介紹如何將外界的知識與腦中的知識相結合。腦中的知識存在於人類的記憶系統，所以本章將簡要地討論設計所需有關記憶系統的基本認識。我要強調，出於實用目的，我們並不需要知道科學性記憶理論的細節。我們需要的是一個簡單、一般性的概念敘述，因為簡化的模型是成功應用的關鍵。本章最後會討論如何利用自然對應來呈現外界的訊息，使這些訊息容易解釋和使用。

外界的知識無所不在

　　如果做一件事需要的知識，在做這件事的環境裡是現成可得的，我們就不需要特別學習它。例如說，儘管我們認得出普通的硬幣，我們對其細節缺乏清楚的了解（見圖 3.1）。對於貨幣的外觀，我們並不需要知道所有的細節，只要知道怎麼分辨不同的貨幣面值就好。只有少數的人才有必要知道這些細節，而他們的知識足以區分偽幣和合法的貨幣。

　　換個話題，我們來考慮一下打字這件事。許多人並沒有熟記鍵盤。通常每個鍵上都有標記，所以打字不熟的人可以依靠外界的知識（鍵上的標記）逐字逐鍵的打，而不用學打字。問題是這樣的打字法是緩慢而艱難的。隨著經驗的累積，這種打法的人會學到鍵盤上許多字母的位置，即使沒上過課，打字速度也會顯著增快，迅速地超越了手寫，而達到了相當快的速度。周邊視覺（peripheral vision）和鍵盤的手感對字鍵的位置提供了一定的線索。經常使用的字鍵會被完全學習，不常用的字鍵則學不太起來。只要打字的人還需要看鍵盤，打字的速度都是有限的。

他依賴的知識大多仍然存在於鍵盤上，而不是在腦中的知識。

如果一個人經常要輸入大量的資料，進一步的投資是值得的：上打字課，找一本教打字的書，或者使用互動性的打字教學程式。最重要的事情就是要學會手指在鍵盤上的標準位置，學著不要看鍵盤，把有關鍵盤的知識從外界（鍵盤上的標記）搬到腦中（對字鍵位置的記憶）。要打得好，要花上幾個星期來學，和幾個月的練習。但是努力的回報是打字速度提高了，打得更準，在打字的時候，心理負荷和打字需要的時間都減少了。

做我們想做的事，只需要記住足夠的知識，不用記住所有的知識。因為許多知識是存在於環境中的，我們真正需要學習而且記住的東西少得令人驚訝。這是人們可以在環境中運作，而仍然無法描述自己做了什麼的原因之一。

人們透過使用兩種知識來運作：**是什麼**的知識和**怎麼做**的知識。**是什麼**的知識，即心理學家所說的**陳述性知識**包括對事實和規則的知識。「紅燈就要停」，「紐約市比羅馬的緯度高」，「中國的人口是印度的兩倍」，「要拔出紳寶汽車的鑰匙，排擋必須先打到倒車檔」。陳述性知識容易寫出來，也容易教。要注意：對規則的知識並不意味人們會遵從規則。許多城市的司機相當了解交通規則，但他們不一定遵守。此外，陳述性知識並不一定是真的。紐約市實際上是在羅馬以南，中國的人口只比印度多個 10％。人們可能知道很多事情，這並不意味著他們知道的都是對的。

怎麼做的知識，也就是心理學家所謂的**程序性知識**，是讓一個人成為熟練的音樂家，在打網球時順利接到對方的發球，或在說「可怕的老巫婆」時把舌頭放在正確位置的知識。程序性知識幾乎不可能寫下來，

也很難教。最好的方式是示範教學,並反覆練習。即使是最好的老師,也常常不能清楚地描述自己在做什麼。程序性知識大體上是下意識的,存在於行為層次的心理歷程。

外界的知識通常很容易取得。指意、物理性的使用局限和自然對應都是存在於周遭世界上的知識,也是如何使用東西的線索。我們常覺得這種類型的知識是理所當然的,因為它們如此普遍,無處不在:鍵盤上標示的字母位置,燈光開關和標記提示它們的用途以及燈光當前的狀態(是開還是關)。工業設備上各種各樣的信號燈、指示和警告。我們廣泛地使用便條,我們把某些東西放在特定的位置來提醒自己。在一般生活裡,人們會安排自己的環境,提醒自己許多生活上該注意的事情。

好比說,許多人用空間的分配來安排自己的生活,在這裡堆了一堆東西,那裡一堆東西,每一堆代表某些要做的事,或是某些活動的進展。每個人在某些程度上都使用這樣的安排。看看你的周圍,人們用各種方式安排自己的房間和書桌。安排方式也許不同,但是從不改變的是,這些安排傳達了事物的相對重要性。

意外的準確性要求

一般而言,人們並不需要做精確的判斷,只需要聯合腦中和外界的資訊來做出決定。大致上不會出什麼問題,除非周遭的環境發生變化,使得聯合的知識已經不足以做明確的判斷,而導致嚴重的混淆。至少有三個國家經歷過這種痛苦的教訓:當美國推出蘇珊·安東尼(Susan B. Anthony)1元硬幣時;當英國推出了1英鎊硬幣時(當時尚未換成十進位貨幣制);法國推出10法郎硬幣時(使用歐元之前)。美國的1

元硬幣與既有的 25 分硬幣混淆不清，英國的 1 英鎊硬幣與當時的 5 便士硬幣直徑相同，在法國則發生了以下的狀況：

> 《洛杉磯時報》巴黎報導：法國政府於（1986 年）10 月 22 日大張旗鼓地公布了新的 10 法郎硬幣（價值略高於 1.5 美元）。民眾看到了這個新硬幣，在手裡掂了掂重量，然後很快地和 0.5 法郎硬幣（價值只有 8 美分）混淆在一塊兒。強烈的憤怒和嘲諷隨即襲向法國政府和這不幸的硬幣。
>
> 五週後，財政部長巴拉多（Edouard Balladur）宣布暫時停止這種硬幣的流通。再過四個星期，他乾脆取消了這種硬幣。
>
> 現在回想起來，我們很難想像法國政府為何會做出這個愚蠢的決定。經過多方考量，設計師構想出這個用鎳製成的銀色硬幣。硬幣的一面有現代藝術家記美納（Joaquin Jimenez）所繪的高盧雄雞（法國的象徵），在另一面則飾以瑪麗安（Marianne），法國的另一個文化象徵[1]。硬幣很輕，邊緣有特殊設計的紋路，方便自動販賣機用電子眼辨識，而且不易偽造。
>
> 但是設計師和政府官員對這件作品顯然太興奮了，以致忽略（或拒絕考慮）新硬幣和上百萬正在流通的 0.5 法郎鎳幣，在尺寸和重量上的相似性。（Stanley Meisler. Copyright © 1986，經《洛杉磯時報》許可轉載）

引起這場混亂的原因，可能是人們對硬幣的印象不很精準，只有精確到足以讓他們區分慣用的硬幣而已。心理學研究指出，人們只記得事物的部分描述性知識，而非全貌。在這三種新硬幣發行的例子裡，人們

腦中對貨幣的描述，沒有精準到足以區分新硬幣和已經流通的舊硬幣。

假設我只有一本紅色的小筆記本，而這是我唯一的筆記本，我可以簡單地稱它為「我的筆記本」。如果我買了幾本筆記本，早先的稱呼就行不通了。現在，我必須用顏色（紅）或尺寸（小），或者兩者並用來和其他的筆記本做區別。但是，如果我買了好幾本紅色的小筆記本呢？我必須找到另外的方式來區別最早的那一本，加入更豐富的描述，讓它有別於其他類似的選項。這樣的描述只需要清楚到足以分辨我面前的選擇；如果有不同的目的，可能又要換一種描述方式。

並不是所有相似的東西都會造成混淆。改寫這本書的時候，我試著搜尋最近的硬幣混淆案例。我在維基硬幣（wikicoins.com）網站上發現了這段有趣的文字：

> 也許有一天，一個優秀的心理學家能說明這個時代最令人困惑的問題：如果美國民眾分不清蘇珊·安東尼1元硬幣和大小近似的25分硬幣，他們為什麼不會搞混大小相同的1元鈔票和20元鈔票？（James A. Capp, "Susan B. Anthony Dollar," at www.wikicoins.com.）

為什麼不會混淆？答案如下：我們會用不同的特徵來辨別不同的事物。在美國，大小是區別硬幣的主要特徵，但不適用於紙幣。所有的紙幣都是一樣的尺寸，所以美國人忽略尺寸而注意印在上面的數字和圖像。因此，我們會弄不清大小相似的美國硬幣，但很少混淆大小相似的美國鈔票。但是如果一個人來自會以紙幣的大小和顏色區分幣值的國家（例如，英國或任何使用歐元的國家），到了美國就肯定會搞不清楚美鈔

的分別。

更多的證據來自以下的現象：雖然英國人抱怨他們容易搞混 1 英鎊硬幣和 5 便士硬幣，新來的移民和小孩子卻沒有有同樣的困惑。這是因為長期居民使用原來的心理描述，而這樣的描述不能區別新舊兩種硬幣。然而新移民沒有這種既有的觀念，因此他們一開始就形成了一套與長期居民不同的心理描述，來區分所有的硬幣。在這種情況下，新的 1 英鎊硬幣對他們不造成問題。在美國，因為蘇珊‧安東尼 1 元幣從來不受歡迎，而且不再發行了，所以無法進行相同的觀察。

會不會造成混淆，決定於個人的歷史，以及過去我們用來分辨事物的觀點。當分辨的規則改變了，人們便開始感到困惑及發生錯誤。隨著時間的推移，人們將調整觀點，學習新的分辨方式，甚至可能忘記了初期的混亂。問題是在貨幣大小、形狀和顏色充斥政治解讀的情況下，公眾的激憤排除了平心靜氣的討論，也不允許有任何做出調整的時間。

硬幣的事件是一個設計原則和凌亂的現實世界交互作用的例子。原則上看起來很好的想法，面世的時候常常可能會失敗。有時候，壞產品會成功，而好產品不叫座。這個世界是複雜的。

局限能減少記憶的負擔

在識字能力不普及的時候，尤其在是錄音設備問世之前，走唱表演的吟遊詩人周遊各個村莊，背誦長達數千行的史詩。這個傳統今天在某些社會中依然存在。這些人如何記住這些浩繁的資料？是因為他們在腦中儲存了這麼大量的資訊嗎？不見得。事實證明，他們用外在的局限大大減少了字詞的選擇，因而減低了記憶的負荷。這個局限的技巧來自詩

歌的強大規律性。

以押韻的規律性為例。如果你只想找同韻字，通常有很多可替代的選擇。但是如果這個字又必須有一個特定的含義，意義和聲韻的雙重局限會大大減少可用的字，有時候只剩一個字，甚至找不到字。這就是為什麼背一首詩比作詩簡單得多。詩詞歌賦向來有許多不同的形式，但是其結構都有某些限制。吟遊詩人所吟誦的歌謠和故事包含多種韻文的局限，例如押韻（rhyme）、節奏（rhythm）、格律（meter）、諧音（assonance）、頭韻（alliteration）、擬聲（onomatopoeia），同時還要保持故事的一致性。

考慮下面這兩個例子：

> 第一個例子：我正在想三個英文字，第一個是一種神祕的東西，第二個是一種建築材料，第三個字是個時間單位。請問我心裡正在想的是哪三個字？
> 第二個例子：這一回來想想押韻的字。我正在想三個英文字，第一個與 **post** 押韻，第二個與 **eel** 押韻，而第三個與 **ear** 押韻。你猜我心裡在想什麼字？（**Rubin & Wallace, 1989**）

如果把這兩個例子分開想，你可能已經得出了答案，但是你的答案不太可能是我腦子裡想的那三個字，因為沒有足夠的局限條件。但是如果我告訴你，在這兩個例子裡，我想的是同樣的三個字，情形就大不相同了。什麼字代表一種神祕的東西又和 post 押韻？什麼字是一種建築材料又和 eel 押韻？。哪一個字是個時間單位又和 ear 押韻？現在這個謎題簡單多了，因為兩個條件的組合限制了可能的選擇。當心理學家魯

賓（David Rubin）和華萊士（Wanda Wallace）研究這些例子時，人們幾乎都猜不到前兩個問題的正確答案[2]，但是如果把兩個題目連起來，大多數人能正確地回答「ghost」，「steel」跟「year」。

記誦長篇史詩的經典研究來自比較文學家羅德（Albert Bates Lord）。在 1900 年代中期，他的足跡遍及前南斯拉夫地區（現在已成為幾個分開的獨立國），並且發現當地人仍沿襲口頭傳誦的傳統。他發現穿鄉過鎮，吟唱這些史詩的表演者並非只靠全然的背誦。他們實際上是重新創作，在表演時遵循著節奏、主題、故事情節及其他詩的特性來重新組合這些史詩。這是一項驚人的本領，但它不是靠死記硬背記下來的。

使用多重局限的技巧，使得一個表演者在聽另一個表演者吟唱長篇的故事之後，「逐字逐句」地背誦同一首詩歌。事實上，羅德指出，原始的故事和新的背誦不是「逐字逐句」完全相同的，但是即使第二個版本長上了一倍，表演者和聽眾都認為兩者是一樣的。在聽眾關心的層面上，兩者的確是相同的：講同樣的故事，表達了相同的想法，並遵循了相同的押韻和格律，在重要的文化內涵上它們是一致的，即使並非「逐字逐句」，一模一樣。羅德的研究指出，對史詩主題風格的記憶如何與文化結構相結合，而產生了他所謂的「公式」，用它來創作一首和先前所聽到的史詩一致的作品。

逐字逐句的背誦能力是比較近代的概念。這個概念在印刷文本普及之後才有意義，否則誰能夠準確判斷背誦的正確性？更重要的是，又有誰會在乎呢？

這樣的傳誦究竟不是一件容易的事。學習和背誦一首史詩，如荷馬（Homer）的《奧德賽》（*Odyssey*）和《伊利亞德》（*Iliad*）顯然是件很困難的事。即使吟遊詩人是重新創作而不是逐字逐句的背，兩首詩合併

之後的書面版本有二萬七千行。羅德指出,這首詩太長了,可能是在特殊的情況下,由荷馬自己(或其他的表演者)慢慢地、重複地口述,然後在某個年代由某人第一次把它寫下來。吟唱的長度通常會因聽眾的喜好而改變(沒有什麼正常的聽眾可以連續聽完二萬七千行詩句),但即使是三分之一的長度,九千行,能把它背完也是很了不起的。就算每一行是一秒鐘,背誦九千行的詩句也要花上兩個半小時。就算這首詩是重新編出來的而不是每一句背下來的,這長度還是相當令人驚嘆。而不管是吟唱者或是聽眾,沒有人會期望逐字逐句的準確性,也不會有人能用任何方法檢驗。

我們大多數人不會去背誦長篇史詩,但我們會利用同樣的局限方式來簡化要記憶的內容。舉一個完全不同的例子來說:拆開和重組一個機械裝置。勇於冒險的人會在家裡試著修理的東西包括門鎖、烤麵包機和洗衣機。這些裝置常常有幾十個零件。要記住多少事情才能把零件照順序裝回去?沒有你想的那麼多。在最極端的情況下,如果有十個零件,理論上就可能有 10!(10 的階乘)個順序,大概超過三百五十萬個不同的組合。

但是這些順序裡只有很少數是可行的,因為有太多物理性的局限。某些零件必須先裝,其他零件才能裝得上去。某些零件因為形狀的限制,而裝不進為其他零件保留的位置:螺栓必須轉進一個有正確直徑和深度的栓孔,螺帽和墊圈必須搭配適當尺寸的螺栓或螺絲釘,而墊圈必須要先於螺帽之前裝上去。甚至還有文化上的局限:我們順時針方向擰緊螺絲,逆時針方向鬆開螺絲;螺絲釘通常裝在比較明顯的地方(上面或表面),螺栓則裝在比較看不到得到的部位(底部,旁邊或內側)。木螺絲和金屬螺絲看起來就不一樣,應該會被用在不同的材料上。到最後

，看起來為數眾多的可能性會被減少到只有幾個合理的選擇，而且在拆解的過程中已經被記下來了。這些局限自身不見得足以決定正確的組裝方式（所以還是有可能裝錯），但是可以減少需要處理的資訊量。局限是強大的設計工具，在第4章中會再詳加探討。

記憶：腦中的知識

古老的阿拉伯民間故事「阿里巴巴與四十大盜」，講述了貧苦樵夫阿里巴巴如何發現一群盜賊的祕密洞穴。「阿里巴巴偷聽到盜賊進了洞穴，並學會了開啟洞穴的密語：『芝麻開門！』」阿里巴巴的弟弟[3]卡西姆逼他透露這個祕密，然後去了洞穴。

當他到達洞穴的入口，卡西姆大聲說道，「芝麻開門！」洞門立刻開了，在他進入洞穴後自動關了起來。卡西姆查看洞穴內部，非常驚訝地發現，洞裡的財富比阿里巴巴描述的還更多。他迅速在洞口堆滿了他的十頭騾子能載得動的黃金，但是他的心思只想著即將到手的巨大財富，他居然想不起開門的命令。說不出「芝麻開門！」他說：「大麥開門！」然後十分驚訝地發現洞門依然緊閉。他說了各種各樣的穀物名稱，但是門仍然不開。
卡西姆萬萬沒有想到這樣的事情。他驚覺現在的處境是如此危險，而他越要想起關鍵字「芝麻」，他的記憶就越模糊。最後他完全忘掉了這個字，就好像他從來沒聽說過。
卡西姆再也沒出這個洞。返回洞穴的盜賊砍了卡西姆的頭，將他

的身體大卸八塊。

大多數人如果記不住密碼是不會掉腦袋的，但是記住密碼仍然是件難事。不管是一組號碼、一個密碼，或是開門的暗號，記住一兩個祕密還不太難。但是當密碼的數量變得太多，記憶就靠不住了。這似乎是種算計著要毀了我們的理性，或讓我們的記憶超載的陰謀。有許多代碼，如郵遞區號或電話號碼，原先的目的是為了讓機器，或設計機器的人輕鬆一些，但是沒有考慮過人們的額外負擔。幸運的是，現在的科技已經替我們記憶，讓大多數人不用再記住這種沒道理的知識：電話號碼、地址、郵遞區號、網際網路和電子郵件地址全部都能自動檢索，所以我們不再需要記住它們。然而安全密碼卻是另一回事，這是善良和邪惡 [4]，好人和壞人之間永不止息的戰鬥。我們必須記住的密碼或需要攜帶的特殊安全裝置，其數量和複雜性都在不斷升級。

這些密碼必須保密，但是我們不可能記住所有不同的數字或詞組。大多數人怎麼應付？他們使用簡單的密碼。研究指出，五組最常被使用的密碼是：「password」（密碼）、「123456」、「12345678」、「qwerty」（鍵盤上排左邊的字母），和「abc123」。這些選擇顯然是為了容易記憶及容易輸入，因此也容易被小偷及不懷好意的人利用。大多數人（包括我在內）只有少數幾個密碼，在許多不同的網站重複使用。即使是安全專家也承認自己會這麼做，完全違反他們建議的安全準則。

許多安全規格是不必要的，而且複雜得沒有理由。為什麼還需要它們？原因有很多。其一是想解決真正的問題：不法分子會冒充身分，竊取他人的金錢和財產。不論其目的是惡意的或只是個玩笑，這會侵害到他人的隱私。教授和老師必須保護試題和成績，企業和國家必須要保護

機密。因為許多很實際的理由，我們需要築一道密碼和安全措施的城牆把資料保護起來。然而，問題是對人的能力缺乏正確的認識。

我們確實需要保護措施，但大多數在學校、企業和政府單位執行這些措施的人是科技人或執法官員。他們了解犯罪，但不了解人類的行為。他們認為一個「夠強」、很難猜的密碼是必要的，而且密碼必須經常更換。他們似乎沒有認識到，我們現在需要許許多多的密碼。即使是再容易的密碼，你也很難記得住哪一個密碼配哪一個安全措施。這會造成另一層的安全漏洞。

密碼要求越複雜，系統越不安全。為什麼呢？因為人們記不住這些密碼的組合，就會把它們寫下來。寫下來之後，這些應該保密的資訊會放在哪裡？放在隨身的錢包裡，貼在電腦鍵盤底下，或是其他容易找到的地方，因為常常要用到。因此，一個小偷只要偷到錢包或找到密碼表，就破解了所有的密碼。大多數人是誠實認真的工作者，而最常因複雜的安全系統苦惱的，正是這群人。結果往往違反安全守則，並削弱了整個系統安全性的人，正是這些最盡責的員工。

當我為本章的內容進行研究時，發現因為密碼的複雜性導致不安全的記憶方式，例子不勝枚舉。英國《每日郵報》（*Daily Mail*）「線上郵件」論壇的一則貼文如此描述這些方式：

> 當我為當地政府工作的時候，我們照規定每三個月要更改一次密碼。為了保證我能記住密碼，我把它寫在一張便條紙上，然後貼在我的辦公桌上。

我們怎麼能記得住所有的密碼？即使有一堆幫助記憶的訣竅，大多

數人還是做不到的。改善記憶的書籍和課程會有點幫助，但這種方法既花功夫又要不斷地練習。所以，我們把本來該記在腦中的知識放在外界的環境裡：寫在書本上、紙片上，甚至於手背上。但是，我們又得加以掩飾來防小偷。這造成了另一個問題：我們該怎麼掩飾或隱藏？我們又怎麼記得自己以什麼方式來掩飾或隱藏？啊，記憶真是靠不住！

你應該在哪裡藏東西，別人才找不到？在最不可能的地方，對吧？錢藏在冰箱的冷凍庫裡，珠寶首飾藏在藥櫥裡或衣櫃內的鞋子裡，前門的鑰匙藏在腳踏墊或窗臺下，汽車鑰匙藏在保險桿下面，情書藏在花瓶裡。問題是，家裡沒有那麼多想不到的地方。你可能不記得情書或鑰匙藏在哪裡，但是小偷想得到。兩位研究這個問題的心理學家是這麼描述的：

> 選擇一個「不可能的地方」通常是有邏輯的。舉例來說，我們有一位朋友為她的寶石投保竊盜險，為此保險公司要求她裝保險櫃（safe）。她怕自己忘了保險櫃的密碼，所以仔細地想過該把密碼放在哪裡。她的解決辦法是把它當成電話號碼，寫在電話簿裡的字母 S 下面，「Safe 先生」。她的想法有一個清晰的邏輯：數字性的訊息可以和其他數字放在一起，她覺得這個想法還不錯。然而，有一天她被嚇到了。她在電視上看到一個改過自新的小偷說，每次遇到一個保險櫃，他總是先找那一戶人家的電話簿，因為很多人把密碼寫在裡面。（摘自 Winograd & Soloway，1986 年，「對藏東西的特殊場所之研究」，經許可後轉載）

強迫我們記住這些沒道理的訊息已經成為一種迫害，而現在是我們

該反抗的時候了。但在此之前，得先找到解決的辦法。如前面提到的，我給自己訂的原則之一是「除非可以做得更好，否則不要批評別人。」在這個情況下，更好的辦法是什麼，並不清楚。

有些事情只能靠大規模的文化變遷才能解決，這也表示它們大概永遠解決不了。舉例來說，用名字來確定個人的身分。人取名字的方式已經進化了好幾千年。原本名字只是用來簡單區分家人或是住在一起的人，一個人的名字由不同部分組成（例如名字和姓氏）是相當近代的事，而且即便如此還是不足以把一個人和世界上的其他七十億人清楚區分開來。我們寫名字是姓擺在前面，還是名字擺在前面？這取決於你在哪一個國家。一個人能有多少名字？名字裡有多少字元？哪些字元可以用？例如說，名字裡能不能可以包含數字？（我認識一個想要用「h3nry」這種名字的人，也知道一家名為「Autonom3」的公司。）

一個名字如何翻譯成另一種語文？我的一些韓國朋友的名字，用韓文字母寫下來是相同的，但是音譯成英文時又不一樣了。

很多人在結婚或離婚後改變他們的名字。某些文化中，在經歷重大人生事件後也會改名字。在網路上很快地搜尋一下，會發現許多亞洲國家的人對美國或歐洲的護照表格感到困惑，因為他們的名字不符合表格要求的格式。

當一個賊偷了另一個人的身分而盜用這個人的錢和信用卡時，會發生什麼情況？在美國，這些身分竊賊甚至能依此申請退稅並拿到錢。當真正的納稅人試圖申請他們的合法退款，卻被告知錢早就被領走了。

有一次，我參加了在谷歌（Google）的總部舉辦的安全專家會議。如同大部分的高科技公司，谷歌非常嚴密地保護他們的作業程序和研究計畫，所以谷歌總部大部分的建築都有門鎖及守衛。除了原本就在谷歌

工作的人，安全會議的與會者無法進入。我們的會議在公共空間的一間會議室裡，但廁所都位於安檢區域內。我們怎麼應付這個情況？這些世界級的安全專家想出了一個解決方法：他們拿一塊磚擋住進入安檢區域的門，不讓它關起來。安全措施就是只能做到這麼多：讓一件事變得太過安全，它就會變得一點都不安全。

　　我們該如何解決這些問題？如何保證人們能進入屬於自己的銀行帳戶，以及電腦系統，而別人進不去？幾乎任何你想得到的保護方式都已經被提出來徹底研究，然後發現有缺陷。用生物識別標記（biometric markers），例如虹膜或視網膜紋路、指紋、聲紋辨識、體型，或是去氧核醣核酸（DNA）之類的嗎？這些都可以偽造，或在系統的資料庫裡作假。一旦有人設法騙過系統，有任何補救的措施嗎？生物識別標記是不可能改變的，所以一旦它們指向了錯誤的識別對象，要更正非常困難。

　　密碼的「強度」事實上是不重要的，因為大部分被竊取的密碼是經由「鍵盤記錄器」（key loggers）偷來的。鍵盤記錄器是隱藏在電腦中的軟體，會記錄你鍵入的內容，並把它發送給壞人。當電腦系統被侵入，數以百萬計的密碼可能會被盜。即使它們已經加密，壞人往往可以解密。在這兩種情況下，密碼再怎麼強，壞人都解得開。

　　目前最安全的方法是要求多重識別，最常見的設計至少要求兩種形式：「你有的東西」加上「你知道的東西」。「你有的東西」往往是物理性的識別物，例如門卡或鑰匙，植入皮膚下的晶片或是生物識別特徵，如指紋或眼睛的虹膜紋路。「你知道的東西」是你腦中的知識，通常是你能記住的事。這件事不需要像今天的密碼這麼隱密，因為沒有「你有的東西」它是沒有用的。有些系統允許第二個密碼，作為警報。如果

有壞人試圖脅迫你輸入密碼，你可以用警報用的密碼進入系統，而系統會自動通報有關單位，有人非法侵入。

安全是一個重大的設計問題，涉及複雜的技術及人類的行為方式，其中有深刻的根本困難。有根本的解決辦法嗎？還沒有。我們大概會卡在這些複雜的問題上很長一段時間。

記憶的結構

大聲唸出以下的數字：1、7、4、2、8。接下來，別看，再唸一遍，想再多唸兩遍也行。如果你閉上眼睛，你能清楚地「聽到」自己的聲音仍然迴盪在心中。叫人隨便讀一個句子給你聽。句子裡有哪些字？對這個瞬間的記憶是立即可檢索的，清晰、完整，不需要特別費力。

你三天前的晚餐吃了些什麼？這個感覺就不一樣了，你需要時間來想答案。這個記憶既不明確、也不完整，不像當下發生的事，要回答可能需要費相當大的精神。找回過去的經驗跟找回剛發生的經驗是不一樣的，需要更多的努力，結果也不會太清楚。事實上，所謂的「過去」也不是太久以前。別回去看：上一段要你唸的那些數字是什麼，還記得嗎？對某些人來說，現在要回想起那些數字就得花點時間，費點功夫了。（摘自作者所著的《學習與記憶》〔Learning and Memory〕）

心理學家將記憶區分成兩大類：短期記憶（short-term memory），

或稱工作記憶（working memory），以及長期記憶。這兩者有很大的區別，對設計的影響也不一樣。

短期記憶，又稱工作記憶

短期記憶或稱工作記憶保留目前正想到的、最新的經驗或資料。它是對當下這個瞬間的記憶，裡面的資訊是自動保留的，檢索毫不費力，但能保留的資訊量受到嚴重限制。短期記憶的限制是五到七個項目，如果訊息被不斷重複（心理學家稱之為「複誦」〔rehearsing〕[5]），數量可以往上增加到十或十二個。

在你的腦中計算 27 乘以 293。如果你嘗試用筆算的程序在腦中計算，你的短期記憶肯定容納不了所有的數字和互相干預的答案，你會算錯或算不出來。傳統的乘法是設計來用筆在紙上算的，沒有必要佔用短期記憶的負荷量，因為數字寫在紙上就有暫時儲存的功能（轉化成外界的知識），所以短期記憶（腦中的知識）的負荷量是相當有限的。要心算複雜的乘法是有可能的，但是要用不同於筆算的方法，而且需要相當的訓練和練習。

短期記憶在日常生活中的角色無比重要，它讓我們能記住文字、名稱、詞句，以及部分正在做的事情，因此它有另一個名稱：工作記憶。然而存放在短期記憶裡的資料是相當脆弱的，只要被別的事情一分心，短期記憶裡的東西立刻消失。如果沒有別的事干擾的話，它能夠把郵遞區號或電話號碼，從你看到它的時候保存到使用的時候。九或十位數的數字不好記，超過這個長度就別記了，乾脆把它寫下來，或者把號碼分成幾段，讓一個冗長的號碼轉化成幾個有意義的片段。

記憶專家用特殊的記憶術（mnemonics）能在很短的時間內記憶驚人的大量資料。其中一種方法是將數字轉換成有意義的片段：一個著名的研究指出，一名運動員可以將數字序列想像成跑步的時間。在長期練習這個方法之後，他可以看一眼就記住令人難以置信的冗長數字。有一種教人記住冗長數字的傳統記憶術，是先將每個數字轉換成子音，然後將一系列的子音換成一個有意義的句子。標準的數字—子音轉換表已經存在了數百年。它的設計很巧妙，簡單易學，因為子音可以從數字的形狀衍生。所以「1」被轉換成「t」（或發音近似的「d」），「2」變成「n」，「3」變成「m」，「4」變成「r」，「5」變成「L」（羅馬數字的 50）。完整的對照表和學習配對的記憶術只要在網路上搜尋「數字—子音記憶術」（number-consonant mnemonic）就很容易找得到 [6]。

使用數字—子音轉換，數字序列 4194780135092770 可以變成一串字母 rtbrkfstmlspncks，這又可以換成「A hearty breakfast meal has pancakes」（「一頓豐盛的早餐裡有煎餅」）。大多數人都不是能記憶長串無意義文字的專家，所以雖然看記憶專家表演很有趣，設計時以為使用者都有這種能力，就大錯特錯了。

短期記憶的測量出奇得困難，因為可以保留多少取決於對資訊的熟悉程度。而且能保留下來的似乎是有意義的項目，而不是簡單測量能保留幾秒鐘，或能保留多少個聲音或字母。對某一個項目保留的能力，取決於時間的長短和其他項目的多寡。每多記一樣東西，前面被記住的東西就可能被忘掉。短期記憶的容量是以「項目」來算的，因為人能記得的數字、字母和文字的數目是大致相同的，換成三到五個字的片語，數目也差不多。怎麼會這樣呢？我懷疑短期記憶擁有類似指標（pointer）的功能，而這些指標指向已經在長期記憶內編碼的項目，這表示短期記

憶的容量決定於它能同時維持多少個指標。這可以解釋為什麼每一個項目的長度或複雜性沒有太大影響，它只在乎項目的總數。然而這種說法不完整，它無法解釋在短期記憶裡對聲音的記憶，除非我們說這些指標也存在於對聲音的長期記憶裡。短期記憶的機制仍然是一個懸而未決的科學問題。

　　如果用傳統的方式測量，短期記憶的容量大概是五到七個項目，但是從實用的角度來看，最好當作是三到五個項目。這似乎也太少了點？每一次你遇見一個以前不認識的人，你都能記住他的名字嗎？當你撥打一個電話號碼，你需不需要一邊打，一邊看個幾遍？即使是些微的分心，短期記憶的內容都會消失無蹤。

　　這對設計的啟發是什麼？不要指望人能在短期記憶中保留資訊。電腦系統出問題時，經常顯示一條重要的錯誤訊息，然後當人希望利用訊息中的資訊解決問題時，訊息就消失了，這讓人非常挫折。使用者哪裡能看一眼就記住這些關鍵資訊？難怪有人會對電腦拳打腳踢，或用其他方式發洩他們的挫折。

　　我曾經看過護士在自己的手上寫下有關病人的資訊，因為只要有人問一個問題，護士一分心，關鍵的醫療資訊就會忘記。電子病歷系統在閒置一段時間之後會自動登出，要重新登入才能繼續使用。為什麼要自動登出？為了保護病人的隱私。用意固然良好，但是這個措施對工作中不停被醫師、同事或病人打斷的護士而言是一種嚴重的不便。當他們處理其他事情時，系統自動鎖上了，所以他們不得不再從頭開始。難怪這些護士會把資訊寫在手上，雖然寫在手上完全抵消了用電腦系統減少手寫錯誤的價值。但是這些護士還能怎麼辦？他們還有其他更好的方式嗎？他們不可能記得一切，能的話為什麼還要用電腦？

　　有幾種方式可以解決短期記憶易受干擾的問題。一種是使用多種互不影響的感官。視覺訊息並不干擾聽覺，行動也不干擾聽覺或文字，觸覺也是分開的。為了提高工作記憶的效率，最好是以不同的方式呈現訊息：例如視覺、聽覺、觸覺、空間位置和手勢。為避免對視覺的妨礙，汽車應該對駕駛使用聲音指示，同時用座椅（左側或右側）的震動警告駕駛他們偏離車道，或提醒他們左側或右側有其他車輛。駕駛主要靠的是視覺，所以聽覺和觸覺的呈現方式能減少對視覺任務的干擾。

長期記憶

　　長期記憶是對過去的記憶。長期記憶的規則是訊息需要一定的時間才能進入保存，也需要一定的時間和工夫才能再次檢索取得。睡眠對於記憶每一天的經驗，似乎扮演一個重要的角色。請注意，我們並不是像錄影一樣精確地記錄自己的經驗，而是點點滴滴，片片斷斷地記錄下來，然後在每次回憶的時候重新詮釋及建構，這表示回憶會因為生活經驗而受到扭曲和改變。我們如何回憶長期記憶裡的經驗和知識，大部分決定於這些資料剛開始是如何被詮釋的。用某一種理由儲存在長期記憶裡的事件或知識，可能在另一種解釋之下想不起來。至於長期記憶的容量有多大，沒有人真的知道：可能以億兆為單位來數也不夠，我們甚至不知道用什麼樣的單位去計量。不管它到底有多大，至少大到不必要考慮任何實用上的限制。

　　睡眠對長期記憶的作用依然不是很清楚，但是已經有數不清的研究在探討這個問題。其中一個可能的機制是複誦。我們早已知道不斷地複習資料（在心裡反覆溫習仍然留在工作記憶裡的內容）是形成長期記憶

痕跡（memory traces）的一個要素。西北大學教授帕勒（Ken Paller）指出：「睡眠過程中的複誦會決定睡醒以後你還記得什麼，或者你會忘記什麼。」然而，雖然睡眠中的複誦能增強記憶，它也可能偽造記憶。「我們腦中的記憶不停地在改變。有時候複誦所有的細節能提高記憶的儲存，以後能記得更清楚。如果你添了太多細節進去，有時候會更糟。」

還記得你怎麼回答第 2 章裡的這個問題嗎？

> 在你住過的前一棟，再前一棟，再前一棟房子，進門的時候，前門的把手是在左邊還是右邊？

對大多數人來說，要花相當大的工夫，才能想起問題指的是哪一棟房子，再加上用第 2 章中描述的方法，把自己放在那個情境裡去重建一個答案。這是一個程序性記憶（如何做一件事的記憶）的例子，而不是陳述性記憶（有關事實的記憶）。這兩種記憶都可能需要相當的時間和精神才能得出答案。此外，檢索答案的方式不會像看一本書或一個網站一樣清楚。我們的答案是經過重建的知識，所以有時是偏差或扭曲的。記憶中的知識是有意義的，因此在檢索的時候，一個人的回憶可能會受到不同詮釋的影響，產生不同的意義，而非完全準確。

長期記憶的主要困難之一是組織。我們如何找到長期記憶裡的東西？大多數人在試圖想出一個名字或一個詞的時候，都有過「舌尖現象」（tip-of-tongue）的經驗：明明覺得自己知道，卻怎麼都想不起來。一段時間過後，在做一些其他事情的時候，這個名字卻突然間跳了出來，進入到我們的意識範圍。人們檢索記憶內容的機制尚未完全被理解，但是很可能牽涉到某種「形式匹配」（pattern matching）的機制，再加上

一個確認的過程來檢查目標和檢索結果的一致性。這就是為什麼當你拚命想一個名字，可是不斷想出錯誤的名字，而你知道它是錯的。因為這種錯誤的檢索妨礙了正確的檢索，所以你必須下意識地重新設定記憶檢索的過程。

因為檢索是一個重建的過程，它也可能出錯。我們對事件的重建可能變成我們所希望的樣子，而不是我們真正的經歷。造成這樣的記憶偏差是相當容易的，有時候甚至形成偽造的記憶：人們聲稱他們能清楚回憶生活中發生過的事件，「歷歷在目」，可是這些事件事實上從未發生過。這就是為什麼目擊者在法庭上的證詞往往很不可靠。有大量的心理學實驗證明，在人腦中植入虛假的記憶是多麼容易，以及這些記憶的感覺有多麼真實，人們甚至拒絕承認這些記憶是從未發生過的事件。

在腦中的知識實際上就是記憶中的知識：所謂的「內在知識」。如果我們研究人們如何使用回憶，以及如何檢索知識，我們會發現好幾個類別。其中兩個類別對設計很重要：

1. **對無意義（arbitrary）的東西的記憶。** 要記憶的東西似乎是任意的，彼此之間沒有關聯，或者和已知的東西沒有特別關係。
2. **對有意義的東西的記憶。** 要記憶的東西是彼此有關聯的，或者和已知的東西有特別關係。

對無意義和有意義的東西的記憶

對無意義的東西的記憶，也可以說是沒有深層意義或結構的知識。舉一些例子來說：記憶字母之間的順序、記人名、記外語的詞彙，或記

沒有明顯結構的資料。這也適用對於任意文字序列、指令、手勢，或科技使用程序的學習。這些需要死記硬背的知識是現代生活的致命傷。

有些事情是需要死記的，如英文字母。但是即使如此，我們還是可以添加結構來記住這些無意義的字母，例如把字母編成一首歌，用押韻和節奏的自然局限創造一些結構幫助記憶。

死記硬背的學習會產生問題。首先，因為內容沒有道理，學起來很困難，可能需要相當長的時間和精神。第二，當你記錯時，記憶內容的順序無法告訴你出了什麼問題，或建議怎麼解決這個問題。雖然有些事情可以硬背下來，大多數的事不能死記。令人感嘆的是，在許多學校或是訓練課程裡，死記還是主要的教學方式。很多人用這種方式學會使用電腦或做飯，或學習如何使用新的（設計不良的）工具或科技產品。

我們用增添結構的方式來學習無意義的序列。大多數如何提高記憶量或幫助記憶的書籍和課程，會教你使用數種添加結構的方法來記住沒關聯的東西如購物清單、人的長相或他們的名字。如前面所提到的，如果可以將資料納入一個有意義的結構，甚至連長串的數字都能記得住。沒有受過這種訓練的人也會試著用一些方式把數字串連起來，但是結果往往不是很理想。

世界上大多數的事情有一個合理的結構，因而大量減少了記憶的負擔。如果事情是合理的，它們能對應我們已有的知識，新的資料就容易被理解、詮釋，並與先前得到的知識相融合，我們就可以使用規則和局限來幫助我們處理。有意義的結構可以將周圍的混亂整理出一個秩序。

還記得第1章中所提到的概念模型嗎？概念模型的好處在於它能夠為事物提供意義。讓我們用一個例子來說明，有意義的解釋如何將一個看起來無意義的安排轉換成一件自然、有意義的事。要注意，適當的解

釋起初可能並不明顯。它也是種知識，所以也得被發現和理解。

我的一位日本同事，日本東京大學的佐伯胖（Yutaka Sayeki）[7] 教授，記不住該怎麼使用摩托車左邊車把上的方向燈開關。把開關往前推是表示右轉，往後推是左轉。開關的意義是清晰明確的，但它移動的方向和摩托車的轉向之間的關係卻不清楚。佐伯教授一直以為，因為開關在左手車把上，往前推應該是左轉信號。也就是說，他試圖將「左邊的開關向前推」這個行動和「左轉」配對，而這是行不通的。結果是他永遠記不住到底怎麼打方向燈。大多數摩托車方向燈安裝的開關不是這樣，而是整個轉 90 度，向左推是左轉，向右推是右轉，這種對應很簡單。（這是一個自然對應的例子，在本章後面會再加以討論。）但是佐伯教授的摩托車並不是這麼安排的，他怎麼能學得會？

佐伯教授用新的詮釋方式解決了這個問題。他考慮了一下摩托車的車把怎麼讓車子轉向。向左轉時，左手的車把向後移動。向右轉時，左手的車把向前移動。方向燈開關的動作和左手車把的動作完全一致。如果對這件事情的概念重新設定成「開關配合左邊手把，往前往後的方向」，開關的動作就和期望中的結果一致了。就這樣，他終於找到了一個自然的對應方式。

當開關的移動方向看起來沒有道理，人就很難記得住。一旦佐伯教授發現了一種有意義的關聯性，他很容易就記住了適當的操作方式。（有經驗的機車騎士會指出，這個概念模型是錯誤的：要轉機車的方向，手把要先向相反的方向轉。這一點將在下一節「近似模型」的第三個例子裡加以討論。）

這對設計的影響是顯而易見的：設計應該提供使用者一個有意義的結構。也許更好的辦法是不必用到記憶，而把需要的訊息分布在使用的

環境裡。這是傳統的圖形使用界面裡，舊式選單的好處。當有疑問的時候，人們總是可以檢視選單中所有的選項，直到找到需要的功能。即使不使用選單的系統，也需要提供一些結構，例如適當地使用局限和強制功能、良好的自然對應，和所有前饋和回饋的工具。幫助人們記憶最有效的方法就是根本不需要去記。

近似模型：在現實世界中的記憶

有意識的思維是需要時間和精神的。充分學習到的技能不需要意識的監督，只有剛開始的學習或處理突發的情況時，才需要意識的控制。持續的練習能使動作週期變得自動化，減少採取行動時所需的意識性思維。不論是打網球、演奏樂器，或進行數學運算和科學活動，大部分專業化、熟練的行為都是以這種方式進行。哲學及數學家懷海德（Alfred North Whitehead）在一個世紀前提出過這個原則：

> 這是一個所有書籍和卓越論述者所犯的深層錯誤：他們認為我們應該養成一種對自己的行為加以思考的習慣。事實上正好相反。文明的邁進是基於日益增加的許多不需多加思考的運作方式[8]。

簡化思考的方法之一是使用簡化的心理模型，也就是一個接近真實狀態的近似模型。科學要面對的是真理，但是實際應用的人並不需要真理，他們需要的是一種趨近正確答案的方法。這種方法也許不夠精確，但是符合使用目的，可以很快拿來應用。以下是一些例子：

例 1：換算華氏和攝氏的溫度

我在加州的家，現在戶外溫度是華氏 55 度。攝氏的話是幾度？快！要心算，不可以用計算機。答案是什麼？

我相信大家都知道攝氏—華氏換算的等式：

攝氏溫度＝（華氏溫度 **-32**）×**5/9**

代入華氏 55 度，攝氏溫度＝（55-32）×5/9 ＝ 12.8 度。但大多數人如果沒有紙跟筆，無法在心裡算得這麼仔細，因為運算過程中有太多的數字必須依靠短期記憶。

想要個更簡單的方法嗎？用近似法試試看。你可以在腦中算得出來，不需要用到紙和筆：

攝氏溫度＝（華氏溫度 **-30**）**/2**

代入華氏 55 度，攝氏溫度＝（55-30）/2=12.5 度。這個算法精確嗎？不精確，但是答案 12.5 度很接近正確值 12.8 度。畢竟我只是想知道我是不是該加件毛衣。只要差不到五度，對我來說就達到目的了。

即使技術上來說它是錯的，近似的答案往往非常實用。這個簡單的近似溫度轉換公式，對一般室內室外，正常範圍內的溫度是夠準確的。在攝氏零下 5 度到 25 度（華氏 20 度至 80 度）的範圍內，它得出的答案差距不到華氏 3 度（或攝氏 1.7 度）。比這個範圍更低或更高的溫度，差距會大一些，但在日常生活裡，這種算法非常好用。近似模型對日

常生活來說，省事又好用。

例 2：短期記憶的模型

這裡是一個短期記憶的近似模型：

在短期記憶內有五個格子可以放東西。每加一個新的東西，它就佔掉一格，原來放在那一格裡的東西就會被擠出去。

這個描述是真的嗎？不是，世界上沒有任何一個研究短期記憶的心理學家會認為這是一個精確的敘述。但是對於在設計上的應用來說，是夠好、夠正確的。應用這種模型，你的設計將會更加好用。

例 3：摩托車轉方向

在上一節中，我們了解到佐伯教授如何將摩托車轉向的方向和方向燈的開關做對應，使自己能記住正確的用法。但我也指出，這個概念模型是與事實相違的。

為什麼即使這個概念模型是錯的，它還是很有用？讓摩托車轉向是依照一種違反直覺的方式進行的：向左轉時，車把必須先轉向右邊。這就是所謂的「反轉向」（countersteering），它違反了大多數人的概念模型。這是真的嗎？難道我們向左轉，不應該將車把手轉向左邊嗎？兩輪的交通工具轉向時最重要的要素是傾斜。當車子左轉，駕駛就向左邊傾斜。反轉向能讓駕駛正確地傾斜：當車把手轉向右邊，所產生的力量會

導致駕駛的身體向左傾斜。這種重心的轉移可以導致車子左轉。

有經驗的駕駛往往下意識地做了正確的操作，沒有察覺到他們開始轉彎時會先將車把手朝相反的方向轉動，這和他們自己的概念模型是相反的。摩托車的駕駛訓練課程常常需要進行特別練習，來讓駕駛相信他們真的是這麼做的。

你可以在機車或自行車上測試這個有悖常理的概念。加速到一個夠快的速度，把手掌放在左側的把手末端，輕輕地向前推。車把和前輪會向右轉，而身體會向左傾斜，因而導致車子和車把手轉向左側。

佐伯教授了解他的想法和現實是矛盾的，但他只希望有一個能配合他的概念模型來幫助記憶。概念模型是強有力的解釋工具，在許多情況下很有用。只要在有需要的情況下能導致正確的行為，它們本身不必是正確的。

例 4：「夠好」的算術

我們大多數人都無法心算兩個大數目的乘積，我們算到一半就糊塗了。記憶專家可以在腦中輕鬆快速地將兩個很大的數字相乘，讓觀眾驚嘆不已。此外，他們寫出來的數字是從左到右，而不是我們筆算時從右到左的算法。這些專家利用特殊的技巧大量減低工作記憶的負荷量，但他們必須學習特殊的方法，應付不同範圍和形式的問題。

難道這不是我們該學習的東西？為什麼學校裡不教呢？我的答案很簡單：何苦呢？我可以在腦中估算到一個合理的準確程度，通常對我的目的來說就夠用了。當我需要精確的答案時，我就用計算機吧。

還記得我前面提到的例子，心算 27 乘以 293 的答案？為什麼有人

會需要確切的答案？一個近似的答案就夠好了，而且很容易算。把 27 當成 30，293 當成 300，30 乘以 300 是 9000。準確的答案是 7,911，所以 9000 的估算多了 14%。在許多情況下，這個答案就夠好了。想要更精確一點？我們把 27 改成 30，乘起來容易些，可是多了三份。因此，我們從答案減去 3×300（9000-900）。現在我們得出 8100，準確到在誤差在 2% 以內。

我們很少需要知道複雜算術題目的精確答案，一個粗略的估算幾乎總是夠用的。需要精確答案的話，用計算機就好了。提供非常精確的答案是機器擅長的事，對於大多數的用途來說，大致的估算就夠了。機器應該解決複雜的算術問題，人應該著眼於更高層次的事情，比如為什麼需要這個答案，或是拿這個答案來做什麼。

除非你想要成為一個表演者，讓觀眾為你的特技大感驚奇，這裡倒是有一個大幅提記憶容量和準確性的簡單方法：寫下來。書寫是一種功能強大的科技，為什麼不用一用？寫張便條紙，或者寫在手背上。用手寫、用鍵盤，或用語音輸入到手機或電腦裡。這就是科技的目的。

沒有外在事物的協助，人的心智有很大的限制。這些東西讓我們變得聰明，利用一下吧！

相對於科學理論的日常實踐

科學追求真理，因此科學家一直在辯論、爭執、挑戰彼此的想法。科學的方法是辯證和衝突的，只有通過其他科學家嚴格檢驗的想法，才會保留下來。這種不斷的意見分歧對非科學家來說似乎很奇怪，因為看起來科學家什麼都不知道。不管是哪一個科學領域，你會發現這個領域

裡的科學家不斷地反對彼此的想法。

但是分歧只是種錯覺。也就是說，大多數科學家都同意大方向，他們爭論的，往往是用以區分兩個互相競爭理論的微小細節。這些細節對現實世界中的實踐和應用，可能影響不大。

在現實世界裡，我們不需要絕對的真理，近似模型就可以了。佐伯教授用來操縱摩托車的簡化概念模型，讓他記住怎麼用方向燈的開關；簡化過的溫度換算法和乘法運算，讓我們用心算就能得到「不很正確，但夠準確」的答案。短期記憶的簡化模型提供了有助於設計的原則。即使在科學上來說並不正確，近似模型的價值在於減低心理負荷，快速輕易地得到一個「夠好、能用」的結果。

腦中的知識

周遭世界的知識，亦即外在的知識，是一種有價值的工具，但是只有在適當的情況下，在正確的時間點、正確的地方呈現，對我們才有價值。否則，我們就必須用到腦中的知識。有一句諺語說明這種情況：「看不到，就想不到。」（Out of sight, out of mind.）有效的記憶運用所有的線索，包括外界的知識和在腦中的知識。即使其中之一是不夠的，有很多例子說明這兩者的組合讓我們在世界上生活得還不錯。

飛行員和飛航管制中心的指示

飛機的飛行員在起飛或降落時，必須聽從飛航管制中心一連串快速

的命令，然後做出準確的回應。他們的安全取決於能不能準確地遵照指示。網路上有一個討論這個問題的例子，是給一架即將起飛的民航機的命令：

> 弗拉斯卡 141 許可前往梅斯基特機場，左轉航向 090，雷達引導到梅斯基特機場。爬升並維持 2000，預期離場 10 分鐘後 3000。離場頻率 124.3，無線應答 5270。（典型的航空交通管制指令，通常說得非常迅速。文字摘自航空交通管制用語）

　　一位菜鳥飛行員問道：「當我們正在專心起飛的時候，怎樣才能記得住這一長串命令？」問得好。起飛是一個繁忙、危險的過程，很多事情在飛機裡外進行。飛行員怎麼能記得住？還是他們有優越的記憶力？
　　飛行員會使用三種主要技術：

1. 他們會寫下關鍵的訊息。
2. 他們將聽到的指令輸入到導航設備裡，所以不需一一記下來，把記憶的負擔減到最少。
3. 他們記得一部分指令的意義。

　　雖然對旁觀者來說，所有的指令和數字顯得隨意而混亂，但對飛行員來說這些都是他們熟悉的名字和數字。正如一位受訪者指出，這些都是常見的起飛程序會提到的用語。「弗拉斯卡 141」是飛機的名字，表示該遵照下列指令的飛機。第一個要記住的關鍵項目是先左轉到羅盤的 090 方向，然後爬升到海拔 2000 英尺，先把這兩個數字寫下來。當你

聽到 124.3 的時候把它輸入設定成你的無線電頻道，但是大部分的時候這個頻道是事先已經知道的，所以無線電可能已經設置好了。你只需要看一眼，確定是否正確。同樣地，「無線應答 5270」是一個飛機在接收到雷達信號時回應的特殊代碼，用來向飛航管制中心表明身分。把它寫下來，或在聽到的時候設置到設備裡。至於剩下的一個項目，「預期離場 10 分鐘後 3000」，沒有什麼需要做的事。這僅僅是一顆定心丸，建議飛行員在起飛 10 分鐘後，弗拉斯卡 141 應該會爬升到 3000 英尺。

飛行員怎麼記得住？他們將剛剛接收到的知識轉移到外界的環境裡，有時用寫的，有時記錄在飛機的設備裡。如此而已。

這對設計的意義是什麼呢？越容易把剛聽到的資訊放入相關的設備裡，越不容易發生記憶的失誤。飛航管制系統的新發展也有幫助：航空交通管制的指示將會用數位方式發送，所以可以直接呈現在飛行員的螢幕上；數位傳輸也很容易讓設備自動化，自動設置正確的參數。然而用數位方式傳達命令也有一些缺點：其他的飛機無法聽到命令，因而降低了飛行員對附近飛機的行動的警覺性。飛航交通管制和飛航安全專家正在研究這些問題。是的，這同時也是一個設計的問題。

提醒：預期性記憶

「預期性記憶」，或是「對未來的記憶」這種說法聽起來怪怪的，很像是科幻小說的標題。但是對研究記憶的人來說，「預期性記憶」是指對未來該做的事的記憶，而「對未來的記憶」表示規劃能力，能想像未來情境的能力，這兩者是密切相關的。

例如說「提醒」這件事。假設你答應了週三下午三點半要在附近的

咖啡店見一些朋友。這件事記在你的腦中，但你怎麼在適當的時候想起這件事？你需要有東西來提醒你。這是一個預期性記憶的實例，而你能不能適時提供必要的線索，也涉及你對未來會不會早做安排。你在週三下午和朋友碰面之前會在哪裡？你能不能想到那個時候能提醒自己的東西？

有很多方式可以幫著提醒自己。一個是就把所有的事記在你的腦中，相信自己在關鍵時刻會想得起來。如果這是件很重要的事，你不會記不住它。如果你需要設一個手機行事曆的鬧鐘，提醒自己「下午三點結婚」，這未免也太奇怪了。

對一般的事件，記憶不太可靠。你是否曾經忘記跟朋友約好碰面，結果放了朋友鴿子？這種事常常發生。不僅如此，即使你還記得預先有約，你會記得所有的細節嗎？比如說，你打算借一本書給朋友，結果忘了帶？你可能記得在回家的路上要去一趟超市，但你會記得所有該買的東西嗎？

如果這件事不是很重要，或是還有好幾天，聰明一點的做法是把記憶的負擔轉移到周圍的環境裡：便條紙、行事曆，或輸入手機和電腦上的提醒程式，你也可以請朋友提醒你。如果有助理的話，便把責任交給他們，然後輪到他們寫便條紙、行事曆，或輸入手機和電腦上的提醒程式來提醒自己要提醒你。

為什麼要把這個提醒的責任交給其他人，而不把交給有關的事物本身？如果我要記得拿一本書給同事，我會把書放在出門前不可能看不到的地方，例如說靠在前門上，所以我出門一定會看到，再不然就會被書絆倒。或者我可以把車鑰匙放在書上，所以當我開車出門時會提醒自己帶著書，我總不能開車不帶鑰匙。（更好的是，把鑰匙放在書底下，否

則我還是可能抓著鑰匙就走了。）

提醒分為兩個部分：信號和訊息。就像一個動作，我們可以區分「知道做什麼」，和「知道怎麼做」。對提醒這件事，我們必須區分信號（知道要記住某件事）和訊息（知道這是件什麼事）。常用的提醒方法通常只提供其中的一部分。著名的「在手指上綁條繩子」的提醒方式只提供信號，並不提示這是件什麼事。給自己寫張條子，只提供訊息的部分，並不提醒你該看看這張便條。理想的提醒方式有兩個組成部分：有一個信號告訴你該記得某件事，和一個訊息告訴你那是件什麼事。

提醒的信號必須發生在正確的時間和地點，如果發生得過早或過晚，這提醒有跟沒有是一樣的。如果在正確的時間和位置上，它的提示足以提供有效的知識，幫助你回想起該記住的訊息。利用時間的提醒可以很有效，例如手機發出的鈴聲提醒我幾分鐘後有下一個約會。利用位置的提醒也可以很有效，提示事情該發生的地方。這些知識都可以存在於周遭的世界，存在我們的科技產品裡。

對及時提醒的需求創造了大量的產品，使我們更容易把知識存在周遭的世界：定時器、日記本、行事曆等等。這類應用在電子產品上如手機、平板電腦或電腦上的普及，證明這樣的需求是重要的。然而，令人驚訝的是在這個到處都有螢幕的時代，紙仍然是非常受歡迎和有效的工具，我們仍然普遍使用紙張形式的行事曆和便條。

提醒的方法和工具數量之多，也表示我們的確需要輔助記憶的方式，而沒有任何一種方式或產品是完全令人滿意的。如果其中一種產品能滿足所有的需求，我們就不會同時用這麼多種。比較無效的方式會逐漸消失，而新的方式會不斷發明。

外界知識和腦內知識之間的比較

在外界知識和腦內知識，對我們日常生活的運作都是很重要的，但在某種程度上，我們可以選擇要依賴一方或另外一方多一點。這樣的選擇需要一個權衡比較，因為依賴外界知識，意味著失去腦內知識的優勢（表 3.1）。

外界知識能提醒它自身的存在，可以幫助我們想起會忘掉的事情。腦內知識是有效率的，因為不需要尋找或詮釋環境裡的線索。它的代價是腦內知識必須要能夠儲存和檢索，因而需要相當程度的學習。存在外界的知識不需要事先學習，但也可能難以辨識。它同時也非常依賴持續不變的環境。環境一旦改變，這些知識可能就不見了。外界知識有效的程度決定於環境的穩定性。

正如我們剛才討論的，外界知識與腦內知識不同的提醒方式提供了一個很好的範例，說明兩者之間的相對優劣。外界知識是容易取得的，它能提醒自身的存在。除非更動，否則它會一直在那裡，等待我們利用。這就是為什麼我們會仔細安排我們的辦公室和工作場所。我們會將整疊的文件放在容易看到的地方，或者如果我們喜歡一張乾淨的辦公桌，就會把文件放在固定的位置，而且提醒自己（腦中的知識）經常查看這些地方。我們會使用時鐘、行事曆和便條。在腦中的知識是短暫的：現在記得，一會兒就忘了。我們不能指望在特定的時間想到特定的事情，除非它是由一些外部的事件（例如提醒）所觸發，或刻意經由不斷重複記住它。要記得：「看不到，就想不到。」

當我們開始減少物理性的輔助，例如印刷書籍、雜誌、便條紙、日曆，許多我們現在依賴的外界知識將轉移到螢幕上。但是除非螢幕始終

顯示所有的資料，否則我們還是會有記憶的負擔。雖然我們不需要記住
這些資料的所有細節，但是我們必須記住它的存在，而且必須在適當的
時間，重新呈現在螢幕上提醒我們或讓我們使用。

表 3.1 外界知識和腦內知識之間的比較

依賴外界知識	依賴腦內知識
感知而得的，當下就能容易取得資訊。	仍然留在工作記憶中的資訊是現成可用的，否則的話可能需要檢索的時間和精神。
用解讀代替學習。外界的知識是否容易解讀，取決於設計者的能力。	可能需要相當程度的學習。如果資料有合理的結構，或者有良好概念模型的協助，學習會比較容易。
會因為需要搜尋和解讀知識而減緩。	可以非常有效率，尤其是過度學習之後形成的自動化歷程。
在第一次用到時，很容易使用。	在第一次用到時，並不容易使用。
可能呈現方式不美觀，尤其是資料量大的時候，可能導致雜亂無章，所以視覺設計和工業設計會扮演重要的角色。	沒有需要呈現的東西，所以設計的自由度很大，可以有看起來簡約的外觀，但是第一次使用時，要付出學習和記憶的成本作為代價。

多人或多元裝置裡的記憶

如果外界知識可以和腦內知識相結合以提高記憶的功能，為什麼不
運用存在於多個頭腦裡的知識，或多個裝置內的知識？

　　大多數人都經驗過好幾個人一起回憶的好處。你跟一群朋友試著想起一部電影，或者一家餐廳的名字。你想不起來，但是其他人也幫著想。例如下面的對話：

> 「那個新的、賣烤肉的地方──」
>
> 「哦，第五街上的韓國烤肉？」
>
> 「不，不是韓國。是南美的，嗯──」
>
> 「噢！巴西烤肉！它叫什麼名字來著？」
>
> 「對！那一家！」
>
> 「潘帕斯什麼來著的。」
>
> 「潘帕斯奇異，嗯，潘帕斯奇里，嗯──」
>
> 「奇拉斯卡利亞。對！潘帕斯‧奇拉斯卡利亞！」

　　有幾個人參與？幾個人都有可能，但是重點是每個人都加入了一點知識，慢慢縮小了選擇的範圍，最後回想起某件大家都無法獨自想出來的事。哈佛大學的心理學教授韋格納（Daniel Wegner）稱之為「交互記憶」（transactive memory）。

　　我們往往求助於科技性輔助來回答這些問題，例如立刻抓起我們的智慧型手機開始上網搜尋。當我們從尋求其他人的幫助轉化成尋求科技的協助時，基本原理是一樣的。韋格納稱之為我們的「網路腦」（cybermind）。「網路腦」不見得能立刻給你答案，但可以產生足夠的線索，使我們得以形成一個答案。科技即使可以提供一個答案，但往往埋在一堆可能的答案裡，所以我們必須用自己的知識或是朋友的知識，確定哪一個答案才是正確的。

　　如果我們過分依賴外在的知識，包括存在環境裡的知識、朋友的知識，或科技產品提供的知識，會發生什麼事？第一，沒有所謂「過分依賴」這件事情。我們越能使用這些資源，我們的表現會更好。外界知識是一種增強智能的強大工具。第二，外界的知識往往會有錯誤：看看網路上的資訊有多不可靠，以及維基百科（Wikipedia）的條目引起的爭論就知道了。知識的來源不重要，要緊的是如何用它得到最後的結果。

　　我在從前的一本書《心科技》（*Things That Make Us Smart*，中譯本時報出版）裡面強調，科技與人的結合，才能創造強大的人類。科技並沒有使我們變得更聰明，人也不會讓科技變得更聰明。是人和工具兩者的結合，才能變得聰明，才是強大的組合。另一方面，如果我們突然失去了這些科技，在許多方面會變得不那麼聰明。

　　沒有計算機，很多人不會做算術。沒有導航系統，即使在自己住的城市裡，人們也可能找不到路。拿掉手機或電腦裡的電話簿，人們可能不知道該怎麼連絡朋友（以我來說，我連自己的電話號碼都不記得）。沒有鍵盤，我不能寫書。沒有自動校正，我連拼字都拼不對。

　　這一切意味著什麼？這是好事還是壞事？這不是一個新的現象。沒有天然氣和電力服務，我們可能會餓死；沒有房子和衣服，我們可能會凍死。我們依賴商店、交通運輸和政府服務為我們提供生活的必需要件。這是壞事嗎？

　　科技與人的合作關係使我們更聰明、更強，能夠在現代的世界裡生活得更好。我們已經變得依賴科技，沒有科技無法生活。在生活各個領域裡的科技，像住家、服裝、冷暖氣、食品烹飪及儲藏、交通運輸等等方面，這樣的依賴在今天比以往任何時代都來得重要。現在對科技依賴的範圍已經擴及資訊服務：通訊、新聞、娛樂、教育和社會性互動。當

這些科技發揮功用時，我們是消息靈通的、舒服的、有效率的、聰明的。當這些科技出了狀況，我們不能正常運作。這種對科技的依賴是伴隨文明而來的，歷史悠久，但是隨著科技的進步，這種影響涵蓋了越來越多的人類活動。

自然對應

對應性是第 1 章的主題之一，也是外界知識和腦中知識相結合的好例子。你是否曾經轉錯瓦斯爐的開關？你可能會認為，正確開關瓦斯爐是件容易的事。一個簡單的旋轉開關可以點著爐火，控制火力大小，可以關掉爐火。這件事看起來這麼簡單，當犯錯時（而且這種錯誤比想像中更頻繁出現），人們會埋怨自己：「我怎麼會這麼笨？連這麼簡單的事都會出錯？」其實這不是件那麼簡單的事，也不是他們的錯。即便是日常廚房用的瓦斯爐，也常常因糟糕的設計，而保證一定出錯。

大部分的爐子只有四個爐頭和相對應的四個控制開關。為什麼記住四件事情有這麼難？

原則上，開關和爐頭之間的關係應該是很容易記住的。然而，實際上這幾乎不可能。為什麼呢？因為開關和爐頭之間的不良對應。圖 3.2 描述了四個爐頭和開關之間的可能對應方式。圖 3.2A 和 3.2B 顯示為什麼一維的開關排列不應該對應二維的爐頭安排。圖 3.2C 和 D 則顯示兩種妥善的方式：將開關也安排成二維的方式（如圖 C）或錯開爐頭（如圖 D）使它們能成為從左至右的順序。

更糟糕的是，爐具的製造商無法彼此同意該用什麼樣的對應。如果

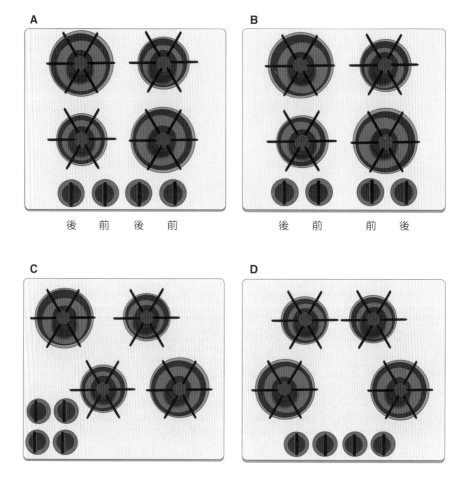

後　前　後　前　　　　　　後　前　前　後

圖 3.2　瓦斯爐的開關和爐頭的對應性。如圖 A 和圖 B 所示，傳統的瓦斯爐爐頭的安排是一個方形，而爐頭的開關則排成一直線。通常這種安排有部分的自然對應：左邊的兩個開關控制左側的兩個爐頭，右邊的兩個開關控制右側的兩個爐頭。即便如此，開關和爐頭還是有四種可能的對應方式，而這四種在市面上都找得到。唯一能弄清楚的方式是看開關上的標示。但是如果開關也排成一個方形（如圖 C），或者爐頭交錯排開（如圖 D），就不需要標示了。學起來會很容易，操作錯誤也會減少。

所有的爐子用同樣的安排，即使它的對應不自然，每個人只要學一次就好。如圖 3.2 的說明指出，即使爐具製造商知道要把左右邊的爐頭和開關分開，還是有四種可能的組合方式，而這四種方式在市面上都有。有的爐子把開關安排成一條垂直線，可能的對應又更多了。每一個爐子似乎都不一樣，即使是同一個牌子的不同爐子也不相同。難怪人們會有麻煩，開錯了爐子，食物沒煮熟，而在最壞的情況下甚至導致火災。

自然的對應是指控制的方式和被控制的對象之間有顯而易見的關係。根據情況，自然對應可以藉由空間的安排產生。以下有三個級別的對應性，每一個對應方式對記憶的輔助程度依次遞減：

- 最佳的對應：控制器直接安裝在被控制的對象上。

- 次佳的對應：控制器和被控制的對象盡可能接近。

- 不錯的對應：控制器和被控制的對象，依照相同的空間分配予以排列。

在最佳和次佳的對應情況下，對應的方式的確是清晰明確的。

想知道自然對應的好例子？觀察一下感應式的水龍頭，洗手液感應器，或自動乾手機。在擦手紙巾的感應器前揮揮手，擦手紙就跑出來，或把手伸進吹風式乾手機，它會自動開始送風。請注意，雖然這些設備的對應是適切的，也不是沒有問題。首先，它們的設計往往缺乏指意，因此缺乏可發現性。因為是感應式的，所以沒有看得到的控制。有時候水流了一下又停了，所以我們會上下移動我們的手，想找到一個準確的位置讓水一直流。當我的手在擦手紙的機器前揮動卻拿不到紙巾，我不知道是機器壞了、紙巾沒了，還是我的手擺錯位置。或者這部機器不是

感應式的，所以我應該要推個什麼、拉個什麼，或轉個什麼東西。指意的缺乏是一個真正的缺點。這些設備並不完美，但是至少它們的對應是正確的。

在控制瓦斯爐的問題上，顯然不可能把控制的開關直接裝在爐頭上。在大多數情況下，把開關直接裝在爐頭旁邊也很危險，不只是因為怕會燙到使用者，而且也會干擾炊具的放置。瓦斯爐的開關通常位於側面、背部，或者前面的面板上。在這種情況下，它們應該用空間對應的方式，和將爐頭和開關的位置相對安排，如圖 3.2 中的 C 跟 D。

有了良好的自然對應，爐頭和控制開關之間的關係有完整的使用局限，人類記憶的負荷會大大減少。反之，不良的對應會增加記憶的負荷，會讓人花更多的精神，出錯的機率也更高。沒有良好的對應，沒用過這個爐子的人無法確定哪一個開關控制哪一個爐頭，甚至常用的人也還是會偶爾犯錯。

為什麼瓦斯爐的設計堅持將爐頭安排成二維的方形，而開關卻是一直線？我們知道這是個多麼糟糕的安排，大概已經有一個世紀了。有些爐子上有聰明的示意圖來表示哪一個開關控制哪一個爐頭，有時候有文字標示。但是適當的自然對應不需要示意圖，不需要標示，也不需要說明書。

奇怪的是，就爐具設計的例子來說，這不是件很困難的事。人體工學、人因工程、心理學和工業工程的教科書已經討論這個問題和解決方式有五十多年了。有些爐具廠商會使用好的設計，奇怪的是，有時最好和最差的設計是由同一家公司製造的，並且在他們的產品目錄裡排在一起。為什麼使用者仍然購買這麼麻煩的爐具？為什麼不抵制不良的設計，拒絕購買這種產品，直到開關和爐頭之間有一個合理的關係？

　　爐子的問題看似微不足道，但類似的對應問題到處都有，包括商業和工業環境中因為按鈕、轉盤或把手的選擇錯誤，導致重大的經濟影響，甚至傷亡。

　　在工業環境中，良好的對應性有特殊的重要性，不管是一架遙控駕駛的飛機，一部操作員在安全距離外操縱的大型建築吊車，或是一輛普通的汽車：在高速行駛時或擁擠的街道中，駕駛可能希望調整溫度或車窗。在這些情況下，最好的控制通常是使用空間的對應。在大部分的車子裡我們都能看到這種適當的設計，讓駕駛能利用空間的對應性操縱每一扇車窗。

　　易用性在購買過程中常被忽略。除非在一個實際的環境裡，用平常使用的習慣測試好幾種機型，否則你可能不會注意到使用的難易程度。如果你只是看看東西，只要看來不複雜，一連串的功能似乎是個優點。你可能沒有意識到買回去之後會弄不清楚該怎麼用這些功能。我勸你在購買產品之前模擬試用一下，例如購買新的爐具之前，在店裡假裝你正在做飯。不要怕犯錯或怕問很笨的問題。請記住，如果你有任何問題，很可能是設計的錯，不是你的錯。

　　一個常見的障礙是買方往往不是使用者。家裡的電器可能是在搬進去之前就裝好了。在辦公室裡，採購部門的決定可能根據價格、與供應商的關係或者是耐用程度，產品的易用性是很少考慮的。即使當買方就是使用者時，我們也會衡量一下想要的功能和不想要的功能。以我家的爐子為例，雖然我們不滿意開關的安排，但我們還是買了，我們為了另外一個對我們更重要的功能而放棄了爐子開關的設計。但是我們為什麼被逼著做這種取捨？教所有爐子的製造商使用自然對應不是件那麼困難的事，或者至少請他們都使用一致的對應規範。

文化與設計：自然對應會隨文化而改變

我在亞洲做了一場演講。我的電腦連到了投影機上，主辦單位給了我一個遙控器，用來操作演講的投影片。這個遙控器有兩個按鈕，一個在上，一個在下。頭一頁已經顯示在屏幕上，所以我一開始只需要前進到投影片的下一頁。但是當我按上面的按鈕時，我很驚訝地發現我的投影片向後退，不向前進。

「怎麼會這樣？」我想。對我來說，上面代表前進，下面代表後退。這個對應是明確的。如果按鈕是左右並排，那麼控制方法是模糊的：應該向左還是向右？這個遙控器恰當地使用了上下的對應。可是為什麼它剛好相反？它是設計不良的又一例證嗎？

我決定問問觀眾。我拿這個遙控器給他們看，問他們：「要看下一張圖片，我應該按哪一個按鈕，上面或下面？」他們的反應讓我又感到驚訝了：觀眾分成了兩半。許多人和我一樣，認為應該按是上面的按鈕，但是也有許多人認為應該按下面的按鈕。

哪一個答案是正確的？我決定問世界各地的觀眾。我發現他們的觀點也分成兩半。有些人堅信它絕對應該是上面的按鈕，另外一些人用同樣堅強的信念，堅持應該是下面的按鈕。每個人都驚訝地發現有許多人的想法和自己相反。

我對此一直感到困惑，直到我意識到這是看事情角度的問題，和不同文化對時間的觀點非常相似。在某些文化中，時間的心理表徵像一條向前伸展的路，而人經歷時間的變化，就像沿著這條線向前。其他文化也使用相同的代表方式，不同的是，在他們的觀點中，人是固定的，而時間是流動的。一個未來的事件向人移動，而不是人向這個事件移動。

這正是發生在這個遙控器上的問題。是的，上端按鈕的確造成某樣東西向前進，但問題在於，前進的是什麼？有些人認為人會前進到下一張投影片，其他人認為投影片會移動。認為人會前進的觀眾會希望用上面的按鈕來放下一張投影片；認為投影片會移動的觀眾會按下面的按鈕，因為投影片會向他們移動。

某些文化用垂直的線代表時間：往上是未來，向下是過去。其他文化則有相當不同的看法。例如說，未來是前面還是後面？對跟我有相似文化背景的人來說，這個問題根本不用問：未來當然是在我們面前，過去在我們的背後。我們在語言中也表達這種觀點，例如我們向未來「前進」，或「把一切留在腦後」。

但為什麼不能把過去放在前面，把未來放在後面？這聽起來很奇怪嗎？為什麼呢？我們可以清楚地看到前方，但是看不到後面，就像我們能記得過去發生了什麼事，但我們不能記得未來。不僅如此，比起遙遠的過去，我們可以清楚地記得最近發生的事，這和視覺的譬喻完全相符：過去的事件在面前排列，剛發生的事件離我們最近，所以我們能看得（記得）很清楚，過去的事件距離我們很遠，所以看得（記得）很模糊。聽起來仍然不可思議嗎？這是南美印第安人的一個部落，艾馬拉人（Aymara）表徵時間的方式。當他們說到未來，他們使用「後日」（back day）這個詞語，而且往往在背後做手勢。仔細想想，它也是一個完全合乎邏輯的世界觀。

如果時間是一條水平線，那麼它是從左至右，或從右到左？兩個答案都對，因為這個選擇是沒什麼道理的，就像文字是從左向右或從右向左一樣。文字方向的選擇，也符合文化裡時間流向的偏好。母語是阿拉伯語或希伯來語的人，時間是從右向左（未來在左邊），而使用從左到

右的書寫系統的文化，時間也朝同一個方向流動，因此未來是在右邊。

但是別急，我還沒說完。時間的移動是相對於人，還是相對於環境？在一些澳洲原住民社會裡，時間是相對於環境而改變的，而且基於日出和日落的方向。給這些原住民一組不同時間點的照片（例如說，同一個人在不同年齡拍的照片），並要求他們依時間加以排序。文明社會的人會將照片左右排列，最近的照片排在最左邊或最右邊，看這個人的文化裡文字書寫的方向而決定。但是，這些澳洲原住民會將照片從東到西排，最近的照片在西邊。如果人坐北朝南，照片就會從左到右。如果人面朝北，這些照片會從右到左排。如果人面向西方，照片會從身體沿垂直線向外延伸，最外面是最近期的照片。依此類推，面向東邊的人也會把照片從身體開始排成一直線，但是最近期的照片會最接近身體[9]。

文化裡比喻（metaphor）的選擇決定了什麼是正確的互動設計。類似的問題出現在其他設計領域。考慮一下在電腦螢幕上文字上下捲動的問題。捲動的控制應該移動文字還是移動視窗？在現代電腦系統的發展之前，早期終端機螢幕的設計有過一場激烈的爭論。最後雙方同意文字游標（以及後來的滑鼠游標）的上下移動代表視窗移動的方向，而不是文字移動的方向。游標和文字朝相反方向移動：這意味在螢幕底部有更多的文字，向下移動游標，視窗也向下移動，而文字向上捲動。如果游標是文字方向的比喻，游標和文字向同一個方向移動：按往上的方向鍵，則文字也向上移動。在過去的二十年裡，想要使文字向上捲動，每一個人都把游標和滾動條向下拉。

然後觸控操作的智慧螢幕登場了。現在，我們很自然地用手指碰觸文字，將它向上，向下，向右或向左直接拉動，文字則跟著手指的方向移動。移動文字的比喻變得很普遍。事實上，它不再被認為是一個比喻

，因為這是直接的操弄。但是隨著人們在傳統電腦介面和觸控螢幕之間來回切換，兩個比喻搞得很混淆。因此，作為主要的電腦和智慧螢幕的製造商，蘋果公司將所有的觸控介面（包括觸控滑鼠和觸控板）改成文字移動方式，但是沒有其他公司跟進。在寫這個章節時，這種混淆仍然存在。它將如何結束？我的預測是視窗移動的比喻會消失，觸控式的螢幕和控制面板將佔據主導地位，導致文字移動模式成為唯一的方式。所有系統都會將讓螢幕中的影像隨著手指或控制器移動的方向移動。預測技術發展比預測人的行為（或者說，約定俗成的習慣）來得容易。這個預測會實現嗎？請自行判斷。

　　類似的問題也發生在飛行員所用的飛行姿態儀（attitude indicator）。姿態儀顯示飛機的平衡狀態，如左右水平（roll or bank）和前後水平（pitch）。姿態儀的顯示器用一條水平線來表示地平線，上面有一個從飛機後方看到的飛機圖示。如果翅膀是平的，而且和顯示器的水平線重疊，表示飛機是朝水平方向飛行。假設飛機向左轉、向左傾斜，顯示器應該如何呈現？應該顯示一條固定的地平線和一架向左傾斜的飛機，還是一架固定的飛機和一條向右邊傾斜的地平線？如果有人從後面看著這架飛機，前者的觀點是正確的，因為地平線始終是水平的。這種類型被稱為「外而內」（outside-in）顯示法。後者從飛行員的角度來看是正確的，因為飛機對飛行員而言永遠是固定的。飛機向左轉時，坐在飛機裡看，是地平線偏了。這種類型的顯示被稱為「內而外」（inside-out）。

　　在這些情況下，每一個觀點都是正確的。一切取決於你認為是什麼在移動。對設計而言這又有什麼意義？什麼是自然的，取決於你看的角度和選擇用什麼比喻，因此這是一個文化的問題。設計上的困難發生於比喻和相對觀點轉換的時候。飛行員必須經過培訓和考試之後，才被允

許從一組飛行的儀器（例如說，由外而內的比喻設計）切換到另一組飛行的儀器（由內而外的比喻設計）。當一個國家決定改變汽車該靠哪一邊行駛，過渡期的混亂是很危險的。（大部分做過這種改變的地區由靠左側換成靠右側，但有少數地區，特別是沖繩島，薩摩亞群島和東帝汶，是由靠右側換成靠左側行駛）。在這些更改慣例的情況下，人們最後還是能適應的。打破慣例和更改設計比喻是有可能的，但直到人們能適應新的系統，一定要經過一段混亂的時期。

■註釋

1 譯註：高盧雄雞（Gallic rooster 或 Coq gaulois）及瑪麗安（Marianne）是法國精神的代表。高盧雄雞代表法國的主權、歷史、領土和文化。瑪麗安則象徵法國人的理性和對自由的熱愛。

2 根據原來的研究數據，當這兩個問題分開問的時候，答對的比例只有 0% 到 4% 之間。一旦合在一起問，答對的比例是百分之百。

3 譯註：原文中誤將卡西姆稱為阿里巴巴的小舅子，經作者要求在譯本中予以更正。

4 譯註：原文為 the white hats and the black.，White hat，白帽子，在電腦駭客的術語中指的是為善意理由侵入系統的駭客，例如測試系統安全的專家。Black hat，黑帽子，指的是因惡意或圖利的理由非法侵入系統的駭客。

5 譯註：在此照心理學常用的譯法稱為「複誦」，但並非所有重複訊息歷程都是以唸讀為主。

6 不同的記憶術和心理學中有關短期記憶、工作記憶及長期記憶的討論，在網上都很容易找到。這方面的著作可以參見哈佛大學心理學教授沙克特（Daniel Schacter）所寫的《記憶七罪》（*The Seven Sins of Memory*，中譯本大塊文化出版）。

7 譯註：佐伯胖（Yutaka Sayeki），認知心理學家，東京大學名譽教授。「胖」是他的名字，不是指體型。

8 出自懷海德《數學導論》（*An Introduction to Mathematics*）第 5 章。

9 譯註：有關文化和設計之間的密切關係，作者受到原史丹福教授博洛迪斯基（Lera Boroditsky）的影響。她所寫的〈語言如何建構時間〉（How Languages Construct Time），網上可以找到 pdf 版本。

4

知道該做什麼：
局限、可發現性和回饋

Knowing What to Do: Constraints, Discoverability, and Feedback

　　如果我們以前從來沒見過這樣東西，怎麼知道如何操作？除了應用腦中和外界的知識，我們別無選擇。外界知識包括能看到的預設用途、指意、控制方式和行動之間的對應關係，以及限制我們行為選擇的物理性局限。腦中知識包括概念模型，文化、意義和邏輯對行為的局限，以及當下的狀況和過去類似經驗之間的類比關係。第 3 章專門討論我們如何獲得及使用知識，主要強調的是腦中知識。本章的重點是外界知識：設計者如何提供關鍵性的訊息，使人們在遇到陌生的裝置或情況時，能夠知道該怎麼辦。

　　我們以拼一部樂高（Lego）玩具摩托車為例說明。圖 4.1 所示的樂高玩具摩托車有 15 個零件，某些看起來相當特別。在 15 個零件裡，只有兩對零件很類似：兩個長方形的牌子，上面印著「警察」，以及騎士的兩隻手。其他的零件大小和形狀彼此相合，但是顏色不同。有好幾個零件似乎可以互換，可見物理性的局限還不足以決定它們的位置，但是作為摩托車的組件，每一個零件的角色是很明確的。利用文化、意義、邏輯與物理局限的結合，我們不需要任何說明或協助，就能把玩具摩托車拼起來。

　　事實上，我做過實驗。我要求人們把零件拼起來，即使他們從來沒見過成品，事先也不知道這是一輛摩托車（雖然他們很快就猜到了），從來沒有人拼不出來。

　　每一個零件上看得到的預設用途決定怎麼將它們拼起來。樂高積木圓柱和洞孔的特點提示拼裝的基本規則，零件的大小和形狀提示它們的操作方法，物理性局限限制了哪些部分能夠裝在一起，文化和意義的局限提供有力的線索，將可能的選擇縮減到最少；如果只剩一個零件又只有一個地方可以裝，簡單的邏輯決定了它該裝在哪裡。這四種局限：物

A   B

圖 4.1　樂高玩具摩托車。上圖顯示樂高玩具摩托車組裝前（B）和組裝後（A）的樣子。這組玩具有 15 個構造巧妙的零件，它的設計利用局限來決定零件怎麼拼在一起。物理性的局限限制了組裝位置的選擇，而文化和意義的局限進一步提供必要的線索。例如說，文化局限決定了三個不同顏色的燈（紅色、藍色和黃色）該裝在哪裡，意義局限讓你裝的時候不至於將頭朝著背後，或把標有「警察」的牌子上下顛倒。

理、文化、意義和邏輯局限似乎普遍存在，出現在各種各樣的情況下。

　　局限是強有力的提示，限制了能採取的行動。即使是在一個陌生的情境裡，在設計上融入考慮周詳的使用局限，能讓人立即了解及選擇適當的行動。

四種常見的局限：
物理、文化、意義和邏輯

物理性的局限

　　物理性的局限限制了可能的操作方式。例如說，一根大木栓不可能塞進一個小洞。樂高玩具摩托車的擋風玻璃只能裝在一個地方，在其他地方裝不上去。物理局限的好處是靠物理性質來提示東西的操作，而不

 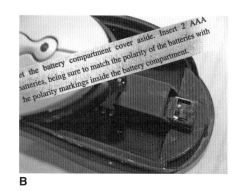

A   **B**

圖 4.2　圓柱形乾電池需要物理局限。圖 A 顯示傳統圓柱形乾電池，必須要依照正確的方向放入槽中才能正常使用。但是看看圖 B 顯示的，安裝電池的凹槽及使用手冊中的說明。看起來似乎很簡單，但你在黑色凹槽裡能看清楚每顆電池的正負極端子該朝哪一邊嗎？不能。凹槽裡的刻字是黑色的，背景也是黑的。

需要特別的說明。如果物理局限應用得當，應該能縮減行動的可能性，或至少讓可以採取的行動變得非常明顯。

　　如果物理局限容易辨識及理解，它會變得更有效，因為在做任何嘗試之前，合理的選擇已經一目了然。否則，物理局限雖然能防止錯誤的結果，但是必須要經過嘗試，才能知道哪些結果是錯誤的。

　　如圖 4.2A 所示，傳統的圓柱形乾電池缺乏足夠的物理局限。它可以朝兩種方向放入電池凹槽內，其中一種方向是不正確的，甚至可能會把電器弄壞。圖 4.2B 顯示，正負極的正確位置是很重要的，但電池凹槽內模糊不清的指示使人很難確定電池的正確方向。

　　為什麼不設計一種不可能放錯的電池，用物理局限讓電池只能朝正確的方向放入？或者是重新設計電池的接點和線路，使它朝哪一個方向都無所謂？

　　圖 4.3 中是一顆兩個方向都能用的乾電池。電池的兩端是相同的，中心是正極端子，而外面一圈是負極端子。在電池槽裡的接頭經過設計，正極的接點只接觸中心的正極端子。同樣地，負極的接點只接觸外環

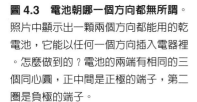

圖 4.3　電池朝哪一個方向都無所謂。
照片中顯示出一顆兩個方向都能用的乾電池，它能以任何一個方向插入電器裡。怎麼做到的？電池的兩端有相同的三個同心圓，正中間是正極的端子，第二圈是負極的端子。

的負極端子。雖然這個方式似乎解決了問題，但我只看過一個例子：這種電池並未廣泛使用。

　　另一種方法是重新設計電池的接點，使現有的圓柱形乾電池以任何方向插入都可以用。微軟已經發明了這種稱為 InstaLoad[1] 的接點，並試圖說服電器製造商使用它。

　　第三種方法是設計電池的形狀，讓它只能朝其中一個方向裝進去。大多數插入式的組件在這一點上都設計得不錯，會使用形狀、楔口和凹凸來限制插入的方向。那麼，為什麼日常用的電池不能這樣做？

　　為什麼這種不良設計存在了這麼久？這就是所謂的「遺留問題」（legacy problem），在這本書中它會出現好幾次。太多設備使用既有的標準，這就是一種既有狀態遺留下來的障礙。如果對乾電池的設計進行改變，連帶也要對數量龐大的產品進行重大改變。新電池不能在舊產品內使用，新產品也不能用舊電池。微軟的新設計使我們能夠繼續使用相同的電池，但是新產品必須換成新的接點。在微軟推出 InstaLoad 設計三年之後的今天，儘管評論極佳，我還是沒看到任何產品使用它，包括微軟自己的產品。

　　鎖和鑰匙的設計遭遇到類似的問題。雖然一把鑰匙平的上邊和鋸齒狀的下邊很容易區分，但光看鎖的插入孔是看不出方向的，尤其是在黑暗的環境裡更弄不清楚。許多電氣插座和電子接頭有同樣的問題，雖然它們會用物理局限來防止不當插入，在插入之前往往看不清楚方向是否

正確，尤其是當接頭和插座位於燈光昏暗、難以觀察的地方。有些設備，像 USB 接頭，雖然有物理局限，但是差別如此細微，你總是要試了才知道是不是插對方向。為什麼不把這些設備設計成怎麼插都行得通？

設計這樣的鑰匙和插頭並不難。不管插哪一個方向都無所謂的汽車鑰匙存在已久，但並非所有的車廠都使用。同樣地，許多電氣插座不分方向，不過只有少數幾個廠商在製造。為什麼抗拒這樣的設計？一部分是擔心改變既有設計會導致巨額的成本，但是大部分似乎是來自一種典型的企業思考：「我們一直是這麼做的，幹麼替客戶想那麼多？」固然插入鑰匙、電池或插頭的困難並沒有嚴重到影響購買決定，但是忽視客戶這麼簡單的需求，通常表示後頭有更大問題，會產生更嚴重的影響。

需要注意的是，出色的解決方法不是重新設計鑰匙，而是從根本上解決需求的問題。畢竟，我們並不真的那麼在乎鑰匙和鎖，我們在乎的是只有經過授權的人，才可以接觸到鎖後面被保護的東西。與其重新設計鑰匙的形狀，不如根本不用鑰匙。一旦認識到這一點，就有許許多多的解決方法可以考慮。組合號碼鎖，或不需要鑰匙的電子鎖，例如用磁性條碼或無線感應的門卡，用識別證在靠近門的時候自動開門，或者是可以留在口袋或皮包裡的汽車鑰匙。生物識別裝置可以識別人的臉孔、語音、指紋或其他生理記號（如虹膜的紋路）。這些方式在第 3 章中已討論過。

文化的局限

每一種文化都有一套各種場合裡的行為規範。因為如此，在我們習慣的文化裡，我們知道在一間餐廳（即使是一間從來沒有去過的餐廳）

裡該如何行為，也知道在參加派對時，即使是在一個陌生的地方面對一群陌生人，我們該如何應付。如果我們所處的地方是另一個文化裡的餐廳或一群來自不同文化的陌生人，我們有時會感到挫折，不知道該怎麼辦，因為我們習慣的行為方式可能不恰當。文化差異是人面臨陌生機器時的根本問題，因為沒有普遍的慣例或規範教我們怎麼跟它們打交道。

研究這類問題的人認為，文化行為的準則以基模（schema）這種知識結構的方式存在於腦中。基模中包含如何詮釋情境，以及指導行為的規則和資訊。在某些常見的情況下（例如在一間餐廳裡），基模可能是非常仔細的。認知科學家先克（Roger Schank）和亞伯森（Bob Abelson）認為，在這些情況下，我們會依照「腳本」（script）來引導行為的順序。社會學家高夫曼（Irving Goffman）稱文化局限為被認可的行為參考架構。他同時指出，即使在一個新的情境或陌生的文化裡，這些既有的架構還是會支配行為。一個人如果故意違反文化的規範，可能會面臨危機[2]。

下一次你搭乘電梯時，試著違反文化規範，看看會讓自己和旁邊的人多不舒服。你不需要做太多，在電梯門口面向裡面站著就好，或者直勾勾地看著一些乘客。在公車或捷運裡，起身讓座給身體看起來很壯的人。如果你是個老人、孕婦或殘障者，效果更是顯著[3]。

在圖 4.1，樂高玩具摩托車的例子裡，即使三個車燈之間並沒有物理局限，位置可以互換，但文化的局限決定了它們的位置。紅燈是文化定義下的煞車燈，所以裝在後面。警用車輛經常在車頂有一個閃爍的藍燈。至於黃色的燈，這是一個文化變遷的有趣例子：今天很少有人記得在歐洲和其他地區（樂高玩具來自丹麥），黃色曾經是標準的前車燈顏色。今天，歐洲和北美的標準是白光的前車燈，因此要猜出黃燈應該裝

在前面，不像以前那麼容易。文化局限是會隨著時間而改變的。

意義的局限

　　語義學（semantics，或譯為語意學）是研究意義的學問，意義的局限（semantic constraint）[4] 是指依情境中的意義來限制行動。再以玩具摩托車為例，騎車的人只有一個地方可坐，而且臉必須面向前方。擋風玻璃的目的是為了保護騎士的臉，所以必須裝在騎士的前方。意義的局限來自我們對類似情境和外在世界的知識，這些知識可以成為強大而重要的線索。但正如文化局限可以隨時間而改變，意義的局限也是如此。

　　極限運動（extreme sports）改變了我們的認知中所謂「有意義」和「明智」的界限。新技術改變事物的含義，富創造力的人不斷改變我們如何與科技互動的方式。當汽車完全自動化，能透過無線網路彼此連絡，汽車後頭的煞車燈又有什麼意義？警告後方來車它煞車了？但那又是給誰看的？如果汽車能彼此溝通，後方來車早就知道了。煞車燈將變得毫無意義，因此可以拿掉，或重新定義為其他的意義。今天代表某一種意義的東西，未來可能有其他的含義。

邏輯的局限

　　樂高玩具摩托車的藍燈點出了一個特殊的問題。很多人沒有相關的知識，但是當所有其他的零件都裝上了摩托車，只剩下一塊，而只有一個地方能裝，藍燈的去處則有了邏輯的局限。

　　在自己家裡修東西的人經常使用邏輯的局限。假設你拆開一個漏水

的水龍頭，換了一個墊圈，但是當你把水龍頭裝回去，你發現多了一個零件。哎呀！某個地方顯然裝錯了，這個零件應該不會多出來。這就是一個邏輯局限的例子。

第 3 章提到的自然對應是基於邏輯局限的原則。這中間沒有物理或文化的原則，但有一個開關和燈光之間的空間分布關係。如果兩個開關控制兩盞燈，左邊的開關應該控制左邊的燈，右邊的開關則控制右邊的燈。如果燈和開關的空間分布不同，自然對應就被破壞了。

文化規範、約定俗成和標準化

每一種文化都有自己的習俗。和別人見面時，你是握手還是親吻？如果是親吻，該親哪一邊的臉頰，親多少次？是飛吻，還是一個真正的吻？或者見面時必須低頭鞠躬，比較年輕的人先低頭，鞠的躬也比較低一點。或者是舉手打招呼，合手為禮？互相聞聞對方？如果在網路上搜尋不同的文化使用的問候方式，可以花上很多時間，而且一點都不無聊。當你看到來自比較拘謹、冷漠的國家的人，第一次碰上從很熱情的國家來的人，那是十分有趣的事。這一方試著鞠躬握手，另一方不由分說地擁抱親吻。被擁抱親吻的人也許不覺得那麼有趣，被拒絕擁抱的人也許心裡不太舒服。如果親對方的面頰三次（左邊，右邊，左邊），而對方心裡以為只會親一次，他會怎麼反應？或者更尷尬的是，他本來只期望跟你握個手！違反文化習俗，可以完全搞砸彼此的互動。

約定俗成的習慣，事實上是一種規範行為的文化局限。一些習慣決定應該做什麼樣的行動，另一些禁止或阻止某些行動。如果你對這種文化有所認識，這些習慣對特定情況下的行為選擇提供強有力的局限。

　　有些時候，這些約定俗成的習慣會被付諸文字，編纂成國際標準和法律。很早以前，不管路上走的是馬車或是汽車，交通頻繁的街道屢屢出現塞車或事故。久而久之便形成了規範，大家都靠一邊走，而靠哪一邊則依不同的國家而有不同的約定。十字路口碰上了，誰先走？第一個到的人嗎？左邊讓右邊？還是社會地位最高的人先走？這些規範在歷史上都出現過。今天，全球性的標準可適用於許多交通狀況：車子靠一邊走，第一部到路口的車子有優先權，如果兩車同一時間到達，右邊（如果是靠右行駛的國家）的車優先。合併車道時，兩條車道的車輪流進入車道。最後一條規則是一個不成文的規矩，不屬於我所知道的任何交通規則。雖然在我所住的加州，大家都遵守這條規矩，在世界上的某些地方看起來可能很奇怪。

　　有時候規矩之間會彼此牴觸。在墨西哥，如果兩車從相反方向接近一條單線道的窄橋，其中一部先閃大燈，那表示「我先來的，我先過橋。」如果在英國，閃燈表示「我看到你了，請你先走。」兩種信號都行得通，都很有用，但是兩名司機要依照相同的規矩才行。想像一名墨西哥的司機在另一個國家碰上了一名英國來的司機，會發生什麼事？（請注意：駕駛專家警告，不應該使用閃車燈來打信號，因為即使在同一個國家，這兩種解釋都有許多駕駛相信，而他們也料想不到別人會有相反的解釋。）

　　你曾經在一個很正式的晚宴上，因為整排的十幾種餐具而感到尷尬嗎？你會怎麼做？你將面前的那一碗水喝了，還是用它來洗你的手指？你會用手拿雞腿或披薩吃，還是用刀叉？

　　這個問題重不重要？當然很重要。違反這些規矩，你就被視為一個外人。一個不懂規矩、粗魯的外人。

應用於日常事物的預設用途、指意和局限

預設用途、指意、對應性和局限能簡化我們對許多的日常事物的處理。不能在設計中正確地部署這些線索，會導致問題。

門的難題

在第 1 章中，我提到我那可憐的朋友，只因為那些門上沒有任何操作的線索，結果被困在郵局玻璃門裡的故事。要操作一扇門，我們必須找到是哪一邊開，以及該推或拉哪一個地方。換句話說，我們需要弄清楚可以做什麼，以及在哪裡做。我們希望能找到一些明顯的操作信號，一個指意：一塊金屬板、一個把手、一個凹口，讓手可以推、拉、摸、抓、轉動或伸進去。這個信號告訴我們在哪裡採取行動。下一步是要弄清楚怎麼辦：這一部分靠指意，一部分靠局限，我們才能弄清楚哪些操作是可行的。

門的種類繁多，多到令人吃驚。有些門要按個按鈕才能開，有些門完全不告訴你該怎麼開，既沒有按鈕，沒有金屬配件，也沒有任何標誌說明。門可能要用腳踩一個踏板來開，或用語音操作，要開門我們必須講通關密語（「芝麻開門！」）此外，還有一些門上有標誌：拉、推、滑開、抬起、旋轉、請按鈴、插卡、輸入密碼。如果一個像門這麼簡單的裝置都需要標示告訴你該怎麼做，那麼它就是失敗的、不當的設計。

一扇沒有鎖的門，不需要有任何移動零件。它只要有個門把、一塊板子，或一個凹槽。這些配件不僅讓門能順利操作，還能指明該如何進行操作。這些清晰明確的線索就是指意。假設這扇門應該被推開，最簡

單的表示方式，就是在該推的地方加一塊金屬板。

這塊金屬板能清楚無誤地表明適當的動作和操作的位置，因為它們的預設用途限制了你能對它們採取的行動：你只能推，不能做其他事。還記得第 2 章裡所提到的防火門和恐慌把手嗎？（見圖 2.5）恐慌把手是明確的指意一個很好的例子，因為它有寬大平坦的表面，而且往往某些部分會加上不同的顏色，成為一個「往這邊推」的清楚指示。當驚慌失措的人靠在門上，它很有效地排除了不當的行為。設計良好的恐慌把手提供清晰可見的預設用途和指意，所以能夠用簡單的方式告訴你該**怎麼**做，在**哪裡**做。

有些門有妥善安置的配件，現代的汽車門外把手就是極好的例子。把手部分的車身往往是向內凹陷的，這個設計同時指示行動的方式和位置。水平的開口導引手指到一個拉動把手的準備姿勢；如果車門左右滑動，垂直的開口則導引手指到一個左右拉動的準備位置。奇怪的是，車門裡面的把手則設計得沒那麼好。設計師面臨著一種不同類型的問題，而且還沒找到合適的解決方法。因此，雖然外面的把手往往很好開，裡面的把手卻往往找不到、搞不清楚怎麼用，或是開起來不順手。

在我的經驗裡，最糟糕的是櫃子的門。有時候人甚至於不能確定門在哪裡，更不用說是該如何滑動、抬起、推開或拉開了。對美觀的過分重視往往讓設計者（及消費者）忽略了易用性上的缺陷。一個特別令人挫折的設計，是向內推才能向外彈開的門。向內推，會鬆掉裡面勾住門的勾子，而且壓住一個彈簧。手一放開，這個彈簧就把門彈開。這是一種非常巧妙的設計，但是對於沒見過的人來說有點困惑。加一小塊金屬板會是個適當的信號，但設計者不希望破壞門的光滑表面。我家有一個櫥櫃的玻璃門用的就是這種彈簧。因為是玻璃門，人看得出裡面沒有空

間可以推進去，所以壓根兒想不到推門這件事。沒見過的人，會想辦法用指甲、餐刀，或更異想天開的方法把門撬開。另外一個有悖常理的例子，是我在倫敦的旅館裡遇到過的洗手槽，想放髒水還必須再弄髒手（見圖 1.4）。

外觀是會騙人的。我曾經看過有人開門時跌倒了，因為他們試圖推開一扇自動門的時候，門自己向內開了。在大部分的地鐵或捷運上，車門在靠站時會自動打開，但在巴黎不是，我曾經看到有人在巴黎地鐵上下不了車。列車到了他要下車的那一站，他站起身來，耐心地站在車門前等它自己開，而它一直沒開，地鐵很快地再次啟動前往下一站。在巴黎地鐵中，你必須自己打開車門，比如說按一個按鈕，按下一根桿子，或把車門滑開之類的，看你是在哪一類型的車廂裡。在一些公共運輸系統裡，乘客要自己開門，但在其他系統裡這是被禁止的。經常旅行的人不斷地面臨這種挑戰：即使情況似乎完全相同，在一個地方適當的行為在另一個地方是不合適的。已知的文化規範可以讓人舒適與和諧，未知的規範可能會導致不適和混亂。

開關的難題

當我演講的時候，我的第一個示範通常不需要任何準備，我總是可以賭禮堂或演講廳的燈光不知道該怎麼開。我說：「請開燈！」然後看著會場的人摸索過來，摸索過去，搞不清該怎麼調整燈光。誰知道開關在哪裡，以及它們控制哪些燈光？燈光似乎只有當專業技師在位於某處的控制室裡坐鎮的時候，才能順利開關。

在演講廳裡的燈光開關問題很煩人，但類似問題在工業界可能很危

險。在許多控制室中，櫛比鱗次卻看起來很相似的開關，對操作員是很大的挑戰。他們如何避免偶爾發生的錯誤、混亂或意外？很難。幸運的是，工業程序通常很複雜，偶爾發生的小錯誤「通常」不會釀成大禍。

在一種很受歡迎的小飛機上有兩個外表相同的開關並排在一起，分別控制襟翼和起落架。你可能想不到有多少飛行員，當飛機還停在地面時，因為想提高襟翼，結果收回了起落架。這個非常昂貴的錯誤經常發生，以至於美國國家運輸安全委員會發表了一份相關的報告。分析師很客氣地指出，用來避免錯誤的設計原則，五十年前就知道了，為什麼這些設計錯誤今天仍然存在？

基本的開關和控制器，設計起來很簡單，但是有兩個根本的困難。第一是要確定它們控制什麼類型的裝置，例如說是控制襟翼或起落架。第二個是在第 1 章和第 3 章中廣泛討論的對應性問題。當有很多燈光和一整排開關的時候，怎麼決定哪一個開關控制哪一盞燈？

只有在開關的數目很多時，問題才會變得嚴重。只有一個開關，不會有問題。有兩個開關，它也只是個小問題。但是同一排有兩個以上的開關，困難度會迅速增加。這種狀況大多發生在辦公室、禮堂和工廠，甚至於住家。

即使裝了一大堆燈光和開關，燈光的調整還是很難適應情況的需要。當我講課的時候，我需要把燈光調暗，投影片才看得清楚。但是我又希望有點兒光線，聽課的人才能做筆記（而且我才能觀察他們聽課的反應）。這種細微的控制是很難做得到的。一般的電工大概沒學過作業分析（task analysis）。

這是誰的錯？大概不是任何人的錯。把責任推給某個人，通常不公平也不太有幫助，這一點我在第 5 章會詳加討論。這可能是許多燈光相

圖 4.4　難以理解的燈光開關。像這樣一整排的開關在家中並不罕見。除非燈光的排列也是這樣一整排，否則開關和燈之間的對應性並不明顯。我家曾經有這類的面板，即使在那房子裡住了好幾年，我永遠記不住開關的順序，所以我乾脆把所有的開關都開了（朝上）或都關了（朝下）。我怎麼解決這個問題呢？請見圖 4.5。

關專業之間的協調問題。

　　我曾經住在加州德爾馬（Del Mar）的山崖上，一棟由兩位新銳建築師設計的房子裡。房子的格局和廣闊的窗戶提供了面向太平洋的壯闊景觀，也證明了建築師的功力。他們喜歡整潔、現代化的設計，喜歡到成為一種問題。在房子裡面有一排排整齊的燈光開關：玄關有四個相同的開關一字排開，客廳有垂直縱列的六個相同開關。每當我們抱怨不曉得該怎麼用，建築師向我們保證：「你一定會習慣的。」我們從沒習慣過。圖 4.4 顯示一排八個開關，是我在一戶人家看到的，誰能夠記住每一個開關做什麼？我在德爾馬的家最多只有六個，已經是夠頭痛的了。

　　複雜又令人費解的設計最主要的問題，是人跟系統之間缺乏清楚的溝通。一個可用的設計從對任務（task）的仔細觀察開始，然後才進入設計過程，產生一個能實際執行這個任務的方式。這種方法的名稱就是前面提到的**作業分析**。整個過程是所謂的**人本設計**，在第 6 章中會詳加討論。

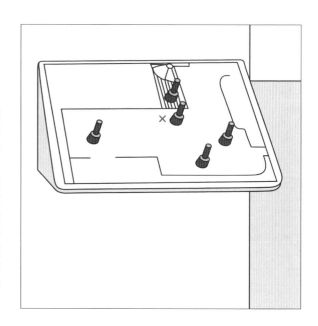

圖 4.5　燈光和開關的自然對應。這個圖說明五個開關怎麼對應客廳裡的燈。我把撥動開關放在一個平面圖上，對應於客廳、陽臺、走道的燈具位置。面板上的 X 表示面板所在的地點。面板是傾斜的，讓它更容易和房子的布局相對照。傾斜的面板同時提供一個自然的反向預設用途，防止有人把咖啡和飲料放在上面。

　　要解決我在德爾馬的房子裡的問題，需要第 3 章中描述的自然對應。如果將牆壁上的六個開關排成一條直線，它們永遠不能自然地對應到平面分布的燈具在天花板上的位置。為什麼要把開關貼在牆上？為什麼不把開關放在一個水平的平面上，用二維的分布圖來表示它們控制的燈具所在的位置？

　　自然對應的原理是燈具的分布應該對應開關的分布。你可以在圖 4.5 中看到重新設計的結果。我們在客廳的牆上裝了一個這個空間的平面圖，圖上裝了開關，每個開關位於它所控制的區域。這塊面板輕微的傾斜，所以可以很容易地看到明確的對應；如果面板是貼牆安裝的，對應仍然會含糊不清。面板是傾斜而不是水平，以防止人（我們自己或客人）把東西（例如茶杯）放在上頭，這是個反向預設用途的例子。（我們進一步將第六個開關移動到完全不同的地方，使得操作更明確。）

　　製作這個空間對應的開關面板，發生許多額外的困難：因為沒有現

成的零件，我不得不僱用技術人員來訂作一個掛在牆上的盒子，以及安裝特殊的零件。一般建築商和電工用的是標準化的材料，今天電工用的電氣盒子是長方形的，可以用來裝一長排開關，也可以平放或垂直地貼著牆面安裝。為了要做這個設計，我們需要在牆上掛一個和地板平行的面板，然後將開關裝在上面。因為一般的開關太大了，理想的設計是用袖珍型的開關，例如低電壓的開關，用它來控制另一組變壓器，間接控制燈具。開關盒應該有一個基體的支撐，所以開關可以裝在平面圖上的任何地方，不受開關盒結構的限制。開關和燈具也許可以用無線控制，而不是透過傳統的住宅家用電線。這個面板上應該有些小孔給特殊設計的小開關用，再加上一個在蓋子上安放平面圖的辦法。

我的設計要讓開關盒子從牆上伸出來，而不是像今天的電氣盒子，使開關貼在牆面。但是這個新的開關面板也不見得要伸出牆面，它們可以放置在牆上縮進去的開口裡。如果牆的厚度足以容納今天的電氣盒，就有空間容納這個面板。

補充一下：在本書第一版問世後的十年內，這個自然對應的章節，和設計這種開關的好處及困難收到不少迴響。然而，市面上還是沒有零件來讓一般人輕易地實現這些想法。我曾經試圖說服幫我製作圖 4.5 中這些設備的公司採用這個主意。「為什麼不製造一些零件，使人們能更容易做到這件事？」我向公司的執行長建議。我的提議沒被採納。

有一天，我們會擺脫電線接的開關，因為它需要過多的電線，增加房屋建設的成本和困難，而裝潢時重新牽線路非常困難耗時。替代的會是以網路或無線訊號溝通的開關。用這種方式，開關可以放在任何地方，輕易就能重新設置或移動。我們可以用好幾個裝置控制同一個電器，例如手機或其他遙控裝備。如果我能以手機從世界上任何地方調節家裡

的冷暖氣，為什麼在家裡不能做同樣的事？一些必要的技術今天確實存在，但是只有一些特殊的建商會使用。要到各大廠商開始生產這些必要的組件，傳統的電工也能用得習慣，它們才能開始普及。有一天，自然對應原則的開關會是一種標準，安裝也會變得容易。那一天一定會來，只是大概還需要相當長的時間。

可惜的是，就如同許多事情的變化，新技術將同時帶來好處及缺點。未來的開關很可能會透過觸控螢幕控制，使得開關和被控制的功能有優秀的自然對應，但是會缺乏舊開關的物理性預設用途。如果雙手是閒著的，觸控螢幕是不錯。但是如果你進了一個房間，手上抱著包裹或端著兩杯咖啡，觸控螢幕不能用手臂或手肘來操作。也許到時候我們需要能辨識手勢的攝影機。

以活動為中心的控制

空間對應的開關不一定是最理想的。在許多情況下，最好是用活動來控制開關，也就是以活動為中心的控制（activity-centered control）。許多學校和公司的禮堂用電腦控制不同設定，開關上寫著「影像」、「電腦」、「全開」、「演講」之類的活動標示。如果設計得好，經過對人類活動的仔細分析，這些設定和活動內容的對應可以做得很好。放映影像需要暗一點的禮堂，以及對音量和播放動作的控制。電腦投影需要一個黑暗的銀幕區域，投影片才會清楚，而觀眾席上需要足夠的光線，讓觀眾可以做筆記。演講需要一些舞臺燈光，觀眾才能看到主講人。以活動為中心的控制在理論上是很好的，但這種做法很難做得正確。如果設計得不好，會有些麻煩。

一個類似但是錯誤的做法是以設備為中心，而非以活動為中心。如果以設備為中心，在不同的畫面控制燈光、音響、電腦或影像設備，這表示主講者要切到一個畫面調整燈光，另一個畫面調整聲音，又另一個畫面來控制放映。在這些畫面之間來回，對演講是一種嚴重的干擾。以活動為中心的控制可以預期這方面的需求，並把燈光，聲音，投影放在同一個地方來控制。

有一次，我曾經使用以活動為中心的設計，放了一些照片給觀眾看。開始進行得還算順利，直到有人問了一個問題。我停下來回答這個問題，但是我想先提高室內的照明，這樣我才能看到觀眾。結果這件事做不到，因為放影像的設定把燈光的亮度固定在一個很暗的設定上。當我試圖增加亮度，這個動作關掉了「影像」的設置，所以燈光是亮了，但是投影機關了，銀幕也升到天花板上去了。以活動為中心的設計困難，在於無法處理特殊狀況，或任何在設計過程中沒考慮到的情況。

如果所有的活動都是仔細選擇過的，而且符合實際需要，以活動為中心的控制是個適當的設計途徑。但是即使在這些情況下，手動的控制仍然是必須的，因為總是會有一些意想不到的理由，需要一些暫時的調整。如前面的例子裡顯示的，手動控制不應完全取消當前的活動模式。

強制適當行為的局限

強制性機能

強制性機能是物理局限的一種形式：如果一個階段的操作沒有成功

，下一個步驟的行動就不能發生，藉此來限制人能採取的行動。啟動汽車就與強制性機能有關：駕駛必須有某些東西代表他有開這部車子的權限。以往這種代表權限的東西是車鑰匙，可以用來開車門、開啟車子的電氣系統，以及發動引擎。

現今的汽車有很多其他的方式來驗證權限。有些車仍需要一把鑰匙，但是鑰匙可以留在自己的口袋或皮包裡。越來越多車子不需要鑰匙，而代之以卡片、手機或其他能提供車子認證的物理性表記（token）。只要持卡或拿著鑰匙的人是合法的使用者就行了。電動車或混合動力車並不需要鑰匙發動引擎，但是要經過同樣的程序：駕駛還是必須用某個東西證明自己的合法使用資格。沒有這樣的許可認證，車子無法啟動，所以這是一種強制性機能。

強制性機能是局限的極端狀態，可以防止不恰當的行為。不是每一種情況都要有這樣的嚴格局限，但是強制機能的原則可以擴展到很多種情況。在工業安全的領域裡，強制機能以非常多的形式出現，尤其是預防事故的特別程序或方法。三個這類方法的例子是互鎖（interlocks），鎖入（lock-ins），和對外封鎖（lockouts）。

互鎖

互鎖的強制機能確定操作必須遵循正確的順序。微波爐或其他內部有高電壓的設備會使用互鎖機能，以防止有人在通電的情況下開門或拆卸設備。在門被打開或機體背部被拆卸的瞬間，互鎖機制立刻截斷電源。在自動變速的汽車裡，除非駕駛先踩住汽車的煞車，否則排檔是無法離開「停車」的位置的；一定要先踩煞車，才能換檔開動車輛。

互鎖的另一種形式是像火車、割草機、電鋸等各種設備用到的失知制動裝置（dead man's switch）。在英國，它被稱為「駕駛員的安全裝置」。許多這樣的互鎖裝置強制操作員在操作時握住一個彈簧式的開關，所以當操作員死亡或失去控制，開關會被放開而停止設備的運行，藉以防止設備失控。因為一些操作員用繩子綁住開關，或在腳踏板上放置一個重物來規避這樣的機制，後來發展出各種方法來確定操作員是不是真的活著和保持警醒。有些機制需要操作員保持不輕不重的壓力，有些需要反覆握緊和放開把手，有些要求操作員回應不定時的查詢。這些互鎖裝置的目的，是在操作員失去控制的情形下，防止嚴重的事故。

鎖入

鎖入如同字面上的意義，像是牢房或嬰兒床的圍欄，防止一個人離開某個區域。鎖入機制用來防止有人過早或不小心停止正在進行的運作。標準的鎖入機制可見於許多電腦程式，用來防止使用者忘了存檔而丟失工作成果。當你企圖退出應用程式時，螢幕上會出現一個訊息詢問你是不是真的想要退出（圖 4.6），以及要不要存檔。這個鎖入機制非常

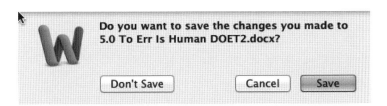

圖 4.6　鎖入的強制機能。這個鎖入的設計強迫使用者要先決定要不要存檔，否則很難退出程序。請注意，這個界面很有禮貌地將所有能採取的行動包含在訊息的對話框中。

有效，我甚至用它來作為我退出程式的標準方式。與其先存檔再退出，我就是直接退出程式，因為我知道它會給我一個簡單的存檔方法。一個本來只是提供錯誤訊息的對話框，已經成為完成另外一個目的的快捷方式。

有些公司企圖鎖入它們的顧客，讓所有該公司的產品彼此密切融合，但是故意與競爭者的產品不相容。於是從這家公司購買的音樂、影視或電子書可以在這家公司的裝置上播放，但在其他廠牌的類似設備上無法使用。這個鎖入的目標是將設計作為一種商業策略：同一個廠牌產品之間的一致性，使得一旦學到了這個系統的顧客，會留在這個系統裡，不會輕易離開。轉換到不同公司的系統所產生的混亂，進一步防止客戶更換系統。到最後，因為這樣的不方便，不得不使用多個系統的人輸了。事實上，除了產品能獨占市場的公司之外，大家都輸了。

對外封鎖

鎖入的機制把人留在一個空間裡，或在必要的操作完成以前，阻止不適當的退出行動。反之，對外封鎖的機制防止有人進入危險的空間，或阻止意外事件的發生。對外封鎖的一個很好的例子可見於美國公共建築的樓梯（如圖 4.7）。在發生火警的情況下，人們會倉皇失措，順著樓梯往下逃生。他們不停地下樓下樓下樓，直到錯過了一樓，逃進了地下室，然後在那裡他們會被火困住而喪生。解決的方案是不允許人輕易地從一樓進到地下室。換句話說，把逃生的人鎖在地下室外面。

對外封鎖的使用，通常是基於安全保護的理由。例如保護嬰幼兒用的櫥櫃安全鎖，插座上的蓋子，以及藥瓶瓶蓋的設計。滅火器上的安全

圖 4.7 消防梯的對外封鎖機能。這個放置在消防梯一樓的門，防止人們逃離火災時，會慌不擇路衝入地下室。在地下室他們反而會被困住。

插梢是另外一個例子，要先拔掉插梢，滅火器才能用；插梢的對外封鎖功能可以防止滅火器意外噴放。

對正常的使用目的來說，強制性機能是一種干擾，結果是許多人會故意規避強制機能，因而抵消了它的安全價值。聰明的設計者必須將強制性機能的不便減到最低，同時保留它防止意外的安全價值。圖 4.7 中的門是一種聰明的妥協：提供足夠的障礙，使人們意識到他們到了一樓，但是這個障礙並不影響平日地下室與一樓之間的來回走動。

其他的裝置也使用強制性機能。在一些公共場合的廁所裡，在廁所的隔間牆有一個能往下拉的置物架，平常是用一個彈簧固定在牆上的。你進入廁所，把它拉下來，可以把東西放在上面，而東西的重量讓置物架保持平放。這個置物架的設計具有一種強制性機能。當置物架放下來，它的位置會完全擋住門，所以要離開時，你必須記得拿你的東西，然後置物架會彈回去，門才能打開。這種設計很聰明。

約定俗成的習慣、局限和預設用途

在第 1 章中，我們學到了預設用途、感知的預設用途和指意之間的區別。預設用途指的是潛在性的互動可能性，但這種可能性必須要容易被發現，成為感知的預設用途。指意的目的是指出這些預設用途，使人們能夠確定該採取的行動。但一個人要如何從感知的預設用途了解到該做什麼？在許多情況下，要靠約定俗成的習慣作為媒介。

門把的形狀，有「可以握住」的感知預設功能。但是知道握住之後可以用來開門和關門這件事，是學習而知的。如果門上面裝了一根棍子或一個鐵環，這個棍子或鐵環在文化層面的意義指出，它們的目的是用來開門和關門的。同樣的東西裝在牆壁上會有不同的解釋，例如它們可能會用來吊東西，但肯定不會是用來開牆的。對感知預設用途的解釋是一種文化中裡約定俗成的習慣。

約定俗成是一種文化性的局限

約定俗成的慣例，是一種特殊的文化局限。例如說吃東西的方式，不同的文化用不同的餐具：有的文化用手指和麵包作為餐具，有的使用精緻的食器。這種差異在人類行為的各方面都看得到，從穿的衣服，到我們對待長者、平輩和年幼者的方式，甚至人進入或離開一個房間的順序。在一種文化裡被認為是正確適當的方式，在另一個文化裡可能被認為是不禮貌的。

雖然慣例在陌生的情況下提供寶貴的指引，它們的存在也可以使新的變化難以接受。讓我們來看看聰明電梯的故事。

當慣例改變時：「聰明電梯」的例子

> 操作一般的電梯似乎簡單到不用腦筋。進電梯，按個鈕，電梯會
> 往上或往下，然後出電梯。然而對於這個簡單的互動方式，我們
> 看到太多令人好奇的不同設計。我們不禁要問：這些新設計的理
> 由是什麼？（**Portigal & Norvaisas, 2011**）

　　這段文字來自兩位專業設計者。他們因為新的電梯控制方式而感到
憤怒，所以寫了一整篇文章控訴這樣的改變。

　　新電梯到底犯了哪一條？它是不是一種真的非常糟糕的設計，或者
如作者所說的，是一個對既有系統畫蛇添足的更動？原因是這樣子的：
作者遇到了一個新的設計規範，名為「以目標樓層控制的電梯」。（譯
註：為求方便，暫時稱之為「聰明」電梯。）許多人（包括我）認為它
優於我們習慣用的舊式電梯。它的主要缺點是它和既有的電梯不一樣，
違反了舊有的習慣，而違反約定俗成的習慣可以令人非常不爽。在此，
我們很快回顧一下電梯的歷史。

　　所謂「現代」的電梯在十九世紀後期首次被安裝在建築物內。那時
的電梯裡有一名操作員，負責控制電梯的速度和方向，停在適當的樓層
讓人進出，以及開門和關門。搭乘電梯的人進入電梯，和操作員打個招
呼，告訴他要去哪一層樓，然後操作員負責把人送到。電梯自動化之後
，雖然沒有操作員，我們還是遵照相同的習慣。人會先進電梯，然後以
按鍵的方式告訴電梯要去哪一層樓。

　　這是一種效率非常低的方法。大多數人大概都經歷過這樣的情形：
電梯裡擠滿了，每一個人似乎都想去不同的樓層，這表示電梯要停很多

站，去較高的樓層的人得花很多時間。一個用目標樓層控制的聰明電梯系統，會將乘客以想去的樓層分組，讓那些想去同一層樓的人搭乘同一部電梯，以分散電梯的負荷量，讓電梯達到最高效率。雖然這種分組只在有許多部電梯的高層建築裡才合理，許多大型旅館、辦公大樓及公寓大廈都用得上。

搭乘傳統的電梯，乘客站在電梯前，按鈕表示他們要往上還是往下。當向著乘客要去的方向移動的電梯到達時，他們進入電梯，在電梯內部的一排按鍵裡選擇想去的樓層。結果是五個乘客可能想去各自不同的樓層。聰明電梯的按鍵不在電梯裡面，而在等電梯的走廊上（圖 4.8A 和 B），電梯裡沒有按鍵。按了之後，系統會告訴人要搭乘哪一部電梯能最迅速地到達該樓層。因此，如果五個人想去不同的樓層，他們可能會被分配到五部不同的電梯。其結果是電梯不會停太多站，每個人到達目的地的速度會更快。即使你被分配到的電梯晚一點來，它到達目的地的速度還是會比早來的電梯快。

這種聰明電梯發明於 1985 年，但是第一部問世的聰明電梯直到 1990 年才由迅達公司（Schindler）推出。幾十年後的今天，它開始普遍出現在高樓大廈裡，因為建築公司發現聰明電梯為乘客提供更好的服務；或者說，用數目比較少的電梯就可以達到同樣的服務效果。

可怕的事發生了！正如圖 4.8D 所示，電梯內部沒有讓人指定樓層的按鍵。如果乘客改變主意，想到別的樓層該怎麼辦？（連本書的出版社編輯在讀到這一段時，也有相同的抱怨。）能怎麼辦？其實很簡單：你在最近的停靠樓層出電梯，到走廊的樓層控制面板重新指定要去哪一層樓就好了。

目標樓層
控制面板

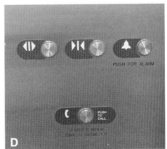

圖 4.8　目標樓層控制的聰明電梯。在聰明電梯系統中，想去的樓層是在電梯外的控制面板上指定的（圖 A 和圖 B）。輸入目標樓層後，顯示器會指示乘客搭乘相應的電梯，如圖 C 所示，「32」樓是已被輸入的目的地，而乘客應該搭乘「L」電梯（圖 A 中左邊第一部電梯）。在電梯內部沒有辦法指定樓層，電梯裡的控制只有開門，關門和警報器（如圖 D）。這是一個有效得多的設計，但讓習慣傳統電梯系統的人很困惑。（照片由作者提供）

人對改變習慣的反應

每當一種既有的產品或系統引進一種新方式的時候，人們不約而同開始反對和抱怨，因為它違反了慣例，使得他們需要學習新的方式。不管新系統有多少優點，都是一種改變，而改變令人苦惱。聰明電梯只是眾多例子中的一個。公制的測量系統提供了另一個有力的例證，說明人們要改變習慣有多麼困難。

不論從哪一個角度來看，公制的測量方式都優於英制，它合乎邏輯、簡單易學，計算起來也方便。今天，在法國人於 1790 年代發明公制的兩個世紀之後，世界上仍然有三個國家拒絕使用公制：賴比瑞亞、緬甸和美國。即使連英國都已經大部分換成公制，唯一剩下來堅持用舊系統的主要國家是美國。為什麼美國人還不肯改？這個改變對美國人來說太麻煩，而且購買新工具和測量設備的投資成本似乎也很高。事實上，學習的困難絕對沒有聲稱的那麼複雜，而且成本也不會真的那麼高，因為公制系統已經廣泛使用，即使在美國也有很多人用。

設計上的一致性是件好事，這意味著在一個系統中吸取的經驗很容易應用在其他的系統上。就整體而言，是應當遵循一致性的。如果一種新的方式只比舊有的方式好上一點，最好還是保持一致。但是如果真的要變，每一個人都得跟著改，一個混雜的系統會讓大家都很混淆。當一種新方式的優點遠遠超過舊方式，那麼改變的好處遠大於改變的困難。不同，不見得就不好。如果我們只守住既有的方法，我們將永遠無法進步。

水龍頭：一個設計個案的歷史

你也許很難相信每天使用的水龍頭會需要一本說明書。我在英國謝菲爾德（Sheffield）的英國心理學學會看過一本。與會者住在宿舍裡，每個人都拿到一本提供資訊的小冊子：教堂在哪裡，什麼時候提供餐點，郵局的位置，以及如何使用水龍頭。「使用洗手盆的水龍頭時，請輕輕向下壓。」

輪到我在會議上發言時，我向觀眾問到那些水龍頭。有多少人無法順利使用？觀眾席上傳來禮貌、含蓄的笑聲。有多少人試著轉動把手？一大群人舉手。有多少人最後必須找人幫忙？幾個誠實的人舉起手來。隨後，一名女子告訴我，她完全放棄了，到處找人告訴她該怎麼開。一個簡單的洗手盆，一個似乎很簡單的水龍頭，但是它看起來好像應該用轉的，而不是用壓的。如果你希望水龍頭是用壓的，應該讓它看起來像是用壓的。（不用說，這和第 1 章中的旅館洗手槽裡的擋水蓋是類似的問題。）

為什麼像水龍頭這種簡單、標準的日常物品，會這麼難用？使用水龍頭的人只關心兩件事情：水的溫度和流量。而水經由兩條管子進入水龍頭：冷水和熱水。人對溫度及流量的要求，和水龍頭的物理結構之間有著潛在的衝突。

有幾種設計方法可以處理這個問題：

- **控制熱水和冷水**：兩個開關，一個熱水、一個冷水。
- **只控制溫度**：只有一個開關，流量是固定的。如果轉動開關，水會以固定的流量流出，而水的溫度由開關的位置決定。

- **只控制流量**：只有一個開關，溫度是固定的，而水的流量由開關的位置決定。
- **開／關**：一個開關控制水流是開還是關，溫度和流量都是固定的。感應式的水龍頭就是這麼操作的，水的流動隨著手的位置開始或結束。
- **分別控制溫度和流量**：使用兩個分開的開關，一個控制水的溫度，另一個控制流量。
- **用一個開關控制溫度和流量**：用一個整合的開關，向一個方向移動控制溫度，朝另一個方向移動控制流量。

如果有兩個開關，一個管熱水、一個管冷水，則會產生四個對應的問題：

- 哪一個開關管熱水，哪一個管冷水？
- 你如何改變溫度，而不會影響到流量？
- 你如何改變流量，而不致改變溫度？
- 轉哪一個方向會增加流量？

透過文化習慣或局限能解決對應性的問題。全世界通用的慣例是左邊的水龍頭管熱水，右邊管冷水。另外一個普遍的慣例是，順時針旋轉可以鎖緊螺絲，逆時針是鬆開螺絲。轉水龍頭也是一樣：順時針轉動會關緊它，逆時針轉動會打開它。

不幸的是，這種局限並不完全成立。我問過的英國人大多數不認為左邊熱水，右邊冷水是慣例。它在英國有太多例外，所以不能算是慣例

，這種慣例在美國也不完全一致。我曾經碰到過垂直安裝的兩個開關，哪一個控制熱水？是上面還是下面？

如果兩個水龍頭的開關是圓形的旋轉把手，順時針旋轉其中任何一個把手應該減少流量。但是如果水龍頭的把手像一把刀或一根桿子，那麼人們就不認為自己是在旋轉把手了：他們認為自己是推或拉那根桿子。為了保持一致性，將任何一根桿子拉向自己都應該提高流量，即使這表示左邊的水龍頭會逆時針轉，而右邊的水龍頭會順時針轉。雖然旋轉方向不一致，但是人們覺得推和拉的方向應該是一致的，因為這是他們的行動概念。

唉，有時聰明人都聰明過了頭。一些善意的設計者認為應該犧牲一致性來配合他們私有品牌的獨特心理學。這些準心理學家說，人的身體有左右鏡像（mirror）對稱的特質，所以如果左手順時針方向轉動，右手當然應該逆時針轉動。當心你的水電工或建築師可能會幫你裝一組浴室的水龍頭，冷水和熱水旋轉的方向不一樣。

當你滿頭洗髮精、肥皂水流過你的眼睛，一手抓著肥皂，摸索著用另一隻手調整水溫，保證你會摸錯水龍頭。如果水太冷了，你一轉之下，水可能變得更冷，也可能變得滾燙。

發明什麼鏡像對稱水龍頭的人，應該用自己的發明沖個澡試試看。平心而論，雖然這種說法有點道理，它的原理只有在兩隻手同時調整兩個水龍頭時才適用。當你不一定用哪一隻手控制哪一個水龍頭的時候，這個想法是行不通的，你不會記得做什麼事該轉一個方向。然而，這是可以糾正的：不用換水龍頭，換成像根桿子的把手就好了。重要的是對這件事的心理感知，也就是概念模型要一致，而不是物理上的一致性。

水龍頭的操作需要標準化，使得使用者的心理概念模型可以適用於

所有類型的水龍頭。傳統式的雙水龍頭冷熱水控制，應該遵照以下的標準說明：

・如果把手是圓的，改變流量的方式應該朝同一方向旋轉。
・如果把手是單柄的葉片或桿狀，兩個水龍頭都應該用推拉的方式改變流量（也就是說，水龍頭內部朝相反的方向旋轉）。

其他的設計當然也有。假設水龍頭是安裝在牆上，所以把手是繞著一個水平的軸心垂直旋轉，又該怎麼辦？答案和前面提到的兩種把手會不一樣嗎？這個問題留給本書的讀者作為練習。

至於評估的問題呢？大多數洗手槽的水龍頭，回饋來得迅速又直接，所以轉錯了邊是很容易發現和糾正的。評估行動的週期（見第 2 章）很容易就走完了，因此對錯誤操作的差異往往不會太在意。但是淋浴時就不同了，得到回饋時你可能已經被熱水或冷水嚇到。一般的浴室裡，水龍頭開關離浴缸很近，而離淋浴用的蓮蓬頭很遠，轉動水龍頭和水溫變化之間的延宕可能會相當久；我用馬錶量過一次，要到五秒鐘。這使得調整淋浴的水溫相當困難。水龍頭轉錯了邊，幾秒鐘之後你就在浴室裡燙得（或凍得）跳腳，然後發了瘋地將它往另一個方向轉，希望把溫度調回來。這個情況的問題來自流體流動的性質。水龍頭轉動之後，水需要花一定的時間才能流到蓮蓬頭，所以這個問題不容易解決，而設計不良讓這個問題更難應付。

現在，讓我們看看現代的單一開關水龍頭。真是科技拯救人類！這樣扳調節溫度，那樣扳調節水流。萬歲！我們用一個開關就能完全控制所有的變項，而混合調溫的蓮蓬頭也解決了評估的問題。

　　是的，這些新型的水龍頭很漂亮、優雅，能拿設計獎，但是不能用。它們解決了一個問題，然後製造了新的問題。現在出現的是對應性的問題，其困難在於缺乏標準化的控制，以及控制的方向：朝哪個方向移動可以控制什麼？有時候有一個圓形把手可以推進去或拉出來，然後順時針或逆時針方向轉。推拉是控制流量還是溫度？拉出來是表示水多，還是水少？是更冷，還是更熱？有時候，有一根桿子，可以左右移動或前後移動。同樣的，哪一個動作是控制流量或是溫度？單一開關的水龍頭看起來簡單，但仍然有四個對應問題：

- 順著什麼向度移動會調節水溫？
- 順著哪個向度，朝什麼方向移動會變得更熱？
- 順著什麼向度移動會調節流量？
- 順著哪個向度，朝什麼方向移動，水會流得更多？

　　為了看起來要優雅，該移動的部位有時候會自然地、「天衣無縫」地融入水龍頭的結構裡，讓人找不到，更不用說弄清楚該怎麼控制。再者，不同的水龍頭設計會使用不同的對應方式。單一控制器的水龍頭照理說應該是優秀的設計，因為它們的操作直接反映了想控制的心理變項。但是由於缺乏標準化，加上笨拙的設計（稱之為「笨拙」是一種厚道），它們使太多人感到挫折，往往討厭的人比讚美的人來得多。

　　浴室和廚房的水龍頭設計應該是很簡單的，但是太簡單也會違反許多設計原則，包括：

- 看得到的預設用途和指意。

- 可發現性。
- 立即的回饋。

最後，許多設計違反了「絕望時的最後原則」：

- 如果所有的辦法都行不通，起碼遵循同一個標準。

標準化的確是設計絕望之後的基本原則：如果沒有其他辦法能解決，起碼一切用同樣的方式解決，人們只需要學一次。如果所有的水龍頭廠商能同意用同一套調整流量和溫度的標準動作（例如上下控制流量，上代表增加，下代表減少，而左右控制溫度，左邊代表熱水），那麼我們只需要學習一次這套標準，之後在每一個新的水龍頭上都可以運用。

如果你不能把所需要的知識放在裝置上（亦即，讓它成為外界的知識），起碼制定一個文化局限：一種可以記在腦中的慣例。同時要記得水龍頭轉向的教訓，這種慣例要反映心中的概念模型，而不是實際上的物理機制。

標準化能簡化每個人的生活，但往往也會阻礙未來的發展。而且，如在第 6 章中會討論到，尋求兩者之間的妥協也是一種困難的掙扎。然而，當一切的嘗試都失敗了，標準化是唯一可行的方法。

使用聲音作為指意

不是所有的訊息都能用視覺的方式呈現，聲音能以非常獨特的方式

提供資訊。聲音可以告訴我們事物是否正常運行，或者它們需要保養或維修，聲音甚至能幫我們避免意外事故。思考下面這些聲音所提供的資訊：

・開門的時候，門鎖裡的門栓滑動的聲音。
・門關不緊的時候，發出尖細的吱吱聲。
・汽車的消音器破了一個洞時，發出來的轟隆聲。
・東西鬆了，發出來的喀嗒喀嗒聲。
・水滾了，燒水的水壺發出來的哨音。
・吸塵器塞住了，發出高頻率的聲音。
・複雜的機械出了問題，發出的聲音有一種很難形容的改變。

　　許多設備本來就會發出響聲；這些不是自然界的聲音，也沒有什麼隱藏的訊息。如果按一個按鈕，一個嗶聲向你表示按鈕按下去了，很清楚，但是也有點煩人。聲音應該指出引起聲音的來源，應該和正在發生的行動有關，而且提供使用者想知道的資訊。打一通電話的過程中會聽到的鈴聲、嗡嗡聲和喀嗒聲就是個好例子。拿掉這些聲音，你會不那麼確定電話正在接通。

　　真實、自然的聲音和視覺訊息同樣重要，因為聲音在我們的眼睛忙著看東西時，告訴我們那些無法看到的事情。自然發生的聲音能反映物體之間複雜的交互作用：物體接觸的聲音反映物體的材質，是空心還是實心，是金屬或是木材，是軟還是硬，是粗糙或是光滑。聲音還可以告訴我們物體在撞擊、滑動、破裂、撕裂、粉碎或反彈。有經驗的師傅光聽聲音就知道機器的狀況。如果我們能聰明地在設計中使用聲音豐富的

特質，細心地提供翔實、含蓄而不煩人的提示，設計出來的聲音可以跟現實世界中的聲音一樣有用。

設計聲音也是棘手的。聲音很有用處，也很容易令人分心或厭煩。第一次聽到覺得愉悅可愛的聲音，聽久了很容易變得煩人。聲音的優點之一是即使人的注意放在別的地方，還是會聽得到聲音。但這種優點也是個缺陷，因為聲音往往太擾人。除非音量很低或使用耳機，否則聲音很難保密，因為別人也能聽到。這意味你可能惹惱你的鄰居，或者別人可以監控你的活動。利用聲音來傳達資訊是一種強大和重要的概念，但其方法仍然處於起步的階段。

正如聲音的存在可以提供有關事件的回饋，聽不到聲音會導致缺乏回饋所引起的種種困難。聽不到聲音意味得不到相關的資訊；如果該有的回饋來自聲音，沉默無聲可能會引起問題。

沉默無聲的危險

那是德國慕尼黑一個愉快的六月天。我坐上一部車順著一條鄉村小路前進。路旁點綴著農地，時常看到有人在路邊散步，或是騎著自行車經過。我們把車停在路肩，加入了一群人，打量這條路兩端的盡頭。「好了，準備了，」有人告訴我：「閉上眼睛，仔細聽。」我照著做了。大約一分鐘後，我聽到了高頻率的嘶聲伴隨著低沉的嗡嗡聲：有一部車子接近了。當它開得更近，我可以聽到輪胎的聲音。車子開過去之後，我們睜開眼睛，有人問我對剛才的聲音有什麼想法。我們反反覆覆聽了無數次，每一次的聲音都不相同。這是在幹什麼？我們正在評估寶馬（BMW）新設計的電動車發出來的聲音。

　　電動車非常、非常安靜。它發出的聲音只來自輪胎、氣流，偶爾能聽到電動系統發出高頻的嘶聲。汽車愛好者真的非常喜歡無聲，行人則是可有可無，但盲人對此事非常憂心。畢竟，盲人要過馬路靠的是車輛的聲音，以此決定什麼時候可以安全地跨越馬路。對盲人來說重要，對過馬路會分心的尋常人也是如此。美國國家公路交通安全局指出，混合動力車或電動車比用內燃引擎的汽車更容易撞到行人。最危險的時候是它們緩緩前進的時候，幾乎完全無聲。一輛汽車的聲音，是它存在的重要指意。

　　為汽車添加聲音以提醒行人，不是一種新的想法。多年來，商用卡車和建築工程車在倒車時會發出嗶嗶的聲音。喇叭是法律規定要有的；雖然喇叭經常被用來發洩怒氣，但它的本意是讓駕駛在需要時，可以用來提醒行人和其他的車輛。而因為車輛在正常的狀況下太安靜，而必須添加持續性的聲響，則是一個新的挑戰。

　　你想要加什麼樣的聲音？一些盲人建議在輪胎蓋裡加一些小石頭，我覺得這是個很聰明的主意。輪胎蓋裡的小石頭會提供自然的提示，含義很豐富又很容易理解。停車時很安靜，車輪一開始轉動就發出聲音。然後，在低速的時候小石頭會持續刮著輪胎蓋，速度加快時會變成有規律的、劈劈啪啪的落石聲，速度越快，頻率越高。而真正高速的時候，由於離心力的關係，所有的小石頭都靠到了輪胎蓋的外圈，輪子會變得無聲。這是可以接受的，因為那個時候輪胎噪音就聽得到了。然而，當車輛發動了但不行進的時候沒有聲音，還是一個問題。

　　汽車製造商的行銷部門認為，添加人造的聲音是一個塑造品牌的好機會，所以每個汽車品牌都應該有自己獨特的聲音，來表達汽車品牌的個性。保時捷（Porsche）加了一個揚聲器，讓它設計中的電動車有跟

跑車一樣的「喉音很重的咆哮聲」。日產（Nissan）想讓他們的混合動力汽車聽起來像隻鳥在叫。一些製造商認為，所有的汽車的聲音聽起來應該一樣，有標準化的聲音和音量，使它更容易學習及分辨。一些盲人認為，它們聽起來應該就像部今天汽油引擎的車子。新技術必須先模仿舊技術，不是嗎？

實物模仿（Skeuomorphic，或稱擬物）是一個技術名詞，指的是把既有的、熟悉的特質放進新的技術產品裡，而這些特質不見得反映實際的功能。實物模仿的設計往往對傳統一點的人來說比較舒服，而事實上，科技的歷史也指出，新技術和新材料往往模仿舊技術，除了讓使用者比較習慣之外，沒有什麼別的理由。早期的汽車看起來像馬拉的車，只不過沒有馬，這也就是為什麼它們被稱為「沒馬的馬車」（horseless carriages）。早期的人造纖維看起來像毛線，電腦裡面的檔案夾長得像紙做的檔案夾，還包含貼標籤的部分。要克服對新事物的恐懼，方法之一是使它看起來像舊的事物。設計的純粹主義者譴責這種做法，但事實上，它能減緩由舊到新的過度改變。它讓人覺得舒適，使新的事物容易被學習接受。既有的概念模型只需要加以修改，而不用完全替換。到最後，全新的形式還是會完全取代舊的，但是實物模仿的設計可以幫人度過這個轉變。

在決定這些無聲的汽車該發出什麼聲音的時候，想要有所區別，塑造品牌的行銷部門占了上風，但是大家也一致認為，必須要有些標準。這個聲音應該能讓人知道那是部車子，以及它的位置、方向和速度。一旦汽車的速度夠快，就不需要這個聲音了，因為那時輪胎自然產生的噪音就足夠了。雖然各個廠牌還是有很多特殊設計的餘地，這些標準化是必須的。國際標準委員會的程序已經開始，但是不滿委員會慢條斯理的

審議程序，各個國家在社群的壓力下，已經開始草擬法案。汽車公司忙不迭地聘請心理聲學（psychoacoustics）專家、心理學家，和好萊塢的音效設計師來設計適當的聲音。

美國國家公路交通安全管理局發布了一系列附帶詳細規格的設計原則，包括音量、頻率，以及其他標準。全文長達 248 頁。該文件規定：

> 這項標準將規定混合動力車和電動車必須發出一般環境下行人能聽得到的聲音，以確保盲人、弱視者和其他行人能知覺和識別附近的混合動力汽車和電動車。這項標準規定混合動力車和電動車在時速 30 公里（18 英里）以下，車輛的系統被啟動但車輛仍然靜止，以及倒車時的最低音量。安全局選擇了時速 30 公里作為審核標準，因為經由安全局測量，在這個速度下，混合動力車和電動車的音量接近類似的內燃引擎汽車產生的音量。（美國運輸部，2013 年）

在我寫這個章節時，聲音設計師還在做各種實驗。汽車公司、立法單位和標準委員會仍然在研究這個問題。預估要到 2014 年之後，標準才出得來，然後要再花相當長的時間，才會普及到世界各地數以百萬計的車輛。

設計電動車和混合動力車的聲音，該用什麼樣的原則？這個聲音必須滿足幾個條件：

- **警示**：聲音必須指示電動車的存在。
- **方向**：聲音要使人能依此決定車輛所在的位置、大概的速度，

和它是否正在接近或遠離聽到的人。

- **不討人厭**：因為這些聲音會在不同的交通流量情況下，不斷地被人聽到，所以必須不討人厭。它跟警報器、汽車喇叭，和倒車信號是不一樣的，這些信號的目的是積極的警告，所以它們有意讓人不悅。但是這些警告信號是稀少的，持續的時間也比較短，它們雖然討厭但是可以接受。電動車的聲音該做的事是警示和方向性，而不是討人厭。

- **標準化與個性化的考慮**。標準化是必要的，以確保所有電動車的聲音可以很容易辨別。如果差異太大、太獨特的聲音可能會造成混淆。個性化有兩種功能：安全性和行銷價值。從安全的角度來看，如果有許多車輛在路上，個性化的聲音讓人可以分辨某一部車。在擁擠的路口，這一點尤其重要。從行銷的角度來看，個性化可以讓每個品牌的電動車都有自己的特性，也許可以用聲音的特質搭配品牌形象。

　　站在街旁，仔細聆聽你周圍的車輛。聆聽沉默的自行車和電動車的人造聲音。這些聲音是否符合上述的標準？經過逾百年讓汽車更安靜的努力，誰能想到有一天，我們會花好幾年的工夫和數百萬美元的投資，來為汽車添加聲音？

■註釋

[1] 有關的詳細資料請見 www.microsoft.com/hardware/en-us/support/licensing-instaload-overview。

[2] 譯註：作者推薦高夫曼的著作《日常生活中的自我表演》（*The Presentation of Self in Everyday Life*，中譯本桂冠出版），因為最有關聯也最容易讀。

3 奇普切斯（Jan Chipchase）和史坦哈特（Simon Steinhardt）所著的《顯而不易見》（*Hidden in Plain Sight*）提供了許多研究人員如何故意違背社會習俗，從而了解文化的例子。這些研究發現兩個反應：首先，大部分的人會聽從實驗者的請求。第二，受影響最大的人是實驗者自己，因為違反社會習慣讓自己也不舒服。

4 譯註：雖然 semantic 的正確譯法是「語義」，在這裡的用法和語言並沒有必要的關聯性，所以採用卓耀宗先生的原譯「意義」。

5

人為過失？錯了，是設計不良
Human Error? No, Bad Design

大多數工業安全事故是由人為過失造成的，這個比例估計介於 75% 到 95% 之間。到底為什麼會有這麼多人這麼無能？答案是：不是人類無能，而是設計不良。

如果這個比例是 1% 到 5%，我可能會同意是人的問題。但是，這個比例如此之高，顯然牽涉到其他原因。當一件事情發生得如此頻繁，後頭一定有另一個潛在因素。

當一座橋梁倒塌了，我們會透過分析找到倒塌的原因，並重新擬定設計的準則，以確保這類的意外不再發生。如果我們發現電子設備的故障是因為電流電壓不穩定，我們會重新設計電路，使它能承受這種不穩定。但如果事故被認為是人所造成的，我們常常只會責怪人犯了錯，然後繼續依照原來的方式，不做改變。

設計師對物理性限制非常瞭解，但是對心理能力的限制卻有很大的誤解。我們應該以同樣的方式對待所有故障的根本原因，並且重新設計系統，使這些原因不再導致同樣的問題。電子設備的設計常常沒有考慮到人的限制，即使是很久才會用一次、不太熟悉的設備，我們也會要求使用者長時間保持高度警覺和注意力，或記得複雜的程序。我們會把人放在無聊的環境裡，一放就是好幾個小時，然後突然間要求他們必須快速準確地回應。或者我們會讓他們在複雜而工作量又大的環境中同時做好幾件事，不斷干擾他們的工作。最後我們還想知道，為什麼他們會犯錯。

更糟的是，當我和這些系統設計者和管理者討論這個問題，他們表示自己工作時也會打盹兒，有些甚至開車時會睡著。他們也承認在家裡會開錯開關、瓦斯爐，以及犯一些雖然小但是意義重大的錯誤。然而當他們出錯時，他們也認為是自己的人為過失，而當員工或顧客發生類似

的問題時，他們怪這些人「不照使用說明」，不夠警覺或不夠專注。

了解過失的原因

發生過失的原因是多方面的。最常見的是因為任務和作業程序，要求人以違反自然的方式行動。例如持續保持數小時的警覺，做高度精準的控制，或在不斷干擾之下同時做好幾件事，這些都超出了人的能力範圍。干擾是過失發生的一個常見原因：如果作業設計的假設是人會有充分的注意力，或者被干擾後，設計也不協助人接續原來未完成的任務，干擾造成的負面影響是不可避免的。最後，也是最嚴重的起因，是人對過失的態度。

當人為過失導致財務損失或人員傷亡，我們常會召開一個特別委員會進行調查，而委員會一定會找到該負責任的人，幾乎從不例外。下一步則是以責備或懲罰的方式予以處分，有時會從輕發落，只要求出錯的人重新接受訓練。不論是處罰或者再訓練，調查者自我感覺都很良好：「我們抓到罪魁禍首了！」但是這種做法並沒有解決問題，同樣的錯誤會一再出現。當過失發生時，我們應該確定人犯錯的原因，然後重新設計產品或執行的程序，以防止它再次發生，或即使發生也不會有太大的影響。

根本原因分析

根本原因分析是最關鍵的檢討方式：對錯誤的原因做深入的調查，

直到發現一個最根本的原因。這表示當人確實做出了不正確的決定或行動，我們應該知道是什麼原因導致他們犯錯。然而，常常一旦知道是誰犯了錯，我們就停止追究了。

而一個人為過失和一場公安事故是不一樣的。尋找事故的根本原因聽起來有道理，但這是個不完全的說法，有兩個理由：首先，大多數事故都不只有一個原因。通常會有好幾件事情出了問題，其中任何一件事如果沒出錯，事故就不會發生。這就是英國研究事故的權威里森（James Reason）所稱的「意外事故的瑞士乳酪模型」（Swiss cheese model of accidents，在圖 5.3 中會有更詳細的討論）。

第二，為什麼一發現是人為過失，我們就停止追究原因？如果是一部機器停止運作，我們發現是一個零件壞了，我們不會停止分析。我們會問：「為什麼這個零件會壞？是因為品質不好？還是我們定的規格太低？是什麼原因造成這個零件負荷過大？」我們會不停研究，直到了解真正的原因，然後才開始從根本解決。我們發現人為過失時應該用同樣的方式，去發現什麼因素導致這個人犯錯。如果根本原因分析發現事件的串聯中有人為過失的部分，它的工作才剛剛開始，而不是已經結束。現在我們要分析為什麼人會犯錯，以及怎麼防止人為過失。

世界上最先進的飛機之一，是美國空軍的 F-22 戰鬥機。然而它發生過幾次意外，飛行員抱怨在飛行時容易有缺氧症狀（hypoxia）。在2010 年，又一次墜機摧毀了一架 F-22，造成飛行員死亡。空軍調查委員會花了兩年時間研究這場事故，並在 2012 年發布的一份報告裡將事故歸咎於飛行員的過失：「由於注意力被局限，產生視覺衰弱和扭曲的空間感，飛行員未能及時認知狀況，及時拉高。」

在 2013 年，美國國防部總監察長辦公室審查空軍的調查報告，不

同意這項評估。在我看來，這一回是做了正確的根本原因分析。總監察長質問：「為什麼行為能力的突然喪失，以及神智不清沒有被視為一個原因加以追究？」不出任何人意料之外，空軍不同意這項批評。他們辯稱已經做了深入的檢討，而報告的結論是「基於明確和有力的證據」。他們覺得唯一的不足是這份報告「可以寫得更清楚一點」。

如果說得諷刺一點，這兩份報告的意思是這樣的：

> **空軍**：這是飛行員過失，因為飛行員未能及時採取糾正的行動。
>
> **總監察長**：那是因為飛行員可能已經失去意識，可是報告並沒有解釋飛行員為什麼會失去意識。
>
> **空軍**：所以你也同意，是因為飛行員未能及時採取糾正的行動。

五個為什麼

根本原因分析的目的，是為了確定事件底層的真正原因，而不是最接近的原因。日本人長久以來遵循他們稱為「五個為什麼」的方式來追究根本原因。今天被廣泛應用的「五個為什麼」最初是由豐田佐吉提出來，並成為豐田汽車生產系統的一部分，目的是要提高品質。基本上的原則是：在尋找原因時，即使你已經找到了一個原因，不要停下來；要追問為什麼會是這樣，然後再問下去，一直到你發現了真正的根本原因。是否要問剛好五個問題？不是，將這個程序稱為「五個為什麼」是為了強調即使已經發現了一個原因之後，還是有繼續追問下去的必要。思考一下這個方法在 F-22 墜機的分析上該怎麼應用：

五個為什麼

問題	回答
Q1：為什麼飛機會失事？	因為飛機不受控制，持續俯衝。
Q2：為什麼飛行員不停止俯衝？	因為飛行員未能及時拉高。
Q3：為什麼飛行員未能及時拉高？	因為他可能昏迷了（或缺氧）。
Q4：為什麼飛行員會昏迷？	不知道，我們需要找出原因。
（依此類推）	

　　這個例子中的五個為什麼只是一部分的分析。例如，我們必須知道為什麼這架飛機在俯衝（空軍的報告解釋了這一點，但是說法太技術性了，在此不加引述。簡單的說，報告中也認為俯衝可能和缺氧有關）。

　　五個為什麼的方法並不保證會成功。「為什麼」是個模糊的問題，不同的研究者可能會得到不同的答案。當研究者的理解能力到達極限，追問的過程還是可能會太早結束。這個方法也有太過強調單一原因的傾向，而大多數的複雜意外事故有多重的交錯因果關係。儘管如此，五個為什麼還是一個功能強大的分析方式。

　　一旦找到人為過失，便停止尋找其他原因的傾向，是普遍存在的。我曾經審查幾件電力公司的觸電事故。事故中，訓練有素的工人因為太靠近維修中的高壓線，引起電擊。所有的調查委員都認為是工人的錯，甚至當事人（好吧，倖存的當事人）自己也不抗辯。在調查的過程中，為什麼公司一旦發現有人為的過失便停下來了？他們為什麼不繼續找出是什麼情況導致過失的發生，以及為什麼這些情況會存在？這些委員會從未找到更深的原因，他們也從未考慮重新設計系統和程序，以杜絕事

故再發生的可能性，或起碼減少事故的發生。

當人們犯錯，你應該更改系統來減少或消除這種類型的錯誤。如果完全消除錯誤是不可能的，那麼應該重新設計，以減輕錯誤的影響。

做一些簡單但是有效的建議來防止大部分的事故，對我來說一點都不難，但是調查委員會思不及此。他們的根本問題是，如果依照我的建議來做，那表示要先檢討一種現場工人普遍有的基本態度：「我們很厲害，我們能解決任何問題，修復任何停電。我們從不犯錯。」這種態度無助於過失的檢討。如果認為人為過失是一種個人的失敗，而不是一個程序或設備設計不良的結果，人為過失是不可能消除的。電力公司對我提出的報告很客氣，甚至於感謝我的提議。幾年後我連絡了在該公司的一位朋友，問問他們做了什麼改變。「老樣子，什麼都沒變，」他說：「整天還是有人受傷。」

這其中一個很大的癥結在歸咎於人的一種自然傾向，即便犯錯的人也往往認為那是他們的錯。如果事後回顧，他們做了些看起來似乎不可原諒的事，他們當然會責怪自己。犯錯的人常常說：「我早就應該知道的。」但是「早應該知道」不是有效的分析，對防止錯誤再發生沒有幫助。當許多人都出了同樣的問題，難道不該懷疑有其他的原因？如果系統不能防止你的錯誤，那麼它就是個不好的設計。如果系統會誤導你犯錯，那麼它是個更糟糕的設計。當我開錯了瓦斯爐，那不是因為我缺乏知識，而是由於開關和爐頭之間的對應關係不清楚。除非重新設計這個瓦斯爐，光是教我該怎麼開，是不能阻止我經常犯錯的。

除非人們承認問題的確存在，否則無法解決問題。如果我們光是歸咎於犯錯的人，無法說服公司或組織去重新設計，根本解決。畢竟，如果真的是某個人的過錯，把他換掉就好了，但是通常並非如此，問題的

來源往往是系統、程序，或者是社會壓力，而不正視這些因素是無法解決問題的。

為什麼人會犯錯？因為設計太重視系統和機器的要求，而不是對人的要求。大部分機器需要精確的指令，迫使人們也必須精確地輸入數字或資訊。但是人對精確的事情不是很擅長，當要記住長串的數字或指令時，我們經常出錯，這是眾所周知的事。那麼為什麼會設計出強迫人變得如此精確的系統呢？人一旦按錯一個鍵，就會導致可怕的結果？

人是創造性的、建設性的、探索性的生物。我們特別擅長處理新事物，發明新方式，以及發現新機會。枯燥、重複和精確的要求不合乎這些特質。我們能警覺到環境的變化，注意到新的東西，然後思考它們的意義。這些都是優點，但是如果被強迫要配合機器，這些就會變成缺點，然後我們會因為無法集中注意力，或偏離嚴格的程序而受到懲罰。

過失的一個重要原因是時間上的壓力。時間往往是很關鍵的，尤其是在工廠或醫院等地方。即使是日常事務也會有時間壓力，而且壓力隨著環境因素，如惡劣的天氣或繁忙的交通狀況而增加。在商業性的情況下，常常有強大的壓力逼我們提高作業的速度，因為一旦慢下來會導致成本損失，在醫院裡則可能降低對病患的醫療品質。即使旁觀者會覺得這樣很危險，我們常常還是會趕著把事情完成。在許多行業中，如果操作者實際遵守所有的安全程序，工作會永遠做不完，所以我們逼自己走上危險的臨界點：睡得更少，做得更多，同一時間做太多的事，開車開得比安全速限更快一些。大多數的時候，我們還能應付，甚至可能因為認真努力而得到嘉獎。但是如果我們出了錯，同樣的行為會被指責及懲罰。

有意的違規

　　不小心犯的錯，不是人為過失的唯一類型。有時，人們在知情的情況下故意冒風險。當結果是正面的，他們往往得到獎賞；當結果是負面的，他們可能會受到懲罰。但是，我們如何看待這些故意違反規範的行為？在對人為過失的研究中，它們往往被忽略，但在意外事故的文獻裡，它們是重要的成分。

　　有意的違規在許多意外事故中有重要的角色。它的定義是明知故犯地違反程序和規定。它們為什麼會發生？說老實話，我們幾乎每一個人都曾經有意地違反法律、規則，以及我們自己的理智判斷。你開車曾經超速嗎？曾經在雨中或下雪時開得太快了點？即使私底下覺得自己有欠考慮，還是答應去做一些危險的行為？

　　在許多行業中，規則制定的方式是基於符合法律的條文，而不是對工作內容的真正理解。因此，如果照著規則做，工作是無法完成的。你是否曾撬開鎖著的門？睡眠不足，仍然開車？即使你生病了還是去上班（因此把病傳染給別人）？

　　例行性的明知故犯是當違規的情形已經太頻繁，讓人習以為常了。情境性的違規是因為碰到特殊情況（例如，因為沒有其他車子經過，而且我遲到了，所以我闖了紅燈）。在某些情況下，唯一能完成一件事的方式是違反規則或程序。

　　造成違規的一個重要原因是不適當的規則，它不僅造成違規，甚至鼓勵違規。有時候不違規事情做不了；更糟糕的是當員工認為違規是必要的，而且因此完成工作，他們往往會得到嘉獎。這種做法當然會在不知不覺中獎勵違規，而且樹立不正確的榜樣。

雖然有意的違規是過失的一種形式，具有組織性和社會性，也很重要，但不在本書的範圍。在這裡探討的人為過失是無意的失誤；蓄意侵犯，顧名思義，是有意偏離行為準則，帶有風險以及潛在的危害。

兩種類型的過失：失誤和錯誤

許多年前，英國心理學家里森和我提出了一種人為過失的分類法。我們將人為過失劃分為兩大類：失誤和錯誤[1]（圖 5.1）。這種分類法在理論與實務兩方面都被證明是有價值的，在工業和航空事故，還有醫療過失等不同領域中受到廣泛應用。接下來的討論有點偏技術性，但是我會盡量避免太艱深的細節。這個主題對設計而言極端重要，所以請包涵一下。

過失、失誤和錯誤的定義

人為過失的定義就是任何偏離「適當」的行為。特別指出「適當」是因為在許多情況下，什麼行為是適當的並不清楚，或者事後才能決定。儘管如此，過失的定義指的是偏離普遍能接受的正確或適當行為。

過失是所有不適當、不正確行為的總稱，其中分為兩類：**失誤**（slips）和**錯誤**（mistakes），如圖 5.1 所示。失誤可以進一步分為兩種，而錯誤分為三種。這些不同類別的過失對設計有不同的影響。現在讓我們來詳細談談這些類別和它們的影響。

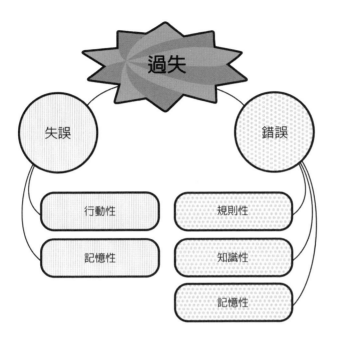

圖 5.1　過失的分類。過失有兩種主要形式：「失誤」發生時，目標是正確的，但是行動沒被正確地執行。「錯誤」的發生是因為目標或計畫是錯的。失誤及錯誤可依據它的根本原因做進一步的劃分。記憶缺失可以導致失誤或錯誤，要看這個缺失是在最高層次的認知方面（錯誤）或在較低的下意識層次（失誤）。雖然蓄意違反規則的行為也會引起事故，它們在這裡不被視為同一類的過失，不在討論範圍之內（見上一節：有意的違規）。

❖ **失誤**

　　失誤是當一個人打算做一個動作，結果做了別的動作。被執行的動作和原來想做的動作不一致。

　　失誤主要有兩大類：**行動性**失誤和**記憶性**失誤。行動性失誤是進行了錯誤的行動。記憶性失誤是因為記憶有問題，所以預定的動作沒有完成，或是沒有對結果進行評估。根據失誤的成因，可以對行動性和記憶性失誤再進一步分類。

　　行動性失誤的例子：我在咖啡裡放了一些牛奶，然後把咖啡杯放

到冰箱裡去。這是個動作是正確的,但是搞錯了對象。

記憶性失誤的例子:我做完晚飯之後忘了關瓦斯爐。

❖ 錯誤

一個錯誤會發生是因為定了錯誤的目標或計畫。從這一點上來說,即使行動的執行是和計畫相符,但因為這個行動是錯誤計畫的一部分,所以它也變得不適當。

錯誤有三大類:**規則性、知識性**和**記憶性**錯誤。在規則性錯誤裡,一個人對情況的了解是正確的,但是因為遵循了錯誤的規則,所以做了錯誤的行動。在知識性錯誤裡,因為知識不足或者知識有誤,所以對問題產生錯誤的認識。記憶性錯誤往往是因為忘掉了目的、計畫,或評估的階段。其中有兩項錯誤導致 1983 年加拿大航空 143 號班機波音 767 的緊急迫降事故 [2]:

知識性錯誤的例子:燃油重量錯以磅來計算,而非以公斤計算。

記憶性錯誤的例子:機械師因為分心,而未能完全排除故障。

過失和七個階段行動

參照第 2 章的七階段行動週期(見圖 5.2),我們可以更了解這些過失的原因。錯誤通常是因為設定了不正確的目標或計畫,或無法正確地比較預期和結果,是一種高層次的認知問題。失誤發生在行動,或者在解釋行動結果時,是較低層次的行為問題。記憶的缺失可能發生在任何階段之間的轉換,如圖 5.2B 中的 X。在這些點上發生記憶缺失,行

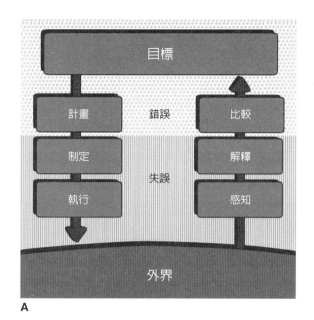

A

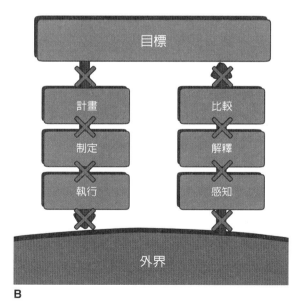

B

圖 5.2　失誤和錯誤發生在行動週期的不同階段。圖 A 顯示失誤來自行動週期底部的四個階段，而錯誤發生在上面三個階段。記憶的缺失會影響階段之間的轉換，（如圖 B 中的 X 所示）。在高層次的記憶缺失會導致錯誤，而在較低層次的缺失會導致失誤。

動週期的進行便停止了，所以原本的動作無法繼續下去。

失誤是由於下意識的行動途中被擋住了，錯誤則出在意識的思考。讓我們能有創意及洞察力，能從似乎不相關的事物裡看到關連性，能從不完全的證據裡看到事情的真相，這種心理歷程同樣也會導致錯誤。我們從少量的資訊了解情形的類化能力，對我們面對新的情況有極大的幫助。但是有時候我們類化得太快，把新的情況誤判為一個已知的情境，而結果兩者之間存在顯著的差異，這可能會導致無法補救的錯誤。

失誤的各種分類

> 一位同事有一天開車去上班。在路上，他發覺自己忘了公事包，所以掉頭回家去拿。到家，他停了車，熄火，並解開他的錶帶。是的，他的錶帶，而不是安全帶。

這個故事包含一個記憶性失誤和一個行動性失誤。忘了帶公事包是記憶性失誤，而解開手錶的錶帶是個行動性失誤，是一個記述類似和擷取失誤的組合（在本章後會詳加解釋）。

大多數日常生活中犯的錯是失誤。打算做一個動作，結果發現自己做了另一個動作。當一個人清楚明確地告訴你某件事，你卻「聽到」完全不同的內容。對失誤的研究等於是日常過失的心理學研究，也就是佛洛伊德（Sigmund Freud）所謂的「日常生活的精神病理學」。佛洛伊德認為失誤含有潛在、晦暗的精神含義，然而大部分的失誤都能用簡單的心理機制來解釋。

失誤有一種有趣而矛盾的特性：熟練的人，往往比新手更容易發生失誤。為什麼呢？因為失誤常常來自不專心。由於太熟練了，技巧嫻熟的專家往往依賴下意識的自動化行為。新手則必須花上相當大的工夫，有意識地集中注意力，相對上反而失誤較少。

有一些失誤來自行動的相似性，或者是某些因事件而自動觸發的動作。有時候，我們的思維和行動可能會誤導我們，結果做了原來意想不到的行動。根據它們發生的理由，行動失誤可以分成不同的類型。其中三種和設計最相關的是：

- 擷取性失誤（capture slips）
- 記述類似的失誤（description-similarity slips）
- 模式的失誤（mode-error slips）

擷取性失誤

> 我在用影印機時，算著我印了幾頁。結果我發現自己是這麼算的：「1、2、3、4、5、6、7、8、9、10、Jack、Queen、King」，因為我最近常打撲克牌。

擷取性失誤是指經常做、或最近才做的行動忽然取代了此刻想要做的行動；它「擷取」了行動的執行。擷取性的失誤發生的條件是要有兩個行動，兩者之間有一部分的順序相同，而且人對其中一個行動比另一個熟悉得多。在做完相同的部分之後，只要在這個時候稍微一分心，就會順著熟悉的行動序列做了本來沒打算做的事，而另一個行動（本來想

做的事）就被忽略了。因此，擷取失誤在某方面來說，是一種記憶性失誤，很少有不熟悉的行動擷取熟悉行動的例子。有趣的是，經驗豐富的人比新手更常發生擷取失誤，一部分是因為熟練的人的動作都已經自動化了，所以偏離預定的動作時，不太會注意到。

　　設計者必須避免起始程序過於相似，而從中間開始分歧的程序設計。越有經驗的人，越有可能犯擷取失誤。如果可能的話，行動的順序在一開始就要有所區別。

記述類似的失誤

> 我以前的一個學生說他有一天慢跑完回到家中，脫下他汗濕的衣服，捲成一團變成顆球，想把它投進洗衣籃裡。結果他投進了馬桶裡。（這不是因為他瞄得不準；洗衣籃和馬桶是在不同的房間裡。）

　　在記述類似的失誤中，錯的原因是目標很類似，而心理上對目標的描述過於含糊，而不是行動有錯。正如我們在第 3 章，圖 3.1 中看到的例子，人很難分辨正確的硬幣圖樣，因為他們的心理描述不包含區別類似硬幣的足夠線索。這種情形在我們累了、有壓力、無法專注或心理負荷過重的時候尤其容易發生。在本節的例子裡，因為洗衣籃和馬桶都是個容器，加上慢跑回來太過興奮，如果心理描述的目標不夠明確（例如說，「一個能裝東西的東西」），便可能會觸發失誤。

　　記得在第 3 章中提到的，大多數的東西不需要精確的描述，只要足以區分不同對象就夠了。當情形一改變，一般情況下夠清楚的描述可能

就不夠了，因為現在有好幾個對象符合這個不精確的描述。記述類似的失誤是對錯誤的對象執行了正確的動作，而對象之間相似的程度愈大，失誤的可能性愈高。同樣地，出現的對象愈多，愈不容易區別，也愈有可能失誤。

　　設計者必須讓不同功能的控制器有明顯差異，容易分別。一長排看起來一模一樣的開關或顯示器很容易導致記述類似的失誤。在飛機駕駛艙的設計中，許多控制器應該有不同的形狀，使它們容易分辨：控制引擎的油門桿和控制襟翼的桿子（看起來可能像一片機翼）就明顯不同，而起落架的控制器（可能像一個輪子）又不一樣。

記憶缺失的失誤

　　由記憶引起的過失是常見的。考慮下列的例子：

- 影印一份文件，印完之後把印好的副本帶走了，正本卻留在影印機裡。
- 把孩子給忘了。這個失誤有數不清的例子，例如開車旅行時把孩子忘在休息站，或是買東西時忘在百貨公司的更衣室裡，或是一個沒經驗的媽媽，把她一個月大的嬰兒搞丟了，只好向警方求助。
- 搞丟了一支筆，因為你把它拿出來寫東西，然後放下來去做了些別的事（也許是收好你的皮包，拿起剛買的東西，或跟推銷員說說話），在同時筆就被遺忘了。也有相反的例子：向別人借了一支筆，使用完之後順手放進你的口袋或包包裡（「順手

」也是一種擷取性失誤）。

· 用提款卡從自動提款機領錢之後，沒有取回卡片就走開了。因為這種錯誤太頻繁，很多提款機加入了一個強制機能：卡片必須先拿出來，才能拿到現金。當然啦，你也可能拿了卡片忘了拿走現金，但這比較不可能，因為領錢是使用提款機的目的，而很少人會忘了這個目的。

記憶的缺失是過失的常見原因。它們可以導致好幾種失誤或錯誤：無法完成所有的行動步驟，重複某些步驟，忘記一個動作的結果，或忘記行動的目標或計畫，因而導致行動停止。

大多數記憶缺失的直接原因是干擾：在決定行動和完成行動之間，因為其他事件的干預，而打斷了行動。這樣的干擾常常是因為機器的操作方式有太多步驟，使得我們的工作記憶負荷過重。

有幾種方法可以防止記憶缺失的失誤。一種是盡量減少步驟，另一種是對尚未完成的步驟提供明顯的提醒。一個很好的方法是利用第 4 章所提到的強制性機能。例如自動提款機為了防止你將卡片忘在機器裡，會要求先將銀行卡收回去，然後再送出你所領的錢。以筆的例子來說，解決的方法是讓筆不能被拿走，例如共用的筆常常用根繩子連在桌上。並不是所有記憶性失誤都有簡單的解決方式。在許多情況下，如果干擾來自系統之外，設計者不見得能控制。

模式的失誤

當一個裝置有數種狀態，而相同的控制器在不同的狀態下具有不同

的含義，我們稱這種狀態為「模式」。如果功能比控制器的數目多，也就是說，同一個控制器在不同模式裡有不同意義的時候，模式的失誤[3]是一定會發生的。當我們在機器上添加越來越多的功能，模式的失誤很難避免。

你曾經使用家裡的影音系統時開錯或關錯機器嗎？如果你家裡用一個遙控器控制好幾部機器，模式的失誤常常讓人感到挫折。在工業界，操作者以為系統正設定在某一種模式裡，而事實上它卻在另外一種模式裡，這種失誤引起的混淆曾經造成嚴重的事故和生命損失。

用一個單一的控制器操縱不同的功能，藉此節省成本和空間，是很有誘惑力的想法。假設有十種不同的功能，如果用十個獨立的旋鈕或開關，這會需要相當大的空間並增加額外的成本，看起來也非常複雜。與其如此，為什麼不就用兩個控制器，一個選擇功能，另一個用來設定功能？雖然這種設計顯得相當簡單、易於使用，其實是以簡單的外表掩飾了底層的複雜性。操作者必須清楚知道當下的模式，正在操作的是哪一種功能。不幸的是，隨處可見的模式失誤證明這個假設並不成立。是的，如果我選擇了一個模式，然後立即調整，就不容易混淆。但是，如果我選擇了模式，然後受到其他事件干擾，我會不會混淆？或是系統停留在選擇的模式裡的時間過長？又或者如下面會討論到的空中巴士客機意外裡，兩種模式在控制器和功能上太過相似，使得模式失誤難以發現？有時候使用模式是不得已的，例如需要控制許多功能，卻又只有一個顯示器和有限的空間。不論如何，模式是一種常見的失誤原因。

電子鬧鐘往往使用相同的控制器和顯示器來設定目前日期和時間，及鬧鐘該響的時間，而很多人因此設錯時間。如果使用 12 小時制（分上下午），人很容易將鬧鐘設在早上七點鐘，結果發現晚上七點鬧鐘響

了。用「上午」和「下午」區分時間常常發生這種問題，因此，有許多國家都使用 24 小時的時間規範（北美、澳洲、印度和一些亞洲國家都還是用 12 小時制）。多功能的手錶有類似的問題，而這是不得已的，因為手錶只有很少的空間能用來控制和顯示功能。模式被應用在大多數的電腦程式、我們的手機，以及民航機的自動控制系統上。一些嚴重的飛航事故可以歸咎於模式的失誤，尤其是飛航自動控制系統，多半使用大量而複雜的模式。隨著汽車變得越來越複雜，儀表板要控制駕駛、空調、娛樂、導航，模式的應用會越來越普遍，而問題也就無所不在。

一場空中巴士客機的意外事故說明了這個問題。空中巴士的自動飛行設備有兩種模式，一種用於控制下降的飛行速度，另一種用於控制飛行路徑的下降角度。在一個案例中，飛行員在降落時以為他們控制的是下降的角度，而不小心選擇了下降速度的模式。當他們輸入數目 -3.3 作為下降的角度（負 3.3°），這個數值作為一個下降速度是代表每分鐘下降 3300 英尺（如果是負 3.3° 的角度，每分鐘只下降 800 英尺）。這個失誤導致下降速度過快，造成一場致命事故。經過詳細研究，空中巴士更改了儀器上的顯示；下降速度一定用一個四位數的數字顯示，而角度則用兩位數顯示，以此減少模式混淆的可能性。

模式的失誤實際上是設計的錯誤。如果設備不能明確地顯示當下的模式，模式失誤特別容易發生。如果使用者心裡必須要記住目前設定的模式，這個記憶可能被許多事情干擾。設計者必須盡量避免使用模式，但是如果一定要用，設備必須很明確地顯示當前的模式，減少使用者的記憶負擔，而設計上也必須彌補干擾造成的影響。

錯誤的各種分類

錯誤源自於不適當的目標和計畫，或是評估過程中結果與目標的錯誤比較。在一個人犯錯的時候，他可能做了一個很壞的決定，誤判了情況，或者未能考慮所有相關的因素。有許多錯誤來自人類思考的多變性，因為人們往往依賴記憶中的經驗，而不是系統性的分析。但是如第3章中提到的，長期記憶的檢索不是準確的記錄，而是重建的結果，所以會產生許多偏差，例如記憶往往會以偏概全，或過分強調不符常態的經驗。

丹麥的工程學家拉斯穆森（Jens Rasmussen）將人的操作行為區分為三種：基於技能的行為（skill-based），基於規則的行為（rule-based），和基於知識的行為（knowledge-based）三種。這三個層次的分類提供了一個實用的分析工具，在許多工業系統的設計上受到廣泛應用。基於技能的行為發生時，工人對工作內容非常熟練，所以他們執行例行的任務不需要多餘的思考或特別注意。這種工作中最容易產生的是失誤。

如果新的情況裡有一套可遵行的規則，照這套規則進行的行為，就是基於規則的行為。規則可以是從過往經驗中學習而來，也可以是課程和手冊規定的正式程序。這些程序通常以「如果／就」的敘述法表達，例如說「如果引擎發不動，就等一下再發動（或進行其他適當的行動）」。基於規則的行為如果出問題，可能是一個錯誤，也可能是失誤。如果是因為遵循了不正確的規則，這算是一個錯誤。如果執行規則過程中出了錯，它很可能是個失誤。

基於知識的行為出現在既不熟悉、沒有既有技能可以應用，又沒有既定的規則可以遵循的情況下。人在這種情況下必須用到推理思考和解

決問題的能力,擬定計畫,然後實驗、應用以及修改計畫。在這個過程裡,概念模型是引導計畫形成和解釋結果的關鍵。

在基於規則和基於知識的行為中,嚴重的錯誤來自對情況的誤判。誤判的結果可能是遵循了不適當的規則,或者是對問題的定義錯誤,所以無法應用知識解決問題。此外,誤判情況也可能來自對周遭環境的誤解,以及對當前狀態與預期狀態的不當比較。這些類型的錯誤有時候很難警覺或糾正。

基於規則的錯誤

每當我們照著新的步驟行動,或解決簡單的問題時,經常可以看到基於規則的行為。有些規則來自經驗,有些來自正式的說明,如使用手冊、說明書或食譜。在這些情況下,我們做的事是確定狀況,選擇適當的規則,然後照著規則進行。

開車時,大部分的駕駛行為是遵照學習而來的規則。信號燈是紅色的嗎?如果是,就把車停住。想要左轉?先打方向燈,然後向左靠到左邊的車道,放慢速度,等安全的空檔再左轉。同時,每一步都要注意交通規則和相關號誌。

基於規則的錯誤發生在幾個方面:

- 對情況的判斷錯誤,因而採用了錯誤的目標或計畫,結果依照了不適當的規則。
- 對情況的判斷正確,採用了以為是正確的規則,但規則本身有問題。它本身可能是錯的,當前情況的條件和規則的條件不符

合，或是決定規則的知識不足。

- 對情況的判斷正確，也採用了正確的規則，但是結果的評估不
正確。這個評估的錯誤通常出在規則或知識的部分，在接下來
的行動週期會導致其他問題。

我們來看三個例子。

第一個例子：2013 年在巴西聖瑪麗亞的「親吻」俱樂部，樂團使
用的特效煙火引發了火災，造成超過 230 人死亡。這場悲劇包含了幾種
錯誤：當這個樂團在俱樂部裡使用戶外用的煙火，他們犯了知識性的錯
誤，而點燃了天花板。許多人錯以為廁所的門是出口，結果衝進廁所而
燒死在那裡。火災初期的報告指出，門口的守衛剛開始不知道有火警，
試圖關門擋住人們逃離建築物。為什麼會如此？因為有時候會有人不付
飲料錢就溜出俱樂部。

最後這個錯誤，是因為制定了一個沒有考慮到突發狀況的規則。根
本原因分析指出，這個規則真正的目的是防止不適當的離開（賴帳不付
酒錢），但仍然必須容許人在緊急情況下逃生。一種解決方式是開門時
會觸發警報的逃生門，能阻止人偷偷溜出來，但允許人在緊急時逃出。

第二個例子：為了要讓烤箱快點達到期望中的溫度，將定溫開關調
到最高溫。這個錯誤源自於對烤箱運作的錯誤概念模型。如果使用者離
開了，忘了回來檢查烤箱的溫度（記憶缺失的失誤），設定不當的烤箱
可能導致事故，引起火災。

第三個例子：一個不習慣防鎖死煞車系統（anti-lock brakes system,
ABS）的駕駛，在下大雨的路上碰到意想不到的狀況。駕駛拚全力踩下
煞車，ABS 系統發揮它該有的功能，開始快速連續地壓下煞車。駕駛感

覺到煞車踏板上下震動，以為煞車故障了，所以抬腳放開煞車。事實上，煞車踏板的震動表示煞車系統正在正常運作。駕駛的錯誤評估，導致他做了錯誤的行為。

規則性的錯誤常常難以警覺，也很難避免。一旦情況被分類，根據這個分類選擇適當的規則，通常是直截了當的。但是，如果分類錯了呢？錯誤的分類往往很難察覺，因為一定有相當的理由支持這個分類，以及以此為基礎選擇的規則。在一個複雜的情況下，問題通常出在資訊太多而彼此衝突，如果再加上時間壓力，人很難知道該注意或拒絕哪些資訊。人們通常會把當前的形勢和以前經驗過的情形做匹配。雖然人類的記憶在這方面做得相當不錯，這並不意味匹配一定準確恰當，決定於過去經驗的事件在時間上有多近（recency），以及事件的規律性（regularities）和獨特性（uniqueness）。最近發生的事件記得比之前發生的事件清楚，頻繁發生的事件因為它們的規律性而容易記住，對獨特的事件印象比較深刻。就算當前的情況是不曾經歷過的，人仍然會以記憶中的類似情境作為參考。使我們善於處理不同事件的這種能力，同時也會導致錯誤。

了解到這一點，設計者能做什麼？設計師應該盡可能提供對使用者的引導，將當前的狀態用一種連貫、容易理解的方式（最好是用圖形）顯示出來。這是一個棘手的問題，因為現實世界中的事件是複雜的，問題往往出在有太多相互矛盾的資訊，而決定又必須迅速。

不妨這樣想：你家裡可能有一些壞了或不太靈光的東西，例如說燒壞的燈泡，或者像我家裡那一盞看書用的燈，亮了一會兒又熄了。我必須走過去將日光燈管左右動動，它才會亮。你家裡可能有一個漏水的水龍頭，或其他待修的小毛病。現在考慮一下一間製造工廠，例如煉油廠

、化工廠、核電廠。這些工廠有成千上萬的閥門、壓力表、顯示器和控制開關。即使是管理最好的工廠，總是有些壞了的部分，而維修人員隨時都有一張需要檢查修理的項目清單。一旦某部分出了問題，即使是個小問題，警報就會被觸發，每天有這麼多警報和問題，你怎麼知道哪一個是嚴重的問題，需要立即處理？每一個單獨的問題通常都有一個簡單合理的解釋，所以不見得需要緊急處理。事實上，維修人員大多只是把它加到清單裡去，有空再修。大多數的時候，這個決定是正確的，但一千次（或一百萬次）裡頭錯了一次，就會有人指責，「你們怎麼會漏掉這麼明顯的問題？」

　　比起先見之明，事後諸葛總是容易得多。當事故的調查委員會檢討肇事的原因，他們已經知道發生了什麼後果，也很容易挑出哪些資訊是相關的，哪些是無關的。這是種回顧性的決定過程，要做出完全正確的判斷是百發百中。但是在事故發生當時，人們可能被太多訊息淹沒，而其中真正相關的訊息不是那麼多。他們怎麼知道該注意哪些關鍵的訊息，而該忽略哪些不重要的訊息？大多數的時候，經驗豐富的操作人員會做正確的判斷。偶爾他們失敗了一次，回顧性的分析就會譴責他們缺乏判斷力，漏看了最明顯的關鍵。然而，在事故發生當時，沒有什麼真的是很明顯的。我在後面的章節會再回到這個話題。

　　平常開車、投資理財，或只是處理日常生活中的事都會碰到這種情形。大部分你讀到的不尋常事件都與你無關，所以可以放心地忽略它們。哪些事情應該重視，而哪些應該被忽略？工業界和政府無時不刻都在面臨這樣的問題。情報單位每天被不同來源的資訊和數據淹沒，他們如何決定哪些情報是最重要的？事後大眾只看到政府單位忽略了某些線索，而看不到他們正確地排除了許多無意義的數據，而後者發生的比例遠

遠超過前者。

如果每一個決定都要受到質疑，那麼什麼事都做不了。但是如果不質疑某些決定，會產生重大的錯誤。機率不高，但是結果可能很嚴重。

設計上的挑戰，是對於目前系統的狀態（設備、車輛、工廠，或受關注的活動）用一種容易了解和解釋的方式呈現，以及提供其他的可能性作為參考。質疑決定還是有用的，但是不可能對每一個行動（或不採取行動）的決定都這樣做。這是一個困難的問題，目前並沒有明確的解決方法。

基於知識的錯誤

以知識為基礎的行為，發生在還沒有熟練的技能或已知的規則可以應付的陌生情況，而人必須找出一個新的行動程序來應付這種情況。基於技能和規則的行為是由行為層次控制的，所以是下意識和自動化的。以知識為基礎的行為發生在反思層次，是緩慢的而意識性的。

基於知識的行為中，人們是有自覺地解決問題，例如要使用一些新的設備，或者做一件熟悉的事卻出了問題，使這個狀況變得不熟悉，都必須用基於知識的行為來應付。

這樣的情況下最好的解決辦法，是找到一個能幫你掌握情況的理解方式，而這個方式在絕大多數情形下是一個適當的概念模型。人在複雜的情況下是需要幫助的，必須要有和人能合作無間的技術和工具來解決問題。有時候，好的操作手冊（不管是印刷的或電子版的）會很有幫助，尤其是提供相關程序讓人照著做。一個更強大的方法是藉由智慧型的電腦系統提供搜尋和推理，例如利用人工智慧來做決定和解決問題。這

種工具的困難，在於建立人類與系統之間的關係：人類和電腦必須是一個協力合作、各自發揮長處的系統。不幸的是，我們往往先考慮什麼可以派機器去做，而人類做其他的事，然後結果是機器做了人類很容易做到的部分。但是當問題變得複雜，剛好是當人類的能力最能發揮的時候，我們卻讓機器去搞砸。我曾在《設計 & 未來生活》一書中廣泛討論這個問題。

記憶缺失的錯誤

如果人忘記了行動的目標或計畫，這樣的記憶缺失可以造成錯誤。記憶缺失的一個常見的原因，是因為干擾而忘記對當前狀態的評估。這會造成錯誤，而非失誤，因為是目標和計畫搞錯了。忘了先前的評估常表示要再做一次評估，而且會容易出錯。

防止記憶缺失錯誤的設計，和防止記憶失誤的設計是一樣的：持續地提供所有相關的資訊。行動的目標、計劃，以及目前系統狀態的評估對行動的執行來說特別重要，應該讓使用者隨時容易取得，有太多的設計在行動發生之後便消除了這些資訊。再次強調，設計者應該假定人們在活動中會被打斷，而且需要這些資訊來幫助他們接續原來的行動。

社會和體制的壓力

一個似乎在許多事故中出現的微妙因素是社會壓力。雖然看起來它似乎和設計沒什麼關係，但是對日常行為有很強的影響力。在工作的環

境中，社會壓力可能會導致誤解、錯誤和事故。要了解人為過失，必須要了解社會壓力。

面對知識性的錯誤時，需要解決複雜問題的能力。在某些情況下，一整個團隊的人要花上好幾天，才能弄明白問題在哪裡，什麼是最好的對應方式。如果問題出在對情況的誤判，這個情形尤其容易發生，因為一旦誤判，所有的訊息會由錯誤的觀點來解釋。通常要等到換了一群人之後，由新的團隊帶進新的觀點，才能對事件形成正確的解釋。有時候一位或更多小組成員休息幾個小時之後，可能會產生新的觀點，但是應付緊急情況時，又有誰能休息幾個小時？

在商業情境裡，保持系統運行的壓力是巨大的，因為如果昂貴的系統停擺，也許會造成可觀的損失，所以常常強迫操作人員避免延遲，而有時因此產生悲劇性的結果。因為有這樣的壓力，核電廠可能在安全範圍之外超時運轉，飛機也可能在尚未準備就緒，或安全人員放行之前強行起飛。一個這樣的事件，曾經導致航空史上最大的意外事故。雖然事故發生在很久以前的 1977 年，我們所學到的教訓在今天仍然是非常重要的。

在西班牙加那利群島（Canary Islands）中的特內里費島（Tenerife），荷蘭航空波音 747 客機在起飛時撞上正在同一跑道滑行的另一架泛美波音 747 客機，造成 583 人死亡。荷航班機還沒有收到起飛的許可，但是天氣開始轉壞，而班機已經嚴重誤點（這班班機是先前迫降於特內里費島，已經偏離原本的航線和日程表），所以不顧一切強行起飛。泛美的班機本來也不應該在跑道上，但是飛行員和航空交通管制員之間有相當大的誤解，使得飛機上了跑道。此外，機場的濃霧使兩架飛機的機師看不到彼此。

　　在特內里費島的災難中，除了文化和氣候的條件，時間和經濟的壓力是很重要的因素。泛美的飛行員質疑管制員要他們開始上跑道滑行的命令，但是最後為了趕時間還是上了跑道。荷航班機的副機長曾對機長提出異議，試圖指出他們尚未收到放行許可，但是這位副機長的資歷尚淺，而機長是荷航最受尊敬的飛行員之一。總體來說，由於社會壓力，和對異常狀況看似合乎邏輯的解釋，兩個因素混合交織，造成了這場重大災難。

　　你可能曾經歷過類似的壓力，例如因為沒有時間，車子一直拖著沒加油或換電池，直到為時已晚，車子在一個很不方便的地方不動了（這曾經發生在我身上）。因為社會壓力，在學校考試中作弊、幫助別人作弊，或不敢檢舉他人作弊的行為。不要低估社會壓力對行為的影響，有時候它會讓平常很理智的人做出錯誤或危險的事情。

　　當我學潛水的時候，我的教練因為非常在乎安全，他寧可鼓勵任何人因為安全理由停止潛水，也不希望學員冒險下水。人體通常是有浮力的，所以需要加配重（大部分是鉛塊）才能潛水。當水很冷的時候這個問題更大，因為潛水的人必須穿潛水衣保暖，而這些潛水衣會增加浮力。調整浮力是潛水一個很重要的部分。除了配重，潛水的人還要穿空氣背心，所以他們可以藉添加或放出空氣來調整浮力。（如果潛得太深，增加的水壓會壓縮在潛水裝備和肺裡的空氣，所以人會變得比較重，此時潛水員需要增加背心裡的空氣以補充浮力。）

　　當潛水的人碰到困難，需要迅速地回到水面上，或者當他們在靠近岸邊的水面上被浪頭拋來拋去，有些人被他們的裝備拖累，因而溺斃。由於配重很昂貴，潛水的人不捨得將它們拋掉。此外，如果拋掉了配重而安全地回來了，他們很難證明拋掉配重是保命的必要手段，所以會覺

得很不好意思，造成自己給自己的社會壓力。我們的教練對這種猶豫非常清楚，為了阻止這種猶豫，他宣布如果有學員為了安全的考慮拋掉了自己的配重，他會公開表揚這個學員的正確判斷，以及免費補充配重，不需要學員賠償。這對克服社會壓力是一種非常有效的處理。

社會壓力不斷在不同的事故中出現。這些壓力通常難以查證，因為大多數的個人和組織都不願意承認有這些因素存在，所以即使他們在事故調查過程中發現社會壓力的影響，經常會加以掩飾。運輸事故的研究是一個例外，世界各地的委員會往往會對運輸事故舉行公開調查。美國國家運輸安全委員會就是一個很好的例子，它的報告被許多事故調查員，和包括我在內的人為過失研究者廣泛引用。

社會壓力的另一個實例來自另一場飛行事故。1982 年，從華盛頓特區的國家機場起飛的佛羅里達航空班機，墜毀在橫跨波多馬克河的十四街大橋，造成 78 人死亡，其中包括在橋上的 4 個人。因為機翼上結了冰，這架飛機本來是不應該起飛的，但是它已經誤點超過一個半小時。美國國家運輸安全委員會的報告指出：「誤點加上其他原因，可能造成機員倉促起飛。」儘管副機長試圖警告當時負責起飛的機長，災難仍然發生。安全委員會的報告引用了駕駛艙的錄影記錄：「雖然副機長在起飛時曾四次對機長表示『情況有些不對勁』，機長並沒有停止起飛的動作。」安全委員會用以下的方式總結了事故的原因：

> 國家運輸安全委員會認為，這場事故最可能的原因是機組人員在起飛前的地勤工作中沒有使用引擎防凍劑。他們在機翼表面結冰的情形下仍然決定起飛，以及機長在起飛程序初期，因注意力為引擎儀表的異常讀數所吸引，而未能及時中斷起飛的動作。

在這個例子裡，我們再次看到社會、時間及經濟壓力造成的結果。

社會壓力是可以克服的，但是它很強大而且無所不在。我們會在酒後或犯睏的時候開車，明知道很危險，但還是會說服自己，相信自己小心一點就不會出事，而結果也不見得會出事。壓力的影響都是如此，會唆使人鋌而走險。怎樣才能克服這些社會壓力？良好的設計是不夠的。我們需要另一種訓練，需要對安全性的考慮給予超過經濟壓力的獎勵。如果設備可以使潛在的危險變得明顯可見，會有一些幫助，但是不見得一定能解決問題。要改變許多公司的政策，充分解決社會、經濟和文化的壓力，是確保安全操作和安全行為最困難的一部分。

核對表

核對表（checklist）是種很好的工具，可以提高行為的準確性和減少犯錯，特別是失誤和記憶缺失的錯誤。在要同時處理許多複雜事務，又有許多干擾時，核對表是特別重要的。如果有多人參與任務，清楚的分工是必不可少的。查核對表時最好是兩個人一組，一個人唸說明，另一個人核對。如果一個人獨自核對完了，另一個人再複查一次，執行的效果不會那麼好。一個人單獨核對可能太有自信，會執行得太快。同樣的偏見會影響第二個人，因為對第一個人的能力有信心，複查的程序經常做得不夠徹底。

分組的檢查工作有一個似是而非的理論：愈多人檢查，愈不容易犯錯。為什麼這個理論不正確？想想看：如果你負責檢查一排 50 個壓力表，而你知道在你前面已經有兩個人檢查過了，而在你之後還會有一兩個人來檢查，你可能會放鬆，以為不必要格外小心。畢竟有這麼多人看

著，不可能出現發現不了的錯誤。如果每個人都這麼想，檢查的人愈多反而增加出錯的機率。協同核對可以有效克服這種想法。

在商業飛航安全領域，協同核對的核對表已經被廣泛接受，成為必不可少的安全措施。核對表由兩名人員共同核對，通常是飛機的兩名飛行員（機長和副機長）。但是儘管有許多證據證實它的好處，許多行業仍不願採用協同核對，因為它讓人感到自己的能力受到質疑。同時，當兩個人一起核對，資歷較淺的人（例如飛機的副駕駛）必須對共同行動的資深人員進行檢查。這在許多文化中是違反職場倫理或權威的事情。

醫生和其他醫療人員都強烈抵制使用核對表，它被看作是一種對專業能力的侮辱。「其他人可能需要核對表，」他們強烈抱怨：「但我用不著。」很不幸，是人都會犯錯。我們在疲勞、時間或社會的壓力下，或在不斷被干擾的環境裡，人人都會出錯，指出這一點對專業能力不是一種侮辱。幸運的是，核對表慢慢在醫療領域開始被接受。當資深的管理人員堅持使用核對表的同時，實際上增強了他們的權威和專業地位。核對表花了幾十年的時間才被航空安全領域接受，我們希望醫療和其他行業能更迅速地採用它。

設計一個有效的核對表很困難。核對表的設計需要反覆進行，不斷改善。最理想的方式是採用第 6 章討論的人本設計原則，不斷地改進核對表，直到它能涵蓋所有的基本項目，但是執行起來又不致有很大的負擔。許多反對核對表的人，實際上是反對設計不良的核對表。設計核對表是複雜的工作，最好由專業設計師和行業的專家一起進行。

印刷的核對表有一個重大缺陷：它們迫使核對的步驟要按照固定的順序完成，即使這樣的順序可能是沒必要的，甚至是做不到的。一項複雜的任務，只要所有作業都確實完成，執行的順序可能並不那麼重要，

有時在列表中的項目也無法依序完成。舉例來說，在飛航檢查中有一個步驟是檢查飛機裡的燃油量。但是如果檢查這個項目時，加油的動作尚未完成呢？飛行員只好跳過它，打算等一會兒再回來核對。這明顯地是一個記憶缺失錯誤的機會。

　　一般來說，除非作業本身有必要，必須依照一定的順序核對不是種好的設計。這是電子式核對表的主要優點：它們可以記住跳過的項目，確保所有的項目都完成核對。

對人為過失提出報告

　　如果能及時抓到過失，我們能避免許多人為過失造成的問題。但是並不是所有的過失都很容易發現，此外，社會壓力往往使人很難承認自己出了錯，或者指出別人的過失。如果人們自己承認，他們可能要承擔處分，或者（更嚴重的是）朋友會取笑他們。如果一個人指出別人犯的錯，這可能會導致人際關係的嚴重後果。最後，大多數機構並不希望承認自己的工作人員要為事故負責。醫院、法院、警察局、公用事業，所有這些機構對於向大眾承認過失都非常不情願，這是件不幸的事。

　　唯一能減少過失的方法是先承認它們的存在，收集有關資料，從而做出相應的改變以減少過失的發生。在沒有資料的情況下，是很難作出改善的。與其貶斥那些承認錯誤的人，我們更應該感謝他們，鼓勵其他人報告錯誤。我們應該要讓報告錯誤更容易一些，因為這樣做的目的並不是在於懲罰，而是為了理解過失如何發生，該怎麼更正以後才不會再發生。

案例研究：自働化─豐田如何處理人為過失

豐田汽車公司早已研發出一種減低人為過失的製造程序，極其有效，被泛稱為「豐田生產方式」（Toyota Production System）。這套方式的關鍵原則之一，是一種自働化（Jidoka，由日文的「自働化」音譯而來）的哲學。豐田公司將它解釋為一種「有人情味的自動化」過程。如果一個工人發現有點不對勁，他應該立刻報告；如果發現故障的部分即將進入下一道程序，甚至要停止整個生產線。有一種特殊的警報稱為「安燈」（andon，由日文的「行灯」音譯而來），會緊急停止生產線及通知專門人員。然後專家聚集在出問題的區域檢討原因。「它為什麼會發生？」「那又是為什麼？」「為什麼是這個原因？」一群人應用「五個為什麼」的分析法不斷探討問題的根源，然後根本解決，使它不會再發生。

你可以想像一下，這會使發現問題的人感到相當不安，但是公司要求員工能立即報告。如果有人發現問題而沒有報告，他們反而會受到處罰。只有員工能誠實報告問題，才能減少故障的發生。

POKA-YOKE：防止錯誤的裝置

Poka-yoke[4]（由日文的「ポカヨケ」音譯而來）由日本工程師新鄉重夫（Shigeo Shingo）所發明。新鄉在豐田生產方式的發展過程中扮演了重要的角色。Poka-yoke 的意義是「防錯」或「避免錯誤」。Poka-yoke 的技術之一是添加簡單的固定零件來限制設備的操作，使它不致出錯。我在家裡應用了這種技巧，一個簡單的例子是用貼紙幫助記得我

住的公寓大樓裡每一扇門的鑰匙該往哪邊轉。我拿了一堆小小的綠色圓點貼紙貼在大樓每扇門的鎖孔旁邊，綠點的位置是鑰匙該轉的方向；也就是說，我在門鎖上加了一個指意。鑰匙轉錯邊會是個嚴重的錯誤嗎？不是，但是能避免這個錯誤是件挺方便的事。（鄰居都說很有用，不知道是誰貼上去的。）

在實際的生產設備中，poka-yoke 可能是塊用來幫助零件對齊的木頭，或是一塊板子，上面螺絲孔的設計是不對稱的，使得這塊板子只有一個方向可以組裝。將警報器或關鍵性的開關用一個蓋子遮起來，以防止意外觸發，這顯然是一種強制機能，也可視為一種防錯技術。所有的防錯技術都涉及在這本書中討論到的原則，不管是預設用途、指意、對應性、局限，以及防錯最重要的強制性機能。

美國航空太空總署的航空安全報告系統

長期以來，美國的民航界有一套非常有效的系統，鼓勵飛行員提交過失報告。該計畫已經促成許多航空安全方面的改進。這個系統並不容易建立，因為飛行員常常自己感受到強大的社會壓力，不願意輕易承認錯誤。此外，他們該向誰報告呢？當然不會是他們的雇主，甚至於不會是聯邦航空管理局（Federal Aviation Administration, FAA），因為他們可能因此受到懲罰。最後解決的辦法是讓美國航空太空總署（National Aeronautics and Space Administration, NASA）設立一個自願性報告制度，使飛行員可以提交半匿名的報告，舉報自己或其他飛行員犯的過失。所謂「半匿名」，是因為飛行員還是要提供他們的名字和聯繫方法，以便NASA 索取更詳細的資料。一旦 NASA 取得完整資料，飛行員的身分及

連絡方式便從報告裡分開來，寄還給舉報的飛行員。NASA 不再記錄來源，而航空公司或 FAA（負責對航空公司懲戒的單位）也就無法知道是誰提交了報告。如果 FAA 透過其他方式注意到錯誤，並試圖課以罰則或吊銷飛行執照，報告的收據可以讓飛行員自動免除處罰，或減輕責任。

對類似的過失收集到足夠的資料之後，NASA 會分析這些資料，向航空公司和 FAA 提出改進的建議。這些建議也幫助飛行員了解，他們提出的報告對增進飛航安全非常有幫助。這個制度這麼有效，我們需要在醫療領域建立類似的系統，但它真的不是件容易的事。NASA 對美國民航界來說是一個中立機構，被賦予加強航空安全的責任，但是沒有監督權，無法追究責任，所以能得到飛行員的信任。在醫療領域並沒有相似的機構；醫生怕提出醫療過失的報告，會使得自己的執照被吊銷或遭到訴訟。但是除非我們對過失有深入的了解，否則無法消除它。醫療領域在這方面已經開始取得進展，但它仍然是解難的技術、政治、法律和社會問題。

發現人為過失

如果過失能及時發現，不見得一定會造成損害。發現不同類別的過失有不同的難易程度。一般情況下，行動的失誤比較容易發現，而發現目標或計畫的錯誤要困難得多。失誤比較容易察覺，因為人容易注意到預期的行為和執行的結果之間的差異，但是這種發現只在有回饋的情形下才容易。如果操作的結果是看不見的，怎麼能發現失誤？

　　記憶缺失的失誤難以察覺，就是因為沒有看得到的回饋。因為記憶缺失，該執行的動作沒有執行；如果沒有動作，也就沒有回饋。只有當因為行動沒被執行，導致某些不該有的事件發生時，才能由此察覺到記憶缺失的失誤。

　　錯誤是難以察覺的，因為很少有任何徵兆能指出不合適的目標。而一旦決定了錯誤的目標或計畫，由此產生的行動與錯誤的目標是一致的，所以關注行動的結果不僅不能檢測到錯誤，反而使得錯誤的目標被執行得更有信心，延遲了察覺錯誤的機會。

　　對情況的誤判，更是出奇地難以發現。你可能以為，如果對情況的判斷有誤，行動會是無效的，所以很快會被發現。但是誤判不是無緣無故的，通常一個判斷是基於相當程度的知識和邏輯，而錯誤的判斷在當時看起來是合理的。因此最初的行動不容易覺得有問題，這使得發現錯誤變得更加困難。實際上的錯誤可能數小時或數天都不會被發現。

　　記憶缺失的錯誤尤其特別難以察覺。如同記憶缺失的失誤一樣，有什麼事該做而沒有做，比起不該發生卻發生的事更難以察覺。記憶缺失的失誤和錯誤的區別是：在第一種情況下，有一個行為被跳過了；而在第二種情況下，整個計畫都被遺忘了。哪一種比較容易發現？對於這個問題，我只能給一個科學上的標準答案：「不一定，完全看情況。」

不以為意的忽視

　　錯誤可能需要很長的時間才能發現。有個聲音聽起來像槍聲，我們會認為：「一定有部車的排氣管爆了。」聽到有人在外頭大呼小叫，我們會想：「為什麼鄰居不能安靜一點？」我們不把這些情形當一回事，

是不是正確的？大部分的時間是，我們不能保證自己的解釋一定正確。

　　忽視徵兆在商業意外事故上是一個普遍的問題。大多數的重大事故事先都有警訊，例如說設備故障或一些不尋常的事件。通常情況下，會有一系列看似不相干的故障和問題，最後釀成重大災難。為什麼沒有人理？因為每個單一的事件看起來都不太嚴重。往往牽涉其中的人注意到了每個問題，但是都不當回事，找了一個合乎邏輯的解釋而忽視了它們的重要性。

❖ 案例：在高速公路上走錯路

　　我曾經在高速公路上看錯了標誌，我敢肯定大多數的駕駛都有過這個經驗。有一回我和家人從聖地牙哥開車到加州的馬麥斯湖（Mammoth Lakes），一個往北約 400 英里的滑雪勝地。我們一邊開，一邊看到越來越多宣傳拉斯維加斯（內華達州）賭場和旅館的廣告。「奇怪了，」我們想道：「拉斯維加斯的廣告那麼多，連聖地牙哥都有，但是往馬麥斯的路上有這麼多拉斯維加斯的廣告牌，似乎有點兒過分。」我們停下來加了油，繼續往下開，直到找地方吃晚飯的時候，我們才發現兩小時前，在加油以前就已經走錯了路。我們正往拉斯維加斯前進，而不是在往馬麥斯的路上。我們必須回頭開整整兩個小時，總共在路上浪費了四個小時。現在想起來很好笑，當時可一點都不好笑。

　　一旦人們發現一個合理的解釋，他們往往相信這個異常狀況可以忽視。但是這個解釋常常是建立在過去經驗的基礎上，可能並不適用於當前的情況。在這個開車的故事裡，拉斯維加斯的廣告牌是一個我們該注意的信號，但它似乎很容易解釋（因為拉斯維加斯的廣告很多）。這是個很典型的經驗：一些重大工業事故源自於對異常事件的錯誤解釋，雖

然這個解釋當時很合理。但是請注意，通常這些明顯的異常狀況的確是該忽略的，因為真正嚴重的事件發生的機率並不高。大部分的時間，合邏輯的解釋是正確的。區分一個真正的異常狀態，和一個看起來奇怪卻有明顯理由的狀況，是件困難的事。

事後之明，都很合理

我們對事件事前和事後的理解，其間的差異可以是非常顯著的。心理學家費希賀夫（Baruch Fischhoff）的研究指出，事前完全無法預測的事件，在事後的解釋中，事件卻似乎是明顯可以預想得到的。

費希賀夫對他的研究對象提出許多情況，要求他們預測會發生什麼事，而他們判斷正確的比例和隨便猜的機率差不多。當實際的結果出現的時候，只有很少人猜對。他對另外一組人提出了相同的情況，但是也告訴他們實際的結果，然後讓他們判斷不同結果發生的機率有多大。當人們已經知道實際的結果，這個結果看起來似乎很合理，也很可能發生，而其他結果則被認為不可能發生。

事後之明讓結果看起來都像是意料中事，臨場判斷則非常困難。在一個突發事件中，線索都是不明確的，許多事情同時發生，情緒和壓力都很高。這些正在發生的事件有些並不重要，而有些看起來不重要，可是卻很關鍵。事故的調查員在事後的調查裡，因為已經知道發生了什麼事，也會將重點放在相關的資訊，把無關緊要的部分加以過濾。但是在事件正在發生的時候，操作者無法像事後調查一樣對兩者加以區分。

這就是為什麼正確的事故分析，可能需要花上很長的時間。調查員必須把自己放在事故的情境裡，設身處地去考慮當時的所有訊息、操作

者受過的訓練，以及以往類似的事故對操作者的影響。因此，下一次發生重大事故時，不要去聽新聞記者、政治人物或公司高級主管在第一時間的報告，因為他們沒有真正的資訊，可是好像又該說點什麼。要等到來自可靠來源的正式報告，才能對事故有所了解。不幸的是，這可能要等上好幾個月或好幾年，而民眾通常急著要一個答案，即使是個錯的答案也好。更何況事件的全貌終於出現時，報紙已經不認為它是新聞了，也不見得會報導，所以你不得不自己去搜尋官方報告。在美國，國家運輸安全委員會是有公信力的，會對所有重要的航空、汽車、卡車、火車、船舶和管線（是的，運輸煤炭，天然氣和石油的管線也是「運輸」）事故進行詳細調查，也提供許多這類型的報告。

為人為過失而設計

為一切順利的情況做設計，是相當容易的，因為如果一切順利，人們會照著預期的方式使用，也不會發生意想不到的事件。真正棘手的部分，是為出了問題的情況做設計。

兩個人之間的對話，中間會不會出錯？當然也會，但是它們不會變成真正的錯誤。如果一個人說了些難以理解的事情，另一個人會要求澄清；如果一個人說錯了話，另一個人會質疑或爭辯。我們不會像機器一樣亮起紅燈，發出嗶聲，或顯示一個錯誤訊息。我們會要求更多的說明，並進行對話，確定兩個人講的是同一件事。在兩個人之間，錯誤會被視為正常對話的一部分，也許只是詞不達意。語言中的小問題如語法錯誤、自我修正，或重複的句子會被忽略。事實上，這些瑕疵通常不被察

覺，因為我們的注意力集中於對方要表達的意義，而不是語言表面的特徵。

　　雖然機器不會聰明到能了解我們表達的意義，它們還是可以變得比今天聰明一些。如果我們做了一些不合適的行動，而這些行動符合機器的命令格式，即使後果可能非常危險，機器常常還是照樣執行。這種問題曾經導致悲劇性的事故，特別是在醫療保健方面。輸液幫浦（infusion pumps）和 X 光機的不當設計，會允許機器給予患者過量的藥物或輻射量，導致他們的死亡。在金融機構中，簡單的按鍵錯誤會導致遠遠超出正常範圍的巨額交易。只要很簡單的合理性檢查，就能阻止這些錯誤。（這一點在本章的最後「合理性檢查」一節中會再加討論。）

　　許多系統的設計讓這個問題變得更嚴重，因為它們使人很容易犯錯，但卻不容易發現或更正錯誤。機器不該讓一個簡單的人為過失造成廣泛的損害。我們應該採取下列的措施：

　　・了解人為過失的原因，用設計來盡量減少這些原因。

　　・採取合理性檢查：這個行動是否符合常識？

　　・讓人們能取消自己的行動，或讓無法挽回的行動不那麼容易執行。

　　・讓人們更容易發現自己的過失，而且使過失更容易糾正。

　　・不要把一個不正確的行動當成錯誤，而要試圖幫助人完成正確的動作。把不正確的行動當成接近正確目標的方式。

　　如本章所述，我們對人為過失知道得不少。新手容易犯錯誤，而專家更容易犯失誤。錯誤的來源，經常是因為系統的狀態模稜兩可或含糊

不清，缺乏一個好的概念模型，以及不適當的程序。大部分的錯誤源自對目標或計畫的不正確選擇，或是對狀態的錯誤評價和解釋。所有的原因都是因為系統無法提供優質的資訊。

干擾是一種人為過失的來源，尤其是記憶缺失的過失。當一個活動被其他的事件打斷，要付出的成本遠大於處理干擾事件所付出的時間，因為要接續原來的活動也要付出成本。要繼續原來的活動，需要清楚記得原來活動的狀態，目標是什麼，進行到動作週期的哪一個階段，以及相關的系統狀態。大多數的系統一旦被打斷，不會留下使用者需要的關鍵訊息。這些訊息能幫助使用者記住先前做過的決定，原來在他們短期記憶中的資訊，還有當前的系統狀態。我被打斷之前，還有什麼需要做的？也許我已經做完了？我到底做到哪裡？難怪干擾會造成這麼多失誤和錯誤。

多任務處理（Multitasking，或譯為多工作業），意指同時進行好幾項任務，常常被誤認為是一種有效率的作業方式。青少年和忙碌的工作者尤其喜歡這種方式，但事實上，所有證據都指出它會嚴重影響工作表現，增加錯誤，並且降低工作品質和效率。一次做兩件事，比兩件事分開來做要花上更長的時間。即使是簡單和常見的事，像邊開車邊用免持聽筒講電話，也會嚴重減低駕駛的能力。一項研究甚至指出，使用手機對走路都會產生影響：「邊走路邊用手機的人走得更慢，會頻繁地改變方向，也比較不能認出熟人。在第二項研究中，我們發現用手機的人不太會注意到他們行走路線上的不尋常事件（例如說騎著獨輪車的小丑）。」（Hyman, Boss, Wise, McKenzie & Caggiano, 2010）

醫療過失有一大部分是由於干擾。在航空界，關鍵階段（如著陸和起飛）的干擾也被證實是一個重大的肇事原因。美國聯邦航空管

理局要求在這些階段遵守所謂的「駕駛艙無菌狀態」（Sterile Cockpit Configuration），飛行員不允許談論任何跟飛行控制無關的話題，而空服人員也不允許和飛行員通話。這一點有時候會引起相反的問題，因為如果機艙有緊急情況，這個狀態下無法通知飛行員。

　　規定類似的「無菌」時段，對包括醫療和其他安全第一的行業，都是大有幫助的。我和我太太在開車的時候也遵循這個慣例：進出高速公路的時候，一定停止談話，直到安然上了公路或下了交流道。

　　中斷和干擾會容易導致人為過失，因此警報通常不是個好答案。觀察一下核電廠的控制室、商業客機的駕駛艙，或醫院裡的手術室，這些地方都有大量的設備、儀表和控制器，而所有的信號聽起來都很類似，因為它們都使用簡單的嗶聲發出警告。設備之間缺乏協調，這表示一旦發生嚴重的突發事件，所有的聲音都一起響。大多數的信號可以忽略，因為這些信號告訴操作者他們已經知道的事情，但是這些信號彼此競爭，對急於解決問題的操作者是種干擾。

　　不必要的、惱人的警報在許多情況下會出現。人們如何應對？把預警信號的線拔掉、警示燈的燈泡拿掉、警鈴聲關掉，基本上關掉了所有的安全警告，所以他們能專心處理狀況。問題是關掉之後，不是人們忘記恢復警報系統（又是個記憶缺失的失誤），就是繼續發生狀況，但是警報系統已經關掉了，所以沒有人注意到。警報裝置必須小心、聰明地使用，考慮人在緊急情況下的反應。

　　警告信號的設計意外地複雜。它們必須夠大聲或夠明亮，足以引起注意，但又不至於太大聲或太明亮到讓人分心。作為一個關鍵訊息的指意，警報信號必須要能吸引注意力，並且提示事件的性質。各種不同的設備必須有一個經過協調的反應，這表示需要有國際標準，以及不同公

司，眾多設計團隊之間的合作，而這些公司往往是彼此競爭的。雖然這個問題以及警報系統的國際標準已經進行了相當多的研究，在許多情況下，問題仍然很多。

越來越多的機器利用語音來呈現訊息。如同所有的呈現方式，語音有其優點和缺點。它能傳達精確的資訊，尤其是當人的視覺注意力被其他事情吸引的時候；但是如果多個語音警告同時發生，或是環境過度嘈雜，語音警告可能無法被理解。如果操作者之間有必要對話，插嘴的語音警告會產生干擾。語音的警告信號是有效的，但必須要聰明地使用。

人為過失的研究裡學到的設計原則

對人為過失的研究教了我們幾個有關設計的原則。一方面，我們在人為過失發生之前，可以用設計防止它發生。另一方面，過失一旦發生，設計能幫助我們發現並糾正它們。總體來說，解決的方式可以依照前面章節裡所做的分析。

❖ 用局限防止錯誤

預防錯誤，往往涉及到添加特定的行為局限。在物理世界中，巧妙地運用形狀和大小可以做到這一點。舉例來說，汽車的操作和維護需要各種液體：機油、傳動油、煞車油、擋風玻璃清洗液、散熱器冷卻液、電瓶水和汽油。把液體裝進不該裝的地方，會損壞車子或導致事故。汽車製造商試著用分開灌裝入口的方式，盡量減少記述類似的失誤，降低犯錯的可能性。偶爾才需要添加的液體，或者應該由合格的技師添加的液體，和一般駕駛經常使用的液體，灌入口位置隔得很遠，一般駕駛就

不太容易灌錯地方。如果這些灌入口有不同的尺寸和形狀以提供物理局限，配合不同的液體具有的不同顏色，還能進一步減少失誤。這些局限、強制機能以及防錯裝置的適當應用是減少過失的好方法，在醫院和各種行業裡受到廣泛使用。

　　電子系統有許多減少錯誤的方法，其中之一是分開控制器的位置，讓容易混淆的控制開關彼此離很遠。另一種是將它們分成不同的模組，使跟當前操作不相關的控制器不出現在螢幕上，需要額外的切換才能看得到。

❖ 還原

　　在現代的電子系統中，要降低人為過失的影響，最強大的工具應該是「還原」（undo），在可能的情況下取消前一個動作。最好的系統能取消多個動作，藉此可以取消整個操作的序列，還原到操作序列開始前的狀態。

　　還原顯然並非隨時可以做得到。有時候，它只在行動剛開始執行才有效。儘管如此，它還是一個減少過失影響的強大工具。即使這樣的補救措施在技術上不是很困難，許多電子和電腦系統到今天仍然無法提供更多還原的方式，令人感到遺憾。

❖ 確認訊息和錯誤訊息

　　許多系統在命令被執行之前，用要求確認的方式來避免錯誤，尤其是當這個命令有破壞性後果的時候。但是，這些確認的請求通常時機不對，因為在使用者做了一件事之後，他們通常肯定要系統照辦，而不會去檢查確認的內容，所以會出現以下有關確認訊息的老笑話：

人：刪除「我最重要的檔案」。

系統：你是否要刪除「我最重要的檔案」？

人：是的。

系統：你確定嗎？

人：確定！

系統：「我最喜愛的檔案」已被刪除。

人：啊？該死！

　　請求確認似乎是煩人又多餘的動作，而不是必要的安全檢查。回答的人往往專注於行動，而不是行動的對象。一個更好的檢查方式是明顯地強調要採取的行動和行動的對象，然後提供「取消」或「做下去」兩個選擇。也許最重要的一點，是要強調行動的影響是什麼。因為有這樣的錯誤，「還原」的命令是非常重要的。在傳統圖形使用者介面裡，不僅「還原」是一個標準的指令，當文件被刪除時，實際上只是被轉移到名為「資源回收桶」的檔案夾裡，所以人可以打開資源回收桶找回誤刪的文件。

　　確認對失誤和錯誤有不同的影響。當我寫作的時候，我會用到兩個非常大的電腦螢幕和一部功能強大的電腦，可能同時開七到十個應用程式，總共多達四十個視窗。如果我每關閉一個視窗，它就出現一個確認訊息：「你是否想關閉視窗？」我會怎麼處理這個情形，取決於我要關閉視窗的理由。如果它是個失誤，這時確認是有幫助的；如果是個錯誤，我會很容易忽略它。我們詳細比較這兩個例子：

如果是一個失誤使得我關錯了視窗：

假設我打算輸入 We 這個字。要打第一個大寫字母 W，我應該打 Shift+W，結果我打了 Command+W（或 Control+W），把一個視窗給關了。因為我預期在螢幕上看到一個大寫的 W，所以當我看到一個對話框問我是否真的想關閉視窗，我會感到驚訝，而它立即提醒我犯了一個失誤（目標正確，行為有誤）。然後我會取消這個動作（這個對話框裡的一個體貼選項），重新輸入 Shift+W，而且這一次會小心一點。

如果是一個錯誤使得我關錯了視窗：

現在假設我真的打算關閉一個視窗。我經常使用一個視窗當我的臨時筆記，記錄一些有關這個章節的要點。當我寫完這個章節，我會關閉這個視窗，不會保存它的內容，因為我寫完了、用不著了。可是因為我平常會開好幾個視窗，我非常容易關錯。視窗系統的假設，是所有的命令都適用於目前活動的視窗，亦即最後一個執行行動的視窗（也就是有文字編輯游標的那個視窗）。但是，如果我轉頭檢閱了一下我的筆記，我的注意力集中在這個視窗，而我決定關閉它，此時我忘了對電腦來說它並不是目前活動的視窗。所以我打了 Command+W，關了視窗，電腦給了我一個對話框要求確認。由於這個對話框是意料之中的，我沒有刻意去讀它的內容，也很自然地選擇不保存其中的文字。糟糕的是我還沒有保存我剛打的稿子，可能因此丟失了相當多的工作成果。在這個例子裡，警告訊息對防止錯誤完全沒有幫助（甚至於第 4 章，圖 4.6 中的漂亮對話框也不會用）。

這是一個錯誤或失誤？兩者都是。電腦目前活動的視窗並不是我想關的視窗，而我還是下了「關閉」的鍵盤指令，那是一個記憶缺失的失

誤，我忘了對電腦而言，我正在看的視窗並不是當前活動的視窗。但是決定不讀對話框就接受它，又決定不保存視窗的內容，是一個錯誤（其實是兩個錯誤）。

設計者可以做些什麼？可以做幾件事：

- **使行動的目標更明顯**。也就是說，改變行動實際對象的呈現方式，使它更加顯眼，例如放大它的尺寸，或者改變它的顏色。
- **使行動能被還原**。如果人關錯了視窗，但是保存了內容，除了要把它重新打開之外沒有什麼損失。如果人選擇不要保存內容，系統還是可以偷偷將內容保存下來。下一次打開文件時，系統可以詢問是否要將內容重新恢復到上一次使用時的狀態。

❖ 合理性檢查

電子系統比起機械系統的另一個優勢是：它們可以檢查接收到的要求是否合理。

令人驚訝的是，在今天的世界上，如果醫務人員錯誤地要求超過正常用量一千倍的輻射劑量，醫療設備仍會忠實地執行。在某些情況下，操作者甚至不可能注意到這個錯誤。

同樣地，貨幣金額的錯誤可能導致災難性的後果，即使許多錯誤是很離譜的，看一眼也知道不對勁。例如說，大約 1000 韓圜可以兌換美金一元。假設我希望轉 1000 美元進一個韓國的銀行帳戶（大致相當於一百萬韓圜），但是我將韓圜的數額填進了美金的欄位。哎呀不得了，我不小心轉了一百萬美元。聰明的系統會留意我正常交易額的大小及存款的數目。如果數額遠大於正常的交易，會自動查詢要求確認。對於我

的帳戶來說，它在轉帳前會先確認，或阻止一百萬美元的要求。不太聰明的系統則會盲目遵照指示，不管我的帳戶裡有沒有一百萬美元（然後我可能因此被徵收帳戶透支的罰金）。

如本章前面所討論的，合理性檢查是這類問題的答案，能防止不適當的數值被輸入金融交易程序，或是醫院的藥劑和放射線系統。

盡量減少失誤

失誤最常發生的時候，是因為其他事件的干擾，注意力被分散了，或者只是因為執行的操作太熟悉，所以並非有意識地注意它。在這些情況下，操作者沒有給這項行動足夠的注意。因此看起來，減少失誤的方法之一，應該是確保人始終有意識地密切關注正在做的行動。

錯了，這其實不是個好主意。熟練的行為是下意識的，這表示它很迅速、毫不費力，而且通常很準確。因為它是自動的，我們可以不費精神地快速打字，而意識的頭腦在想該打什麼字。這就是為什麼我們可以邊走路邊說話，還一邊穿過車流和障礙物。如果我們必須有意識地注意每一件小事，我們這一輩子做的事情會少得多。腦中的訊息處理結構會自動調節一個任務該得到多少意識的關注：例如穿越交通繁忙的街道時，我們的談話會自動中斷。然而，不要太指望這種能力；如果太多的注意力都集中在別的地方，危險的交通狀況還是可能被忽略。

如果讓不同功能的控制盡量差異化，或者至少盡量遠離彼此，許多失誤都可以避免。要消除模式的失誤，只要消除大多數的模式；如果做不到這一點，起碼讓當前的模式非常明顯，而讓不同模式裡的操作彼此有差異。

消除失誤最好的辦法是：對執行的動作以及結果提供清楚的回饋，而且在回饋中提供一個可以還原的機制。舉例來說，用機器掃描的條碼已經大量減少送錯藥物給病人的問題。送到藥房的處方都有電子代碼，藥劑師掃描處方和藥物上的條碼，確定它們是相同的。然後醫院的護理人員在送藥的時候，掃描藥物的標籤和戴在病患手腕上的條碼，以確定病患拿到的是正確的藥物。此外，如果藥已經給過了，電腦會警告系統不再重複給予相同的藥物。這些掃描的動作只增加了很少的工作量，但卻大量減少失誤，雖然還是不能做到百分之百，但這些簡單的步驟已經被證明是有效的。

很多的工程設計，看起來似乎是故意要造成人的失誤。一排排看起來相同的控制器，是一種肯定會造成記述類似失誤的設計。在機器內被設定，但是沒有明白顯示的模式，會增加模式的失誤。如果這個設計假設使用者能專心一致，而實際的情況卻是充滿干擾，記憶缺失的錯誤幾乎無法避免，而很少有設備是依照干擾的實際情況而設計的。如果執行方式很類似，又沒有為不熟悉的行動特別提供協助，會導致擷取性的失誤，使得熟練的行動被錯誤地執行。

討論了這麼多，最重要的教訓是，好的設計可以防止失誤及錯誤。設計可以防止人為過失，拯救生命。

過失如何釀成事故的瑞士乳酪模型

幸運的是，大多數的人為過失並不見得會導致事故發生。一場事故通常有許多原因，而其中任何一個都不是事件的決定性原因。

里森喜歡用多片瑞士乳酪的比喻來解釋這個現象。瑞士乳酪的特點

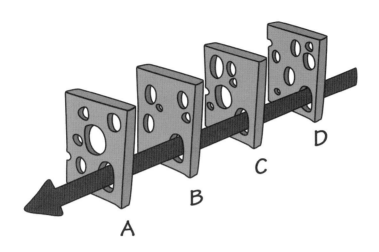

圖 5.3 里森的瑞士乳酪模型。事故通常有多種原因，其中任何一個原因沒有出現，事故就不會發生。英國的事故研究者里森用瑞士乳酪薄片比喻事故的原因：除非每一片的洞都排列整齊，事故不會發生。這個比喻提供了兩個教訓：第一，不要試圖找到一個事故的決定性因素。第二，我們可以用幾種方式減少事故的發生：讓系統更能抵抗錯誤（增加乳酪的片數），減少失誤、錯誤或故障的機會（減少乳酪的洞），以及在系統的不同部分用不同的機制（試著不讓每一片乳酪長得很像，所以洞比較難排成一直線）。（圖形摘自 Reason, 1990）

是它充滿了洞（如圖 5.3），而每片乳酪代表事故的一個條件，上面的洞表示在這個條件上出了狀況。只有當四片乳酪的洞排成一列的時候，才會發生事故。在一個設計優良的系統裡，可以有許多設備故障，許多人為過失，但是除非這些故障和過失剛好配合在一起，否則不會造成事故。任何一個狀況（一個洞）會被下一層擋住。設計優良的系統能因此防止事故的發生。

　　這就是為什麼想找到事故的「決定性」原因，通常注定要失敗。事故的調查員、新聞媒體、政府官員，以及每一位國民都希望找到一個引發事故的簡單解釋。「你看，A 的洞如果高一點，我們就不會有這場意外，所以把 A 整片扔掉，換一片新的就好了。」當然同樣的說法也可以用在 B、C 或 D 上面，而在真正的事故中，乳酪的片數有時會有幾十

片或幾百片。在事後，要找到一個行動或決定，然後說如果不是這個原因，意外不會發生，是一件相當容易的事。但是這並不意味著這個行動真的引發了這場事故，它只是許多原因其中的一個。

你可以從大多數事故的「要是／要不是」說法裡看出這種心態。「要不是我決定抄那條近路，我不會出意外。」「要不是一直在下雨，我的煞車不會失靈。」「要是我當時向左看，我會早點看到那部車子。」是的，這些說法是真的，但它們都不是事故的主要原因，因為通常事故並非單一原因造成的。記者、律師、群眾都急著知道原因，這樣我們才能知道誰該負起責任，接受懲罰。但是有信譽的調查機構知道原因不是那麼單純，所以他們的調查才會花這麼長的時間。他們的責任是要了解系統並進行改進，以減少未來的事故。

瑞士乳酪的比喻，建議了幾種減少事故發生的方法：

- 多加幾片乳酪。
- 減少洞的數量（或使現有的洞變得更小）。
- 警告操作者，有幾個洞已經排成一列。

每一種方法都能減少事故的發生。多加幾片乳酪表示多幾道防線，例如航空業規定使用的協同檢驗的核對表。一個人讀表上的項目，另一個人操作，而第一個人再檢查確認操作是否適當。

減少可能會發生過失的機會，就像減少乳酪薄片上的洞。設計得好的設備會減少失誤和錯誤，這就像是減少洞的數目，並把既有的洞縮小。商業航空的安全水準正是因這種方式而獲得明顯的改善。國家運輸安全委員會的主席赫斯曼（Deborah Hersman）如此闡述這種設計理念：

透過重複性設計以及多重的防禦，美國的航空公司每天將兩百萬名乘客安全地送上天空。

「重複性設計以及多重的防禦」指的就是一片片的瑞士乳酪。這個比喻說明，試圖將引起事故的一個原因或是一些人當成罪魁禍首追究，是徒勞無功的事。我們應該從系統方面思考，考慮所有互相影響，導致人為過失的因素，然後設計一個方法使整個系統更加可靠。

當良好設計還是不夠的時候

如果真的是人犯的錯

有時候會有人問我，出了差錯，難道永遠是設計的錯，永遠不是人的錯？這個說法合理嗎？這是個好問題。是的，當然有時會是人的錯，不是設計的錯。

如果睡眠不足、疲勞，或受到藥物的影響，即使是能力很強的人也可能會表現失常。這就是為什麼法律禁止飛行員在飲酒後一定時間內飛行，或者限制他們連續飛行的時數。大多數涉及安全風險的職業，都有關於飲酒、睡眠、藥物方面的類似規定，但是許多其他的工作沒有這些限制。醫院經常要求員工不眠不休地工作，而他們連續工作的時數遠遠超出航空公司的安全規定。這有什麼道理？如果你是患者，你會希望睡眠不足的醫師為你動手術嗎？為什麼睡眠不足在一種情況下被認為很危險，而在另一種情況下卻被忽略？

　　有一些工作有身高、年齡或體力的要求，其他工作則需要相當的技能或知識，沒有受過訓練或能力不夠的人不應該做這些工作。這就是為什麼許多工作要需要經過訓練和政府批准的執照，例如開車、開飛機和醫療行為都需要訓練和考試。在航空領域，這樣還是不夠的，飛行員每個月必須保持最低的飛行時數來維持操作能力。

　　酒後駕駛仍然是一個汽車意外事故的主要原因，睡眠不足是另一個汽車肇事的禍首，而這些情況顯然是駕駛的錯。但是人偶爾會犯錯並不表示總是他們的責任。無論是設備或是程序，有太多的事故是設計不良的結果，其比例遠遠超過人的錯誤。

　　正如前面「有意的違規」一節提到的，人們有時會故意違反程序或規則，否則他們無法完成工作；或者有情非得已的狀況，不得不違規；又或者是他們抱僥倖的心理，賭它出事的機率不高。不幸的是，全世界有七十億人，如果一個危險的行動有百萬分之一的死亡率，也會導致全世界每年好幾百人的死亡。我最喜歡的航空安全的例子是：一位飛行員看到飛機的三個引擎油壓指數過低，他判斷是儀器故障，因為三個引擎同時故障的機率只有百萬分之一。他的說法是正確的，但很不幸，他就遇到那百萬分之一。光是在美國，2012 年就有大概九百萬次航班，所以百萬分之一的機會表示會有九起重大航空事故，這可不是個小數目。

　　有時候，真的是人的錯。

韌性工程

　　在大型工業系統中發生的事故，如鑽油井、煉油廠、化學工廠、電

力系統、交通運輸、醫療服務系統中出現的意外事故，對系統和周邊的社區都有重大的影響。有時候，問題並非出現於系統的內部，而是出現於外在因素，例如猛烈的暴風雪、地震或海嘯摧毀了既有的建設。在這兩種情況下，問題是如何設計和管理這些系統，使它們的損壞降低到最少，系統中斷的時間最短，能最快速地修復。一個重要的方法是**韌性工程**（Resilience Engineering）[5]。韌性工程的目標是透過系統、程序、管理和人員訓練的設計，使系統能夠應付突發的狀況，以及努力對這些元素（設備、程序和所有部門的溝通）不斷評估、測試和改善。

為了達到這個目的，大型資訊服務會故意中斷系統，來測試它的應變能力。例如說把關鍵性的系統無預警停機，測試備份系統和冗餘覆蓋能力（redundancies）的表現。雖然當系統運行中，還正在為客戶服務時做這種測試看起來很危險，但這是唯一能考驗這些大型複雜系統的方式。小規模的測試和模擬，並沒有包含真正的系統故障所特有的複雜性和壓力。

侯內格（Erik Hollnagel）、伍茲（David Woods）和列維森（Nancy Leveson）三位早期在這個領域裡的著名研究者，如此總結韌性工程的取向：

> 韌性工程是一種安全管理的典範，它的成功在於強調如何幫助人們應付壓力之下的複雜性。它與今天常見的記錄錯誤、設計對策、減少錯誤的方式有強烈的對比。一個韌性的組織把安全當作是核心價值，而不是一種可以計算的利益。事實上，安全應該顯示在沒有發生的事件，而不是發生了多少事件。與其因為過去的成功而減少安全方面的投資，一個韌性的組織會繼續預期不同的安

全危機，因為他們明白，他們的知識是不完善的，而他們的環境不斷在變化。因此，韌性的指標之一是先見之明，在失敗和傷害發生之前，能預見到風險不斷變化的能力。

自動化的矛盾

機器越來越聰明，而越來越多的任務會變得完全自動化，所以開始有一種傾向，認為涉及人為過失的許多問題會因此消失。在世界各地，車禍造成每年數以百萬的傷亡。如果我們能廣泛採用自動駕駛系統，事故和傷亡率可能會顯著降低，就像航空和工業界的自動化提高了效率，同時降低了意外和傷亡的比例。

當自動化有效的時候，它有許多好處；但是當它發生故障，其結果常常是出乎意料的危險。今天，互相連接的自動化發電系統大大減少了家庭和企業電力中斷的時間。但是輸電網路故障時，它可以影響一整個地區，而且要許多天才能恢復。如果我們有了自動駕駛系統，我預測會有更少的事故和傷害，但是一旦出了意外，那將會造成嚴重的後果。

自動化的系統能做越來越多的事。無論是冷暖氣保持適當的溫度，汽車自動保持正確的車道和跟前車的距離，從起飛到著陸都自動飛行的飛機，或是自動導航的船舶，自動化可以接管許多原本由人來完成的任務，做得跟人一樣好，甚至比人更好。此外，它使人不必花時間在沉悶的例行工作上，而可以更有效的使用時間，減少疲勞和錯誤。但是，雖然自動化可以接管平淡沉悶的任務，但是對複雜的任務它往往會投降，偏偏這正是最需要自動化的時候。自動化面臨的困境，是它能處理無聊

沉悶的工作，但是無法處理複雜的工作。

自動化出問題時，往往是沒有預警的。這個情況我已經在其他的著作和許多論文裡說明得非常徹底，而其他工業安全和自動化的專家也如此警告。當自動化的故障發生時，人類是脫節的，因為自動化的好處就是不需要人一直看著。這表示人並沒有在關注機器的操作狀態，而等到人發現故障，評估狀況，然後決定如何應對，要花上許多時間。

在飛機上，如果自動化失效，通常飛行員有相當長的時間，足以了解情況並做出反應。飛機通常飛得相當高，離地表超過 10 公里（6 英里）以上。即使飛機開始墜落，飛行員還是有好幾分鐘可以反應。此外，飛行員受過非常嚴格的專業訓練。當汽車自動化故障的時候，人可能只有不到一秒鐘的時間可以避免事故發生。這對最專業的賽車選手都是非常困難的，更何況大多數的駕駛都沒受過什麼訓練。

在某些情況下，可能有足夠的時間來反應，但必須要能及時注意到自動化的故障。在一個戲劇性的例子裡，自動化的失效導致遊輪「皇家陛下號」於 1995 年[6] 擱淺，故障持續了數天，造成了數百萬美元的損失，而且到了事後的調查中才發現故障的原因。到底發生了什麼事？遊輪的位置通常由全球定位系統（Global Positioning System, GPS）決定，但衛星天線連接導航系統的電線不知為什麼沒接好，因此導航系統從 GPS 定位切換成航位推算法（dead reckoning），改用速度和方向估算遊輪的位置，但是導航系統的設計沒有清楚顯示這個切換。結果本來從百慕達前往波士頓的這艘遊輪，因為航線太靠南邊，而航向了麻薩諸塞州伸出波士頓南方的鱈魚角（Cape Cod）半島，造成擱淺。因為自動導航已經多年未曾出錯，這增加了人們對它的信任及依賴，所以忽略了本來應該做的人為檢查，也忽略了顯示器上的標示（字母「dr」表示航位推

算模式）。這是一個模式問題所造成的嚴重過失。

處理過失的設計原則

人是有彈性的，思想靈活而富有創造力。機器是僵化的、精確的，運作方式相當固定。兩者之間的配合可以產生強大的能力。以電子計算機為例，它不像人一樣會解數學問題，但是它能計算人不能計算的問題。此外，計算機不會犯錯。因此，人類加上計算機是一個完美的組合：我們人類弄清楚什麼是重要的問題和如何定義問題，然後我們使用計算機來計算答案。

如果我們不將人與機器視為一個合作的體系，光把能自動化的任務交給機器，而人做剩下來的工作，問題就產生了。這會迫使人們照機器的方式做事，而不是用人類的能力來做事。我們希望人能監控機器，長時間保持警覺，這是件我們很難做到的事。如果我們要求人們用極高的精確度做重複的操作，這又是件人類很不擅長的事情。當我們這樣劃分機器和人類的任務，既沒有利用人類的長處和能力，反而求要人類做生理及心理上不適應的任務。然而，當人失敗的時候，又會因為人為過失而受到指責。

我們所說的「人為過失」，往往只是一個對機器來說不恰當的行動，它不應該被認為是個過失，它只是顯現了科技的不足。我們應該消除這個概念；與其說是過失，我們應該意識到人們可以利用設計的協助，將自己的目標和計畫轉換成適合機器處理的形式。

由於人類的能力和機器的要求有所差別，過失是無可避免的。因此

，好的設計要先認清這個事實，並且盡量減少過失的機會以及減輕過失的後果。假設每一個可能發生的人為過失都會發生，然後用好的設計防止它的發生。讓每一個行動都可以還原，使得犯錯的成本降低。以下是關鍵性的設計原則：

- 將操作所需的知識放在操作的環境裡（外界的知識），不要求人將所有的知識都記在腦中。如果人們已經學會了該有的操作方式，容許他們自行高效率地運作，不再依賴外界提供的知識，但是不熟悉的人必須要能運用外界的知識。這可以幫助人做一件不常做的事，或在長時間的中斷後回來執行一種原本很熟悉的操作。
- 使用局限的力量，包括物理、邏輯、意義和文化的各種自然或人為的局限，充分利用強制機能和自然對應的協助。
- 克服執行和評估的兩種障礙。讓要執行的事情，和用來評估的訊息容易發現。在執行方面提供前饋的訊息，讓行為的選項清楚。在評估方面提供回饋，讓每一個動作的結果顯而易見。用符合人的目標，計畫和期望的方式來準確地顯示系統的狀態。

我們應該用擁抱人為過失的方式來處理它，理解犯錯的原因，並確保它們不再發生。我們需要提供協助，而不是懲罰或斥責。

■註釋

[1] 譯註：在英文中，error 泛指一切無意產生的不正確作為，slip 是行為上不小心的失誤，

mistake 則是不正確的認知導致的錯誤。這三個詞在中文裡的界限很模糊，尤其是 error 和 mistakes，通常都譯成錯誤。為了清楚的劃分，error 稱為過失，slip 稱為失誤，是行為性的，而 mistake 稱為錯誤，源自不正確的認知。接下來的有關過失分類的章節裡，請注意這三個詞的區別。其後一般討論的部分，為求中文的通順，一般過失仍然也會稱為「錯誤」。

2　譯註：原文為 Gimli Glider，是這次迫降事件的俗稱，因為波音 767 被迫以滑翔的方式迫降在加拿大曼尼托巴省（Manitoba）的金姆利（Gimli），一座廢棄的空軍基地，所以被稱為「金姆利滑翔迫降事件」。

3　譯註：在本書前一版中，卓耀宗先生將 mode error 譯成「功用的失誤」。不同模式中的差異不止是功用，更重要的是每一個模式裡有一套不同的互動方式及解釋資訊的原則。為求周延以及貼近原文的含義，在本書中決定使用「模式的失誤」。

4　譯註：由失敗（ポカ）和避免（ヨケ）兩個字合成。ポカ為惡手、敗筆之意，泛指失敗或錯誤。ポカヨケ指的是防止出錯的措施。

5　譯註：Resilience Engineering 在不同的領域有「彈性工程」、「柔性工程」、「回復力工程」等不同說法。這些說法的共同意義，是一種改良系統，讓系統能承受外來壓力，能自體迅速恢復的能力。這種系統特質可稱為「韌性」。有韌性的系統不容易改變，改變也能迅速回復，防止進一步的損害。

6　譯註：原文中將擱淺事件的年份寫成 1997 年，事實上發生在 1995 年 6 月 10 日。經作者要求更正。

6

設計思維
Design Thinking

　　作為一個諮詢顧問，我有一個簡單的原則：絕對不先解決客戶要我解決的問題。為什麼有這麼一個不講道理的原則？因為客戶要我解決的問題往往不是根本問題；他們提出來的通常是一種表面的症狀。正如在第 5 章裡所提到的，意外事故和人為過失的解決方法是先確定事件的根本原因，而設計成功的祕訣是要先了解真正的問題。

　　令人吃驚的是，人們往往在解決問題之前不會去質疑這個問題。當我給工學院和商學院研究生上第一堂課，我會給他們一個要解決的問題，然後在下一週聽取他們的精彩解答。他們的分析、圖表和解說都很熟練。商學院的學生用電子表格分析了潛在客戶的統計資料，附上大量的數字：成本、銷售額、盈餘和利潤。準工程師則提出詳細的工程繪圖及規格。他們都做得很好，而且報告得十分精彩。

　　當所有的報告結束之後，我恭喜他們做出好成績，同時也問他們：「你怎麼知道你解決的是正確的問題？」他們開始糊塗了，工程師和管理碩士的訓練就是解決問題，為什麼會有人故意給他們錯誤的問題？我問道：「你覺得根本的問題在哪裡？」現實世界跟大學是不一樣的。在大學裡，教授會問一些定義清楚的問題；在現實世界中，問題不會那麼清楚，你必須自己去發現問題。只看到表面問題，而不去深入挖掘真正的問題，是個太容易發生的錯誤。

解決正確的問題

　　工程和管理的訓練是解決問題，而設計師受的訓練是發現真正的問題。用一個聰明的辦法解決一個錯誤的問題，還不如完全沒有解答。你

一定要找先到正確的問題。

　　優秀的設計師絕對不會從別人所給的問題開始，他們會先試著去理解什麼是真正的問題。因為如此，他們不會立刻聚焦在一個答案上；他們會擴大視野，研究人在做什麼事和試圖完成什麼目標，提出一個又一個的想法，把管理者都快搞瘋了。管理者希望看到進展，設計師似乎想往後退。給了他們一個明確的問題，他們不立刻解決，反而把它放在一邊，還想出一堆要考慮的新問題，要探索的新方向。這是在搞什麼？

　　這本書強調的重點，是人的能力和需求對新產品的重要性。設計可以從許多方面出發：有時它是受到新技術所啟發的，有時是競爭壓力，或者是美感。有些設計探索技術的極限，有些則探索想像力、社會文化、藝術或時尚的範疇。工程設計往往強調可靠、成本和效率；這本書的出發點，以及人本設計的出發點，是要讓設計的結果符合人類的願望、需求和能力。畢竟，我們為什麼要開發產品？我們是為了使用的人而開發的。

　　為了這個目的，設計專業發展出許多技術，避免停滯於太過膚淺的解決方式。設計者把原來對問題的描述視為一個建議，而不是最終的定義，然後廣泛地考慮什麼才是這個描述後面真正的問題。最重要的是，這個過程必須用開闊的思考反覆進行。設計師要抗拒直接跳進去解決問題的誘惑；相反地，他們必須先花時間確定根本的問題。除非根本的問題已經出現，他們不會開始去找解決方法。即使開始解決，他們也不會只靠一個答案，而會停下來考慮各種各樣的解決方式。過了這個階段，他們才會將精神匯集在一個提案上面。這個過程被稱為**設計思維**（design thinking）。

　　設計思維不是設計師的專利；所有能創新的人，不管他們是藝術家

、詩人、作家、科學家、工程師或企業家，都有這種思考的取向，即使自己意識不到這種傾向。因為設計專業的基礎是創新能力，以及針對根本問題的創造性解決方法，設計思維已成為現代設計公司的代表性特質。兩個設計思維的強大的工具，是人本設計，和雙菱形的發散—收斂模型。

人本設計（或是以人為中心的設計），是希望產品能滿足人們的需求，能為人們理解及使用，能實現人們期望的功能，能在使用過程中產生愉快的使用經驗。有效的設計必須滿足很多條件，包括形狀、成本、效率、可靠性和功能性、易理解性和易用性、外觀的美感、擁有產品的自豪，以及實際使用的樂趣。人本設計是滿足這些需求的過程。

長期以來，許多設計專業者發展出一套通用的人本設計方法。雖然每個人都有自己習慣的方式，但是大體上這套方法包含四個主要活動的反覆執行：觀察、衍生想法、製作原型，以及測試。但在此之前，必須恪遵一個重要的原則：要解決正確的問題。

「找到正確的問題」，和「符合人類的需求及能力」這兩個人本設計最重要的成分產生了一個兩階段的設計過程。第一個階段是找問題，第二則是找到合適的解決方案，而兩個階段都用到人本設計的方法。英國設計委員會（British Design Council）將這種兩階段的方式描述為一個「雙菱形」，我們從這裡開始談起。

雙菱形的設計模型

設計師往往從質疑眼前的問題開始：他們擴大問題的範圍，用發散

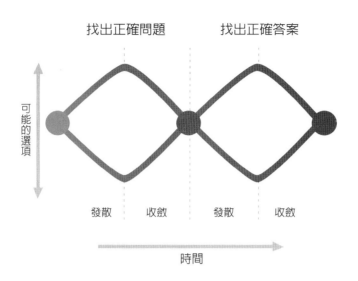

找出正確問題　　　找出正確答案

可能的選項

發散　　收斂　　發散　　收斂

時間

圖 6.1　雙菱形的設計模型。這個模型從一個想法開始，並經由初步的設計研究，拓展思考的空間，探索問題。在這之後才開始收斂到一個真正的，根本的問題。同樣地，在第二個階段使用設計研究的工具嘗試多種解決方法，然後才收斂集中在一個最後的提案。（摘自英國設計委員會 2005 年的出版物）

的方式審視背後的根本問題，然後他們收斂於一個最終對問題的定義。在尋找解決方式的階段，他們首先拓展空間，找出所有可能的答案（再一次的發散）。最後，他們收斂於一個解決方式的提案（如圖 6.1）。這種雙重發散─收斂的格局由英國設計委員會在 2005 年提出，並把它稱為**雙菱形的設計過程模型**。英國設計委員會將設計的過程劃分為四個階段：「發現」和「定義」，尋找正確問題的發散和收斂過程，以及「開發」和「交付」，尋找解決方案的發散和收斂過程。

　　兩次的發散─收斂過程免除了許多不必要的限制，但是我們不禁要對產品經理寄予同情，因為他們給了設計師一個要解決的問題，而設計師卻挑戰這個問題，堅持四處尋求更深入的了解。即使當設計師開始集中在一個問題時，他們似乎還是沒有進展，而是想出了各式各樣的意見和看法，其中許多想法既不成熟又不實際。這一切都會讓關心計畫進度

的產品經理相當不安,因為他們希望看到一個立即的答案。讓產品經理更挫折的是,即使在設計師開始找到一個解決方案之後,他們可能會意識到這個方案不夠好,所以必須重複整個過程(雖然這一次大概會快上很多)。

這樣反覆地發散和收斂,對於決定正確的問題以及最好的答案是很重要的。雖然它看起來很混亂也沒有結構,這個過程實際上遵循已經確立的原則和秩序。設計師的方法看起來如此散漫不羈,產品經理該如何確保整個團隊的進度?他應該鼓勵設計自由探索,但必須在一個時間表和預算的範圍內完成。沒有什麼能比一個絕對的截止日期,更能達到收斂的目的。

人本設計過程

雙菱形的模型描述了這兩個設計階段:尋找正確的問題和能滿足人類需求的答案。但實際上該怎麼做呢?這就是人本設計過程發揮作用的時候。

人本設計發生在雙菱形發散及收斂過程中,共有四種不同的活動(見圖 6.2):

1. 觀察
2. 衍生想法
3. 製作原型
4. 測試

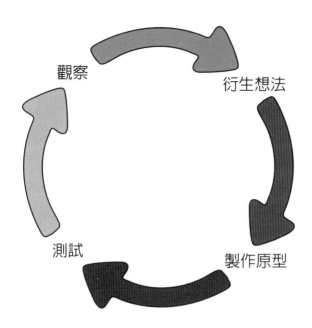

圖 6.2 人本設計的反覆週期。對目標群體進行觀察、衍生想法、製作原型和測試。反覆執行這些步驟，直到滿意為止。這通常被視為一種螺旋式的模型，而不是這裡所描繪的圓形，因為它強調每個反覆週期的進步。

　　這四項活動是反覆進行的。也就是說，這四項活動組合的週期是一遍又一遍的重複，每一次都產生更深刻的想法，並越來越接近理想的解決方案。現在讓我們逐一討論這四項活動。

觀察

　　一開始對問題本質的了解，是設計研究的一部分。要注意的是，這是種對產品的潛在客戶和將來的使用者的研究，而不是科學家在實驗室裡對科學定律的研究。設計研究者會去接觸客戶，觀察他們的活動，試圖了解他們的興趣、動機和真正的需求。產品設計開端對問題的定義，來自這些深刻的理解，包括使用者想完成的目標以及所經歷的障礙。其

中最關鍵的技術之一，是在實際使用產品的生活環境中觀察使用者的正常生活。在他們的家裡、學校、辦公室裡觀察他們上下班、聚會、進餐，或者與朋友上酒吧喝酒。如果有必要的話，連洗澡也跟進去，因為研究者有必要了解人們會遇到的實際生活情況，而不是一些片段的經驗。這種技術被稱為**應用民族誌**（applied ethnography），是一種從人類學借來的研究法。應用民族誌與一般人類學較緩慢的、注重方法論的學術研究有所不同，因為它們的目標不一樣。

其一，設計研究者的目標是想知道新產品應該滿足的需求；其二，產品開發的週期決定於開發的進度和預算。因為這兩個因素，我們需要更快速的理解方式，不能像一般的學術研究花上好幾年。

被觀察的對象要符合產品的目標客戶，這一點很重要。需要注意的是，傳統的人口統計變項，例如年齡、學歷、收入等等並不一定很關鍵，最關鍵的是他們所從事的活動。即使在非常不同的文化中，人類的活動往往非常類似。因此，設計研究應該要集中在他們做的活動，如何做這些活動，以及當地的環境和文化對活動的影響。對某些廣泛使用的商業產品而言，活動的本身佔主導性的地位；因此世界各地的汽車、電腦、手機是相當標準化的。它們的設計反映了它們被用來做的事，而這些事情不太有地域性的差異。

在某些情況下，對目標群體（target population）的詳細分析是很必要的。例如日本十幾歲的女生和日本女性有很大的不同，同時也異於德國的青少年女生。如果一個產品是為這樣的次文化設計，就必須對目標群體進行準確的研究。另外一種說法是不同的產品滿足不同的需求。除了功能性之外，某些產品同時也是身分或新潮的象徵，或是族群成員的符號。在這一點上，一個文化裡的青少年與另一種文化的青少年會有所

不同，而和同一個文化裡的兒童或成人也不會相同。設計研究者必須根據鎖定的市場和產品的目標群體，仔細調整他們的觀察重點。

在一個國家設計的產品，能不能在其他國家裡使用？只有一個辦法能回答這個問題：到那個國家去，而且在研究團隊中加入當地人。不要想省事留在家裡，然後研究從那個地方來的外國學生或是訪客。用這種方式得到的了解，很少能準確地反映目標群體實際使用產品的方式。對使用者和產品互動的直接觀察，是無可替代的。

設計研究對設計過程裡的兩個菱形很重要。第一個菱形是尋找正確的問題，需要對真正需求的深刻理解。一旦問題被定義，尋找合適的解決方案再一次需要對目標群體的深刻理解：這些人是怎麼從事他們的活動，他們的能力和過往的經驗，以及什麼文化因素可能會造成影響。

❖ 設計研究和市場調查

設計與行銷是產品開發的兩個重要領域。這兩個領域是互補的，分別有不同的焦點。設計研究要知道的是人們真正的需求，以及他們實際上會如何使用產品或服務。行銷要知道什麼人會買，以及了解他們如何形成購買的決定。不同的目的使得這兩種專業發展出不同的研究方法。設計研究傾向於使用質化（qualitative）的觀察方法，讓他們可以深入研究使用者，了解人的活動以及相關的環境因素。這些方法是非常耗時的，所以設計研究的對象通常只限於十幾個或數十個人。

而行銷關注的是顧客。誰會購買這樣東西？什麼因素會誘使他們考慮以及購買一項產品？傳統的市場調查多採用大規模的量化（quantitative）研究法，利用焦點小組（focus group）[1]和問卷收集大量資料。透過許多次的焦點小組收集數百個人的意見，或者數百數千人的問

卷調查，都是常見的方式。

網際網路的出現和取得大量數據的能力，促成了一種量化分析的新方法，被稱為「大數據」（big data）或有時候稱為「市場解析」（market analytics）。對於一些熱門網站，A/B 測試能很容易看出設計的優劣。網站可以設立兩套不同設計的網頁，隨機選擇一組來訪的使用者（也許 10％）給予其中一套網頁（A 組），再隨機抽另外一組給予第二套網頁（B 組）。在幾個小時內，這兩套設計已經有幾萬個上網的人使用過，累積了足夠的數據，因此很容易能看出哪一套設計會產生更好的效果。此外，網站可以截取關於訪客及網上行為的豐富資料，包括年齡、收入、家庭和工作的地址、以前的購買記錄，以及去過哪些其他網站。使用大數據來做市場調查的優點是經常被提出來討論的，但是不足之處卻很少受到注意，唯一被提及的是侵犯個人隱私的顧慮。除了侵犯隱私，真正的問題是數據之間的相關性並不能說明人們的真正需求，他們想要什麼，以及他們的活動背後的原因。因此，這些數據能給人一種假象。但是使用大數據和市場解析是非常誘人的選擇：不需要出差，費用很低，有一堆數字能做出漂亮的圖表，以及令人印象深刻的統計數據，這些對高階主管都非常有說服力。到最後，你會相信誰？是相信數百萬筆數據裡分析出來的顯著統計結果以及色彩豐富的圖表，還是相信一群跑到現場的設計研究者，靠觀察形成的主觀印象？

不同的研究方法有不同的目標，也會產生非常不同的研究結果。設計師抱怨市場調查使用的方法無法了解真正的行為；人們在問卷上說他們做了什麼、要些什麼，並不符合他們實際的行為或期望。做市場調查的人抱怨說，雖然設計研究的方法能得到深刻的了解，只觀察少數的對象是一個問題。設計師則反駁，傳統的市場調查只提供了對大量樣本的

膚淺了解。

這場辯論是沒有意義的，因為所有的研究法都有必要。對客戶的研究是一種權衡：從一小群人身上得到深入的了解，還是從一大群人的資料中得到廣泛的、可靠的採購數據？我們兩者都該做。設計師了解人們真正需要的是什麼，行銷則了解人們實際上買了些什麼，這些是不一樣的情報，而這兩種方法都是重要的。行銷和設計方面的研究人員應該彼此合作，成為互補的兩種專業團隊。

一個成功的產品有什麼條件？首先，如果沒有人購買產品，那麼一切免談，產品設計必須支持客戶的購買決定牽涉到的所有因素。其次，一旦產品已經被購買並開始使用，它必須滿足客戶真正的需求，使人們得以理解、使用，並從中得到樂趣。設計的規範必須同時包括這兩個方面：行銷和設計，購買過程和使用經驗。

衍生想法

一旦設計的要求確定了，設計團隊的下一步是發想潛在的解決方案。這個過程被稱為衍生想法（idea generation，或是 ideation）。這項活動在雙菱形的兩個階段都可能發生，不管是尋找正確的問題，或是尋找好的答案。

這是設計活動中最有趣的部分，因為它很需要創造力。產生想法的方法很多，而這些方法常常被歸類為「腦力激盪」（brainstorming）。無論使用哪種方法，腦力激盪通常會遵循兩個主要的規則：

・**先產生許許多多的想法**。太早鎖定於一兩個想法是危險的。

- **求創意，不要自我設限**。無論是自己的還是別人的想法，都要避免批評。即使是明顯錯誤的瘋狂想法，也可能包含創造性的見解，在最後的選擇中可以善加利用。成功的腦力激盪要盡量避免過早排除任何想法。

我想補充第三條規則：

- **質疑一切**。我特別喜歡「愚蠢」的問題。傻問題常常質疑一些很基本的事情，基本到每個人都認為是顯而易見的。但是當你認真對待這個問題，卻發現傻問題往往並不那麼傻，而答案往往並不那麼理所當然。我們認為顯而易見的答案僅僅是習以為常的答案；當它受到質疑時，我們不見得知道原因。很多時候，問題的解答來自於質疑明顯答案的傻問題。

製作原型

想知道一個想法是否合理，唯一的方法是對這個想法進行測試，為每一個可能的方案製作一個原型，也就是簡單的實體模型。在早期的階段，這個實體模型可以是鉛筆素描、保麗龍或紙板模型，或者是用繪圖工具畫出來的簡單圖形。我做過的實體模型包括電子表格、PowerPoint投影片，以及在卡片或便條紙上的塗鴉。如果原型很難製作，尤其是一項服務或一個自動化系統的開發，有時候表達想法最好的方式是一個故事。

一種流行的原型技術被稱為「奧茲巫師」（Wizard of Oz）。這個

名字來自包姆（L. Frank Baum）的經典名著（以及經典電影）《綠野仙蹤》裡的巫師。書裡的巫師實際上只是一個普通人，但是透過使用各種煙幕，他看起來既神祕又無所不能。換句話說，那全是假的，巫師並沒有特別的神力。

在建造一個功能強大的系統之前，可以用奧茲巫師法來模擬這個系統，藉此來了解使用者會要求些什麼，而且在開發的早期階段十分有效。我曾經用這個方法測試全錄公司（Xerox）的帕羅奧圖研究中心（Palo Alto Research Center, PARC）所設計的機票預訂系統。我們把接受測試的人（受試者）帶到我在聖地牙哥的一間實驗室裡，一次一個人，讓他們坐在一部電腦前面，輸入他們的對旅遊的需求。他們以為電腦另一端有一個自動化的旅行協助系統，但是事實上，我的一個研究生坐在隔壁的房間裡，閱讀受試者輸入的查詢，然後照著飛機的班次表回應。我們從這種模擬可以學到很多關於旅行系統的要求；例如說，人所輸入的句子和原本系統裡能應付的句子有很大的不同。

舉個例子來說，一位受試者想要買聖地牙哥和舊金山之間的來回機票。系統確定了到舊金山的班機之後，它問道：「您打算什麼時候回來？」受試者回答：「我想在下星期二回來，但我必須能趕上早上九點的第一堂課。」我們立刻就知道，系統的設計不足以應付這種陳述方式，因為要趕上第一堂課，它必須能綜合大量的相關資訊來解決問題，例如機場和上課地點的距離、交通狀況，以及提領行李、退還租車，還有找停車位所需要的時間。這超過了系統的能力範圍。我們最初的目標是理解語言結構，這項研究說明這個目標是不夠的，我們需要了解人類的活動。

在定義問題的階段製作原型，主要是為了要了解問題。如果目標群

體已經在使用一些相關的產品，這些產品可以被視為一種原型，用來了解問題。一旦進入問題解決的階段，再製作代表解決方案的原型。

測試

　　每一個產品都是為某些目標群體設計的，找一小群和目標群體條件相符的人，用盡可能接近實際使用情況的方式，讓他們使用製作出來的原型。例如說，如果這個產品通常是由一個人單獨使用，則一次找一個人來測試；如果它通常是一組人一起用，那就找一組人一起測試。唯一的例外是一種配對測試的技巧：即使一般是由一個人使用，你可以試著一次找兩個人，讓一個人使用原型，另一個人負責指揮他的行動並說出使用的結果。這種配對測試讓他們得以用開放自然的方式討論使用過程中的想法、假設和挫折。研究者應當在旁邊觀察而不去打擾他們，可以坐在受試者的後面觀察，或透過視訊在另一個房間觀看。不管是用來做資料分析，或是用來向團隊成員解釋分析的結果，測試過程的錄影經常是很有價值的。

　　當研究結束後，讓受試者追溯使用的步驟，提醒他們做過哪些事，詢問他們的想法，這樣的方式能更詳細了解受試者的思考歷程。有時候把錄影放給他們看，能幫助他們回想自己的活動和想法。

　　這樣的測試要包括多少人？這一點眾說紛紜，但是我的同事尼爾森（Jakob Nielsen）長期以來提倡「五」這個數目：找五個人分別測試，根據測試結果改良原型，然後找五個不同的人再做一次測試。五個受試者通常足以找出主要的測試結果。如果你真的想測試更多人，一次還是五個人，但是增加「測試—改良」這個週期的次數，不斷重複，直到達

到想要的人數。這種方式比一次測試許多人有效得多，因為它給你多次改良的機會，而不是只做一次改良。

如同原型的製作，在問題定義階段的測試，能幫助設計師對問題的充分理解，然後在問題解決的階段可以用來保證新的設計能符合受試者（以及目標群體）的需要和能力。

重複漸進

重複漸進（iteration）[2] 在人本設計中的意義是不斷的改進和提昇。如同史丹福大學教授，設計公司 IDEO 的創始人之一凱利（David Kelley）所言，設計活動的目標是快速地設計和測試原型，所以才能「失敗得早，失敗得快」（見第 2 章）。

許多很理性的高階主管和政府官員，從來不能完全了解設計過程的這個層面。為什麼你要失敗？他們似乎認為，只要確定規格，然後根據規格開發，之後經由測試確定符合規格就行了。正是這種觀念導致今天有這麼多難以使用的系統。計畫性的測試和改進會讓東西變得更好，而失敗是值得鼓勵的事。其實，它們不應該被稱為「失敗」，它們應該被看作是學習經驗。如果一切完美，反而學不到東西；碰到困難，才有學習跟進步。

設計中最困難的部分是找出正確的要求，定義出正確的問題，然後找到適當的答案。在抽象的情況下制定出來的要求總是錯的；問人們他們要些什麼，這種透過詢問方式得到的要求也總是錯的。真正的要求，要在普通的環境中，自然地對人觀察才能了解。

當你問人們需要什麼，他們會想到的主要是日常生活面對的問題，

很少注意到更大的問題及更基本的需求。他們從不質疑現在使用的方式，而且，即使他們小心地解釋他們怎麼做，然後你去觀察他們實際做那些事，他們的行為往往和自己的描述有所差異。你會問：「為什麼有差異？」「喔，我這次做的方式有點不同，」他們回答：「這是個特例。」事實證明，大多數情況下都是「特例」。

要得到正確的要求，要靠反覆的研究和試驗，也就是重複漸進。透過觀察和研究，決定問題可能是什麼，並使用測試的結果來決定設計的哪一部分及格，哪一部分還有問題，然後將這四個過程再循環一次。如果有必要的話，收集更多的研究結果，衍生更多的想法，開發更多的原型，並對其進行測試。

隨著每一個週期，測試和觀察可以更有重點也更有效，想法更加清晰，對問題的定義更清楚，原型也更接近實際的產品。在幾次的重複漸進之後，就能開始往一個解決方案聚焦，將幾個不同的原型所代表的想法融合為一。

這個過程什麼時候結束？這要由產品經理決定，因為他必須在預定時間內提出最高品質的結果。在產品開發的過程中，進度和成本是非常強大的局限，而設計團隊必須在這些限制下做出一個高品質的設計。不管設計團隊有多長的時間，最後的結果都像是期限之前二十四小時內趕出來的。（這就像寫作，無論你有多長的時間去寫，總是在截稿的幾個小時前才寫得完。）

以活動為中心的設計，以人為中心的設計

強調對人的關注，是人本設計的特點之一。然而人是有差異性的，

如果這項產品要設計給全世界各地的人來用，該怎麼辦？許多製造商基本上對所有的顧客提供相同的產品。雖然汽車必須要照各個國家的法規加以修改，全世界的汽車基本上是相同的。照相機、電腦、電話、平板電腦、電視機、電冰箱也差不多。是的，是有一些地域性的差異，但相對來說差異很少。即使像電鍋這種專門針對某種文化的產品，也會被其他的文化採用，而且設計不會做太大的更改。

我們怎樣才能配合形形色色、非常不同的人呢？答案是要專注於人的活動，而不是個人的特質。我稱它為「以活動為中心」的設計概念。讓人的活動來界定產品及其結構，而產品的概念模型應該建立在活動的概念模型的基礎上。

這是什麼道理？因為人們的活動在世界各地往往是類似的。此外，儘管人們不願意學習看起來沒道理、不容易理解的系統，他們卻願意學習和他們的活動密切相關的東西。這是不是違反了以人為中心的設計原則？絕對不是，它是人本設計的增強版，畢竟這些活動是由人來進行的。以活動為中心的方法是一種人本設計的取向，適用於數量龐大、差異性大的人群。

我們再回來談汽車，基本上世界各地的汽車都差不多。開車需要無數的動作，其中有許多動作在開車的情況之外是毫無意義的。這些動作增加了駕駛活動的複雜性，使得一個人要花上許多時間才能成為一個熟練的駕駛。你需要學會控制踏板、轉方向盤、打方向燈、控制燈光、注意路況，同時意識到兩側和後方車輛的動態，有時候還要和車內的人交談。在此同時，還必須注意儀表板上的訊息，尤其是時速表、散熱器的溫度、油壓，和汽油存量。為了顧及左右及朝後面的照後鏡，使你必須常常將視線從面前的道路移開。

　　儘管需要掌握的事這麼多，人們還是能學會開車，而且開得不錯。以汽車和駕駛活動的設計來看，每一件事似乎都很妥當，但是我們能把它設計得更好。自動變速器省去了離合器踏板；平視顯示器（Heads-up Displays）使得重要的儀表板及導航資訊，可以顯示在駕駛的正前方，所以要看它們不需要轉移視線（雖然駕駛還是要轉移注意力）。總有一天，我們會再簡化一個動作，用一個螢幕來取代今天三個分開的照後鏡。我們如何改良汽車的設計？藉由對駕駛活動的仔細觀察和分析。

　　要讓設計為人接受，讓人願意學習必要的使用方式，就必須清楚人類的活動，同時了解人的能力限制。

❖ 任務和活動之間的差異

　　在這裡要稍微做一個定義：任務（task）和活動（activity）之間是有區別的。活動是一個較高層次的事件，例如說「去買東西」。任務是一個活動中級別較低的動作，例如說「開車去超級市場」，「拿一個購物籃」，「照購物清單把東西找齊」之類的。我想強調的是要為活動做設計，因為根據任務做的設計通常過於狹隘。

　　活動可以看成是一組朝著共同的高層次目標執行的任務。任務則是一群組織完整的動作，指向一個低層次目標。一個產品必須支持一項活動以及所包含的各項任務。好的設計會將同一個活動中的任務天衣無縫地連在一起，讓一項任務不至於干預其他各項任務的執行。

　　活動是分層級的，因此，一個高階的活動下面有眾多級別較低的活動。再下一層，低層次的活動會長出許多「任務」，而任務最終則是分解成被執行的基本「動作」。美國心理學家卡佛（Charles Carver）和舍爾（Michael Scheier）認為，目標以三種基本層次控制活動。「存在目

標」（be-goal）是最高、最抽象的層次，掌管一個人存在的意義：它是根本的、持久的，決定人們為了什麼而生活，以及一個人的自我形象。

　　跟每天的活動實際上更相關的，是下一個階層的目標，「行為目標」（do-goal），這就像我前面所提到的行動的七個階段。行為目標決定這項活動的計畫和行動。這個結構最下面一個階級是「動作目標」（motor-goal），決定細部的動作該怎麼進行，這已經是在任務和操作的層次，而不是活動的層次。德國心理學家哈森索爾（Marc Hassenzahl）的研究說明，在開發過程中，如何用這三個層次來對產品互動和使用者經驗（User Experience, UX）進行分析。

　　專注於任務層次，會造成太多限制。蘋果公司設計的 iPod 很成功，是因為蘋果支援整個聽音樂的活動：發現音樂、購買音樂、將音樂放入 iPod、設定和分享播放列表，以及享受音樂。蘋果還允許其他公司為這個系統增添功能，提供外接的喇叭、麥克風，以及各種週邊配件，使得蘋果的產品可以透過這些公司的音響系統將音樂送到家裡任何地方。蘋果的成功來自兩個因素的結合：精心的設計，加上支援整個享受音樂的活動。

　　為個人的特質量身設計，結果可能很合適這個人，對其他人並不合適。為人的活動而設計，結果將會對每一個參與活動的人都適用。另一個主要的好處是，如果這項設計和它的複雜性符合人們的活動，他們會覺得這是自然合理的，於是願意學習新的方式和容忍它的複雜性。

重複漸進與線性階段的設計歷程

　　傳統的設計歷程是線性的，有時被稱為「瀑布模型」，因為它的進

展只朝一個方向推移,就像水只往下流。一旦做了一個決定,就很難回頭改變這個決定。和這種模式相反的,是人本設計中的重複漸進方法。它的過程是循環式的,對設計不斷改良,並且鼓勵設計者重新檢驗先前的決定。許多軟體開發的方式也朝這個方向改變,發展所謂「爭球」(scrum)[3] 或「敏捷開發」(agile development)的作業方式。

線性的瀑布模型,邏輯很清楚。研究應該先於設計,而設計先於工程開發,工程開發又先於製造過程,依此類推。重複漸進的意義,是幫助設計活動澄清真正的問題及要求,但是當計畫規模龐大,涉及可觀的人數、時間和預算時,重複漸進會變得十分昂貴,不能進行得太久。另一方面,重複漸進的支持者舉出太多的例子,指出許多團隊急於著手開發,後來發現先前的要求是錯誤的,結果浪費大量的成本,因此造成了許多大型計畫的失敗以及數億元的損失。

最傳統的瀑布模型,是所謂「閘門」(gated)的把關方式。因為瀑布式的過程是一組線性的階段,而階段之間可以用一個閘門來阻斷。這個閘門通常是對計畫進展的一種管理和審查,並決定計畫是否向下一階段進行。

哪一種方法更勝一籌?如同一切有高度爭議性的問題,兩邊都各有優點,也各有缺點。在設計中最困難的挑戰之一是了解正確的要求,確定設計解決的是真正的問題。重複漸進的方法有意地推遲這個決定,避免太早定義狹隘的規格。因此,重複漸進的方法最適合產品的早期設計階段,而不適用於後期的工程階段。它的程序也很難擴大到大型的開發計畫。將重複漸進的方法成功部署到一個牽涉數百數千人的團隊,耗時數年,成本上億的計畫上,是一件極端困難的事。這些大型專案包括複雜的消費產品和大型的硬體軟體工程,例如汽車、電腦、平板電腦、手

機操作系統，以及商業軟體的開發。

比起重複漸進，閘門式的決定方式讓管理階層更容易控制開發的過程。然而，閘門式決定是笨拙的，因為每一關的審查都可能需要相當長的時間，光是排一個包括相關主管的審查會議就可能要浪費幾個星期。

許多產品開發的團隊正在實驗不同的作業管理方法。最好的方法同時採用了重複漸進和階段性評估的優點。重複漸進可以在一個階段內，上一個閘門與下一個閘門之間發生。我們的目標是取兩者的長處，在每一個階段內用反覆試驗及改進的方式尋找正確的問題和解答，再加上階段之間的管理審查。

這種折衷方式的關鍵，是推遲對產品精確規格的制定，留出能快速製作原型和重複測試的時間，同時仍然嚴格地管理進度、預算和品質。一些大型的計畫似乎很難製作原型（例如說大型運輸系統），但事實上還是有很多變通的方式。它的原型可能被縮小尺寸，用 3D 列印做出來的實體模型。草圖、分鏡圖、動畫，都是很有效的原型。虛擬實境的電腦系統能讓人設想自己使用產品的情形，或者在建築設計裡居住或工作的情況。這些方法都可以在投入大量的時間和金錢之前，進行快速的評估。

複雜產品的開發過程裡，最困難的部分是管理。要組織許多不同的人、團隊、部門，和他們溝通協調，同步作業。大型的計畫尤其難管，這不僅是因為要管理許多不同的人，也是因為長時間的開發過程會自然發生許多困難。如果一個計畫花上好幾年來完成，它所牽涉的需求及技術可能會隨時間而改變，使得某些工作變得過時或無關緊要。要使用產品的人可能會改變，而參與開發的人員則肯定會變動。

也許是因為生病、受傷、退休、升遷、調職或跳槽，有些人會離

開這個計畫。不管原因為何，尋找替補人員，等他們提高能力水準，能夠進入狀況，會浪費相當多的時間。有時甚至不可能完全替補，因為有關計畫決策和方法的關鍵知識，是我們所稱的隱性知識（implicit knowledge）；也就是說，它只存在於工作者的腦中。當這個人離開了，他的隱性知識就跟著不見了。管理龐大的開發計畫的確是一項艱鉅的挑戰。

我剛剛怎麼說的？現實通常不是那麼一回事

前一節描述產品開發中，以人為中心的設計過程。但是有關理論和實踐之間的區別，有這麼一個老笑話：

> 從理論上來說，理論和實踐之間沒有區別。
> 從實踐上來說，區別可大了。

人本設計描述的是一種理想的過程，但是商業環境中的現實考量，常常迫使我們無法照理想中的方式進行。一個消費性產品的設計團隊裡，一位心灰意冷的設計師告訴我，即使他的公司聲稱他們相信使用者經驗的價值，並且遵循人本設計的原則，在現實中，公司的新產品只關心兩件事：

1. 因為要跟上競爭對手的產品，所以添加新功能。
2. 因為有新科技，所以增加了新功能。

「難道我們不需要在乎人的需求嗎？」他覺得自己多此一問，「顯然公司覺得不需要。」

這是個常見的情況。市場導向的壓力，加上技術導向的文化，會不斷在產品上增加新功能、複雜性和混亂。但即使是有心了解客戶需求的公司，也經常因為產品開發過程中的嚴峻挑戰而挫敗，尤其是時間不足和資金缺乏的挑戰。因為看過了很多產品屈服於這些挑戰，我提出了所謂的「產品開發定律」：

> 諾曼的產品開發定律：
> 一個產品開始開發的那一天，就已經落後進度、超過預算了。

產品的推出總是伴隨著時間和預算的限制。在一般情況下，推出的日程表是外界因素決定的，包括節日、特別的產品發布時機，以及製造工廠的時間表。我曾經做過一項產品，只有四個星期的時間，完全不切實際，那是因為在西班牙的工廠要開始放假；如果等到工人度假回來才開工，產品會趕不上聖誕節的銷售旺季。

此外，產品開發的啟動也需要些時間。人們不可能會坐在那裡，什麼都不做，光是等著被叫去開發產品。一個開發團隊必須召集、審核人選，然後把人從他們目前的工作職位上調過來。這一切都需要時間，而常常在進度中不曾安排這樣的時間。

想像一下：一個設計團隊接到命令，要開始開發一個新產品。團隊的成員集體歡呼：「太好了！我們會立刻派出我們的設計研究人員，開始研究產品的目標群體！」

「你這研究，要花多長時間？」產品經理問道。

「哦，很快！大概花一兩個星期安排，然後實地觀察兩個星期，再一兩個星期整理研究成果。總共四五個星期就夠了。」

「對不起，」產品經理說：「我們沒那個時間，何況我們也沒有派隊去實地觀察兩個星期的預算。」

設計者不同意：「但是如果我們真的想了解目標群體，這是必須要做的。」

產品經理說：「你說的沒錯，但是進度已經落後了。我們花不起這個時間或預算。下次，好不好？下次我們一定會做。」當然好，只是永遠也不會有下次。當下次機會來臨時，同樣的爭論會再度重複，因為產品的開發從頭一天起就落後進度、超過預算。

產品的開發牽涉到許多專業的複雜組合，從設計師、工程師、程式編寫、生產、包裝、銷售、市場行銷和售後服務，以及其他更多不同的合作領域。一項產品要能吸引既有的客戶以及新的客戶，專利權問題更為設計師和工程師布下了一個步步陷阱的地雷區，因為在今天，設計或製造一個與任何既有專利不相衝突的產品幾乎是不可能的。這意味著設計師必須小心繞過許多可能觸犯專利的地雷。

每一個單獨的專業對產品都有不同的看法，也有雖不相同，但同樣具體的條件要滿足。由各個專業提出的要求往往互相矛盾，但是從他們各自的角度來看，又都合情合理。然而在大多數公司裡，這些專業分別獨立作業：設計部門把設計交給工程部門，工程師修修改改滿足他們的要求；然後他們將結果交到編寫程式的開發部門，他們又再加以修改；再下來，製造部門再改一次，市場行銷又改一次，結果成了個爛攤子。

這個問題該如何解決？

應付因時間緊縮，而無法做前期設計研究的困難，唯一的解決方法

是將它從產品開發的進度中分離出來：讓設計研究者持續地在使用的環境中觀察目標群體，研究相關的產品及客戶。當一個新產品的開發計畫啟動時，設計人員可以很快地說：「我們已經研究過使用者的需求，這是我們的提案。」同樣的道理也適用於市場調查的研究人員。

解決專業之間的衝突，可以透過跨領域整合（multidisciplinary）的團隊，讓其中的成員學著去理解和尊重其他專業的觀點。一個好的產品開發團隊要能在任何時刻，都能跟其他相關專業合作。如果所有參與者對其他專業的觀點和要求有所理解，他們通常能找出創造性的解決方式來滿足大多數的要求。這項工作充滿了挑戰；每一個人都有自己的技術性詞彙，而每一個領域都認為自己是這個過程中最重要的部分。很多時候，每個領域都認為別人是愚蠢的，而其他領域的要求不合理。領導這樣一個團隊，需要成熟的產品經理來創造相互理解尊重的工作氣氛。不容易，但是是可以做得到的。

由雙菱形和人本設計構成的設計方法是種理想。即使理想在實踐中不一定能發生，但是必須以這個理想作為目標，同時面對時間和預算的現實挑戰。這些是可以克服的，但只有面對這個挑戰，並且在開發過程中加以考量，才有可能。一個跨領域整合的團隊能增進不同專業之間的溝通和合作，往往能幫助開發的過程節省時間和成本。

設計的挑戰

好的設計是很困難的，但是能產生強大的影響，這使得設計成為如此豐富、如此吸引人的一門專業。設計師要能管理事物的複雜性，能處

理人和科技的互動。優秀的設計師要能快速學習；今天他們可能要設計一臺照相機，明天可能是一個運輸系統，或是一個公司的組織結構。一個人怎麼能跨越這麼多不同的領域？因為只要是為人所做的設計，不論是任何領域，基本原則是相同的。同樣都是人，因此可以應用同樣的設計原理。

設計師只是複雜的開發過程中，許多專業的其中一項。雖然這本書的主題是使用者需求的重要性，產品的其他方面也是很重要的。例如，它的工程製造好不好？這包括產品的功能、耐用程度、維修的難易度。它的成本如何？有沒有獲利能力？人們會買嗎？每一方面都有自己的一套要求，有時這些要求會和其他方面的要求衝突。

設計師試著了解人們的真實需求，努力滿足它們，而行銷關注的是人們實際上會買些什麼。人們需要什麼和他們會買的東西是兩碼事，但兩者都是重要的。不管產品有多麼偉大，還是要有人購買；如果一個公司的產品無法獲利，公司很可能會關門。在一家功能不健全的企業裡，每個部門對其他部門能為產品增加多少價值，都抱著懷疑的態度。

在一個運作良好的組織裡，從各個不同領域來的團隊成員聚在一起，溝通他們的要求，以合作的方式設計出能滿足整個團隊的產品，或者至少達成彼此可以接受的妥協。在不正常的企業裡，每一個領域獨自作業，彼此隔離，經常與其他的團隊爭執，往往看到自己的規格或要求，被其他的部門以不合理的方式更改。除了好的技術能力，要生產好的產品需要許多條件，包括一個和諧、順暢、合作和相互尊重的組織。

設計的過程中必須克服諸多限制。在下面的章節中，我將討論這些因素。

產品有許多相互矛盾的要求

設計師必須取悅他們的客戶，而這些客戶不見得總是最終的使用者。以大型家電為例，這些例子包括爐子、冰箱、洗碗機、洗衣機、乾衣機，甚至於水龍頭以及空調系統。

大型家電通常由房地產開發商或出租業主購買。在企業界的大公司由採購部門決定，小公司則由老闆決定。在這些情況下，買方的考慮主要是價格，再下來是大小或外觀，幾乎肯定不會是易用性。而一旦這些設備被購買安裝之後，購買者往往就不再關心了。製造商必須關注這些購買決策者的要求，因為他們究竟是實際出資購買的人。最終使用者的需求固然要緊，但是對企業而言，他們並不見得是最關鍵的。

在某些情況下，價格是最主要的考慮。舉個例子來說，你是一個辦公室影印機設計小組的一員。在大公司裡，影印機是由「印刷和複印中心」購買，然後分發到各個部門。影印機的採購要經過正式的招標，而第一步是將「提案要求書」（request for proposals）送給影印機的製造商及經銷商。最後的選擇，幾乎總是基於價格以及功能的考量。易用性？訓練費用？維修容不容易？不曾考慮。要求書裡不會包括有關產品易理解性或易用性的規格，即使這些方面的缺失到最後可能花費公司昂貴的成本，浪費大量時間，增加額外服務和訓練的負擔，甚至降低員工的士氣和生產力。

對售價的過分重視，是我們工作場合裡有難用的影印機和電話系統的原因之一。如果我們的抱怨夠大聲，易用性可能會成為採購要求的一部分，而這一部分會影響到產品的設計。但是，如果沒有這種聲音，設計人被逼著設計出最便宜的產品，因為那些產品容易賣。設計師需要了

解他們的顧客，而在許多情況下，這些出錢的顧客只負責購買產品，而不是真正使用產品的人。研究這些負責採購的人，和研究那些使用它的人，是同樣重要的。

要考慮另一群人的需要，讓這件事變得更困難：工程、開發、製造、客服、業務和行銷人員。這群人必須把設計團隊的想法轉變成現實的產品，然後出售以及負責售後服務。這群人也是使用者；不是產品本身的使用者，但卻是設計工作成果的使用者。設計師常常盡量配合產品用戶的需求，但他們很少考慮產品開發過程中其他合作者的需求。如果這些人的需要沒有受到重視，當產品開發過程從設計轉移到工程、行銷、製造，每一個新的階段會發現產品的規格不符合他們的要求，因此他們只好加以更改。但是這種零碎的、事後補救的更改只會削弱產品的整體性。如果所有的條件在設計過程一開始便考慮進去，應該能設計出更令人滿意的產品。

不同的部門通常有很多聰明又努力的人，想為公司做最好的貢獻。當他們對設計進行更改，那是因為他們對產品的需求並沒有得到滿足。雖然他們的顧慮和要求是合理的，但以這種方式引入的改變，幾乎都無法對產品有所幫助。防止這種改變最好的方法，是讓每一個部門的代表能參與整個設計的過程，包括推出這項產品的決定，一路到出貨、服務、維修和處理退貨的所有階段。如此一來，所有部門的顧慮能夠盡快被提出來討論。這樣的協調需要一個跨領域的小組來領導，從頭一天開始就溝通整個設計、工程和製造各個部門的問題和顧慮，使設計得以考慮及滿足所有的要求。而當衝突出現時，這個小組可以共同決定最好的解決方法。令人難過的是，能夠用這種方式運作的公司，是如此少見。

設計是一個複雜的活動，但這個複雜的過程能成功的唯一途徑，是

讓所有相關的部門能組成一個共同努力的團隊，而不是設計對上工程，對上行銷，或對上製造工廠，而是和這些部門一同設計。設計必須考慮到銷售管道、市場宣傳、售後服務、工程、製造、成本和進度。這就是為什麼設計活動如此具有挑戰性，而當這一切都互相配合，共同創造出一個成功的產品時，它又能給你如此的樂趣和成就感。

為有特殊需要的人設計

世界上沒有所謂「一般的人」，每一個人多少都有些不同，這為設計師帶來了一個特殊的問題，因為設計師常常必須找到一個許多人能用的設計。設計師可以參考一種統計手冊，裡頭有各種表格告訴你人類平均的手臂長度、坐高、一般人坐著的時候手可以往後伸多遠，以及設計時要為臀部、膝蓋和手肘留多少空間。這個領域被稱為人體計量學（Physical anthropometry）。利用這類數據，設計者可以滿足多數人在尺寸上的要求。假設產品的設計要能配合 95 個百分位數（percentile），這表示除了極端的 5% 的人之外，這項設計可以符合每一個人。即使如此，95 個百分位數還是排除了很多人：美國大約有三億多人口，所以 5% 是一千五百萬人。就算設計能涵蓋的範圍是 99 個百分位數，還是會有三百萬人被排除在外。而這還僅僅是美國；全世界有七十億人，為 99% 的人設計表示有七千萬人不能用。

有些問題不能靠平均值來解決：把慣用左手和慣用右手的人平均起來，你能得到什麼？有時候，做出一個能配合所有人的產品，是根本不可能的，所以答案常常是要提供同一產品的不同版本。畢竟，如果店裡只有一種款式、一個尺寸的服裝，我們是不會滿足的；我們期望衣服能

適合我們的身材,而每個人的身材尺寸都不一樣。雖然我們不會期望一家服飾店裡有適合所有人或所有活動的商品,但是我們會在市場上選擇各種烹調器具、汽車、工具,來符合我們的要求。一個產品不可能適合每一個人,即使是像鉛筆這樣簡單的工具,也會因為不同活動和不同類型的使用者而有不同的設計。

除此之外,還有許多有關特殊使用者的考量:老年人、體弱者、殘障者、視障者、聽障者、非常高或非常矮的人,或是外國人。你必須依不同的條件、興趣和能力而設計,不被過於籠統、不準確的刻板印象所困。我會在下一節繼續討論這些不同群體。

烙印問題

> 「我不想住進養老院,我才不要跟那些老人混在一塊兒。」
> (一位 95 歲男子的意見)

許多裝置旨在幫助有特殊困難的人,但是它們並不成功。它們可能設計得很好,也能切實解決問題,但是它們不被目標使用者接受。為什麼呢?大多數人不希望提醒別人自己有缺陷的一面,很多人甚至對自己都不承認有這個缺陷。

設計師法伯(Sam Farber)的妻子有嚴重的關節炎。法伯想開發一套妻子能使用的家用工具,所以他努力尋找一個對大家都有好處的解決方法。法伯努力的結果是一系列革命性的廚房工具。舉例來說,如圖6.3 所示,蔬果削皮器曾經是一種廉價、簡單的金屬工具。它們不好用,握起來不舒服,甚至削起皮來也不是很有效率,但大家都認為蔬果削

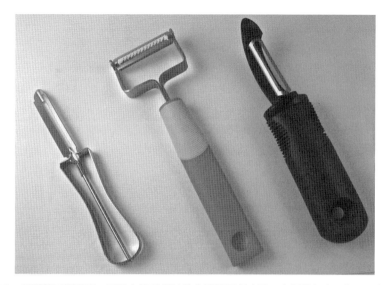

圖 6.3　三種蔬果削皮器。圖的左邊是傳統的金屬蔬果削皮器。它價格便宜，但是用起來不舒服。圖右所示的 OXO 削皮器徹底改變這項產品。這場產品革命的結果，是圖中所顯示的瑞士力康（Kuhn Rikon）公司生產的削皮器，有多種顏色，用起來也舒適。

皮器就是這麼一回事。

　　經過大量的研究，法伯發明了如圖 6.3 右邊所示的削皮器，並創立了 OXO 公司來製造和銷售類似的產品。即使這種削皮器是為了關節炎患者設計，不過它在廣告中聲稱這是為了讓每一個人都更方便的削皮器，而它的確做到了。雖然較為昂貴，但這個削皮器非常成功，以致許多公司都循這個方向繼續改良。今天，你也許不覺得 OXO 削皮器的創意有多麼驚人，因為已經有太多公司跟隨它的腳步。如圖 6.3 正中間的例子所示，即使是如削皮器這樣簡單的工具，設計已經成為一個重要的課題。

　　我們來考慮 OXO 削皮器的兩個特別之處：成本，和以關節炎患者為出發點的設計。成本要多少？原始的削皮器非常便宜，所以即使是它數倍的成本，算起來還是很低廉。至於為了關節炎患者所做的特殊設計

呢？這個特點在廣告上從來不曾提及，所以關節炎患者怎麼會知道？OXO 做了正確的設計，而且告訴世界這是個更好的產品，所以全世界都注意到了，並且讓這個產品非常成功。至於那些有特殊需要的人，不用特別告訴他們，他們很快也會知道。如今，許多公司都跟隨 OXO 的路線，生產出非常出色、非常舒適、豐富多彩的削皮器（參見圖 6.3）。

你會使用助行器、輪椅、拐杖或手杖嗎？即使真的有這個需要，因為它們帶來的負面形象，許多人會避免使用這些輔助工具。社會學稱之為一種「烙印」（stigma）。為什麼會變成這樣？在以前，手杖是很時髦的，即使不靠它走路的人也會帶上一根手杖，在手裡轉著玩，用它指指點點，或把白蘭地、威士忌、防身的刀或槍藏在把手裡。看看任何以十九世紀倫敦為背景的電影就知道了。為什麼今天，為了特殊對象所設計的裝置就不能變成一種時尚呢？

在所有幫助老年人的裝置裡，也許最被嫌棄的是助行器。助行器大多設計得很醜，它們似乎在大聲宣布：「這人殘廢了，走不動了！」為什麼不能把它們設計成一種值得驕傲的產品，甚至一種時尚？一些醫療器械公司已經開始有這種想法。做助聽器和兒童眼鏡的廠商也在跟進，為它們的產品加入特殊的顏色和風格，吸引不同的年齡族群。它們為什麼不能成為一種時髦的配飾？

說到這裡，讀者中的年輕人請不要偷笑。身體的退化可能在二十多歲就提前開始。到了四十幾歲，大多數人的眼睛已經無法應付不同的距離，所以需要某些必要的補救，不論補救的措施是老花眼鏡、多焦距眼鏡、特殊的隱形眼鏡，或者是雷射矯正手術。

今天，很多八十幾歲或九十幾歲的人仍然處於良好的精神和生理狀態，而累積了一輩子的經驗和智慧使他們在許多事情上表現得更出色。

但是他們的體力和敏捷程度大不如前，反應時間變慢，視覺和聽覺有明顯障礙，注意力和在不同任務之間切換的能力也急劇降低。

我想提醒任何打算要變老的人，雖然你的身體會隨著年齡的增長而減弱，許多心理能力反而會不斷提高，尤其是依賴經驗和知識累積以及深刻反省能力的事情。年輕的人反應是比較敏捷，也更願意嘗試冒險，但是年紀大的人有更多的知識和智慧。這個世界從兩方面都能得到好處，設計團隊也是一樣。

為有特殊需要的人而設計，通常被稱為「包容性設計」（inclusive design）或「通用設計」（universal design）。這些說法很有道理，因為往往每個人都能從中得到幫助。讓字體變大些、對比強一些，每個人都能更輕鬆地閱讀。在昏暗的光線裡，這樣的改變對世界上視力最好的人都有幫助。讓設計變得可以調整，你會發現更多的人使用它，而原本就喜歡的人會變得更喜歡它。為某種目的所做的設計常常會產生更多的用途。在圖 4.6 中，我會使用這個錯誤訊息作為我退出程式的正常方式，因為它比所謂的正確方法更簡單。同樣地，為特殊需要所設計的功能，經常對各種各樣的人都有用。

為每個人做設計，最好的解決方法是彈性（flexibility）：電腦螢幕上圖像大小的彈性，桌椅的尺寸、高度，以及角度的彈性。容許人們調整自己的座椅、桌子和工作設備，讓他們能調整燈光、字體大小和對比程度。彈性對於高速公路來說，可能意味有不同行車速限的替代路線。固定的解決方式總是會有一些人不能用；有彈性的靈活解決方式，至少為有不同需求的人提供了一些機會。

複雜是件好事，讓人混淆才是問題

我們日常使用的廚房是複雜的；光是為了烹調和進食，我們就要用到許許多多的工具。普通的廚房裡有各種不同類型的切割器具、加熱的工具，和烹飪設備。要理解廚房的複雜性，最簡單的方法是在一間陌生的廚房裡做飯。即使是優秀的廚師，在一個新的工作環境中也會碰到麻煩。

別人的廚房看起來很複雜，讓人混淆，但是自己家的廚房卻不會。同樣的道理，大概可以套用在自己家裡的每一個房間。請注意，這種混亂的感覺是個知識結構的問題。我家的廚房，你看起來很混亂，我看起來卻不會；反過來，你家的廚房我看起來很混亂，而你卻一點也不覺得。所以出現這樣的混亂，問題不是在廚房裡，而是在你我的腦中。我們常常抱怨：「為什麼事情不能變得簡單一點？」原因是因為生活就是複雜的，我們要做的事也往往很複雜，而我們所用的工具必須符合各種複雜的事情。

我對這個問題的主張如此強烈，我甚至寫了一整本書《好設計不簡單》來談這個問題。在書中，我認為複雜性是根本存在的，而不可取的是混亂。我將「複雜性」（complexity）和「繁雜」（complicated）加以區分；前者指配合我們的活動產生的多樣性，而後者是混亂的來源。我們該如何避免混亂？問得好，這就是設計師發揮能力的地方。

要對付複雜性，最重要的原則是提供一個很好的概念模型，在本書前面的章節已經深入討論過了。記得廚房的複雜性嗎？使用這個廚房的人知道每一樣東西為什麼放在那個地方，看起來很隨意的擺放方式往往是有理由的。即使看起來很奇怪，也有它的道理：「這東西太大了，放

不進適合的抽屜裡，我也找不到別的地方可以擺它。」對使用這個廚房的人來說，這個理由也就夠了。一旦後面的理由被理解，複雜的事情就不再繁雜了。

標準化與科技

如果審視所有科技領域的歷史，我們會看到某一些科技的改進來自科技本身的進步，而其他的改進來自標準化（standardization）。汽車的早期歷史是一個很好的例子。最早期的汽車很難操作，它們需要超乎常人的體力和技術。阻風門、火星塞和起動引擎等自動化技術解決了其中一些問題。其他方面的問題，則是通過國際標準委員會的漫長過程進行的。例如說：

- 車子靠路的哪一邊行駛（在同一個國家之內不會變，但是每個國家可能不同）。
- 駕駛坐在車子的哪一側（視車子靠哪一邊行駛而決定）。
- 必備裝置的位置，如方向盤、剎車、離合器和油門（同樣地，看駕駛坐在車子的左側或右側而定）。

標準化是一種文化性的局限。因為有標準化，一旦你學會開車，你大概可以在世界上任何地方駕駛任何類似的車輛。標準化提供了易用性的重大突破。

建立標準

我在國際和國內的各種標準委員會有許多朋友,他們讓我認識到,建立一個國際認可的標準是段艱辛的過程。即使各方面都同意標準化的優點,選擇一項標準是個冗長的政治問題。一個小公司統一自家產品的標準,不會有太大困難,但是要整個行業、國家或國際機構能同意採用同一個標準,是一件非常困難的事,甚至還需要一套用來建立標準的標準化程序。有一群國際性或全國性的組織在負責標準化的工作;當一個新的標準被提出,它必須通過層層的組織和審核程序,而每個程序都很複雜。如果有三種可能的方式,這三種方式一定都各有強力的支持者,再加上一定有人會說,現在建立標準實在是言之過早。

每項提案會在標準委員會的會議裡提交,進行辯論,然後被帶回發起的組織去檢討。發起的組織有時候是一家公司,有時是一個專業的學會。彙集了反對和答辯的意見之後,再回到標準委員會裡辯論,如此一次,又一次,再一次的進行。如果一個產品符合提議中的標準,已經在生產銷售這個產品的公司將會有巨大的市場優勢,因此除了技術性的考量之外,標準的爭論往往受到許多經濟和政治因素的影響。這個過程幾乎一定要花上五年,而且經常比五年更長。

最後由此產生的標準,通常是相互競爭的各個立場之間的妥協,而且通常妥協的方式都不甚理想,有時候結果是同意幾個互不兼容的標準同時存在。例如說,到今天公制和英制單位還是分別存在,也還是有靠左邊開和靠右邊開的兩種汽車。電力的電壓和頻率有幾個不同的國際標準,以及幾種不同型態的電器插頭和插座,而它們之間彼此不能互換使用。

為什麼標準是必要的：一個簡單的實例

　　隨著科技不斷進步和程序上的這些困難，標準化真的有必要嗎？是的，它是必要的。就拿日常的時鐘來說，它是經過標準化的。想想一個「逆時針」旋轉的鐘會帶來多少麻煩，要看懂時間會有多困難。這樣的時鐘的確存在，主要是茶餘飯後以資談笑，而不是為了實用。如圖 6.4 所示，當一個時鐘根本上違反了標準，你很難看清它顯示的時間。為什麼？這個時鐘設計的邏輯和傳統時鐘是相同的，只有兩點不同：指針旋轉的方向相反，以及「12」點的位置移動了。這個時鐘一樣是很合理的；它困擾我們，是因為我們已經習於一個標準化的方式，所以才有「順時針」這樣的說法。如果沒有這樣的標準化，看時間會變得困難，因為

圖 6.4　不標準的時鐘。現在到底幾點了？這個時鐘和標準時鐘一樣合乎邏輯，但是它的指針朝著相反的方向轉動，而它的「12」不在一般的位置上。同樣的邏輯，可是為什麼這麼難懂？它顯示的到底是幾點？當然是 7:11 啦。

你要先搞清楚對應的方式。

標準化花了太長的時間，會被科技所超越

　　我自己參與了美國高畫質電視（high-definition television, HDTV）無比漫長、複雜以及充滿政治性的標準化過程。在 1970 年代，日本就已經制定了一個全國性的電視系統，解析度比當時使用的電視要高得多，他們稱之為「高畫質電視」。

　　二十年後，美國的電視界在 1995 年對美國聯邦通信委員會（Federal Communications Commission, FCC）提出了自己的高畫質電視標準。但是電腦界人士指出，這項提議的標準無法與電腦螢幕相容，因此通信委員會反對這項標準。在這個過程中，蘋果公司動員了其他科技界的成員。因為我是蘋果先進技術中心的副總裁，我被指派為蘋果的代表。（下面的描述中有些術語，忽略掉也無所謂，無損對這件事的了解。）電視界提出了各種可行的規格，包括長方形的像素（pixels）和隔行掃描（interlaced scan）。因為 1990 年代的技術限制，有人認為最高畫質的畫面應該有 1080 條隔行掃描線（1080i）。我們則希望只採用逐行掃描（progressive scan），所以我們堅持要有 720 條逐行掃描線（720p），主張逐行掃描技術上的優越性能彌補掃描線的數量。

　　這場論爭開始白熱化。聯邦通信委員召集爭執的各方代表，要把他們鎖進一個房間裡，除非達成協議，不准出來。因此，我在律師的辦公室裡花了很多時間。我們最後達成了一項莫名其妙的協議，認可了一堆標準，包括 480i 和 480p（我們稱之為標準畫質），720p 和 1080i（我們稱為高畫質），以及兩個不同的螢幕長寬比（aspect ratios），4:3 的舊

標準和 16:9 的新標準。此外，還認可了一堆不同的畫面更新率（frame rates，基本上是指每秒鐘傳送幾個圖面）。這是一項標準，或者更準確的說法是一大堆標準，甚至於標準內所允許的傳輸方法之一是允許使用任何傳輸方法，只要隨著信號註明自己的傳輸規格就行了。這是一個爛攤子，但是我們也算是達成了協議。在 1996 年標準正式出爐之後，又花了 10 年的時間，開始有了新一代又大、又薄、又便宜的電視機，高畫質電視才成為主流。在日本開播之後，整個過程大約花了 35 年才在美國完成。

這場爭議是否值得？很難說。在 35 年間，電視的技術繼續發展，因此產生的標準遠遠優於多年前所提出的第一項標準。今天的高畫質電視（現在已經算是標準畫質了），相較於從前的技術是一項巨大的進步。從前電腦和電視公司之間那些執著於枝微末節的爭論是愚蠢的；我的技術專家不斷地想向我證明 720p 有超越 1080i 的優勢，但是我在他的指導下，看了好幾小時的特殊場景才看出隔行掃描的不同，差異只有在複雜的動作影像裡才看得出來。既然如此，我們為什麼要那麼在乎？

電視螢幕和影像壓縮技術已經有長足的進步，隔行掃描已經不再有必要。一度被認為是不可能的 1080p 規格，現在已是司空見慣。複雜的運算法和高速處理器，使得一個標準能夠轉換到另一個標準，甚至長方形的像素也不再是一個問題。

當我寫這一個章節時，主要的問題是長寬比的差異。電影有許多不同的長寬比，不見得都依照新標準，所以當在電視上播放電影時，不得不切掉圖像的一部分，或者在螢幕上留下黑色的邊，再不然就是影像變形。為什麼高畫質電視的長寬比被設為 16:9 ？因為工程師喜歡這樣：將 4:3 的長寬乘上平方，就變成 16:9。

今天，我們即將展開另一場電視標準爭奪戰。首先，3D 電視出現了。再下來會看到超高畫質規格（ultra-high definition），2160 掃描線和加倍的水平解析度，使得下一代的電視會有今天（1080）四倍的解析率（通稱 4K 電視）。一家公司想要有八倍的解析率，而另外一家提議21:9 的長寬比。我看過這些螢幕上的影像，十分精彩，但是只有在超過60 英寸（或 1.5 公尺）的大螢幕上，觀眾靠近螢幕看才看得出差別。

建立標準可以花上很長的時間，等到它們實際應用的時候，可能已經被技術的發展超越，變得不重要了。然而，某些標準還是有必要的。標準能簡化我們的生活，使得不同品牌的產品能和諧共處。

一個從來沒跟上的標準：數位時間的表示方式

標準化能簡化生活：每個人只需要學一次。但是標準化不能太早，否則標準可能會被限定在一個還不夠好的技術上，或者導致效率很低，容易出錯的規格。標準定得太晚，市面上可能已經有了太多各行其道的產品，大家無法在同一個標準上取得協議。如果已經在舊有的技術上取得協議，叫所有人都轉換成新標準，昂貴的成本會是個阻礙。公制就是個好例子：不管是距離、重量、體積或溫度，公制比舊有的英制簡單好用得多。但是已經使用英制許久的工業化國家聲稱，他們無法承受轉換制度所產生的巨大成本和混亂，因此至少在接下來幾十年內，我們只好繼續同時應付兩套標準。

你會想改變我們表示時間的方式嗎？現行的制度是任意定的。一天被分為 24 小時，每小時是個標準的單位，但是這個單位並沒有特別的理由。再下來，每個小時被分成 60 分鐘，每分鐘被分成 60 秒。如果我

們用 12 個鐘點來表示時間，而不是 24 個鐘點，我們還必須要有兩個週期，每一個週期 12 小時，再加上「上午」和「下午」的特別註明，讓我們知道所指的是哪一個週期。

如果我們換成公制，完全改用十進位，就像一秒鐘可以分為毫秒（1/1000 秒），微秒（1/1000,000 秒），會變成如何？我們也可以有一天，毫天（1/1000 天），微天（1/1000,000 天）。我們也可以制定新的小時、分鐘和秒鐘的觀念：將它們稱為「數位小時」（digital hour），「數位分鐘」（digital minute），和「數位秒鐘」（digital second）。概念上這是很容易了解的：十個數位小時是一天，一百個數位分鐘是一個數位小時，一百數位秒鐘是一數位分鐘。

每個「數位」小時會是「舊」小時的 2.4 倍，剛好是 144「舊」分鐘。因此，一堂一小時的課或是一小時的電視節目，會改成半個數位小時，時間上比現在的一小時只多了 20%，我們能很容易地適應時間上的差異。

我對這個時間系統的看法如何？我寧願要這樣的系統。畢竟十進位制是世界上大多數數字運算的基礎，採用十進位的運算會簡單得多。許多社會裡使用其他的系統，例如常見的 12 進位和 60 進位。12 個東西是一打，12 英寸是一英尺，12 小時是半天，12 個月是一年。60 進位，則有 60 秒為一分，60 分鐘為一小時，60 角分為一度。

在法國大革命期間，當十進位制逐漸成為主流時，法國人於 1792 年提議將時間改成十進位制。重量和長度的單位成功地轉換成十進位，但是時間沒有換成。十進制的時間算法引起相當的興趣，甚至製造出十進位的時鐘，但是最終還是被放棄了，實在可惜，行之有年的習慣是非常難以改變的。我們到今天仍然使用 QWERTY 鍵盤，而美國仍然用

英寸、英尺、碼、英里、華氏、盎司、磅來作為度量衡單位。這個世界上還在用 12 或 60 進位計算時間，並將一個圓周劃分成 360 度。這些都不是最簡單有效的方式。

1998 年，瑞士 Swatch 手錶公司自己做了一個嘗試，推出所謂的「Swatch 網路時間」（Swatch Internet Time）。Swatch 將一天分為 1000「拍」（.beats），每一拍比 90 秒短一點，相當於前面所提到的數位分鐘。這個系統不分時區，所以全世界各地的手錶都是同步的。但是讓手錶同步並不能簡化日程的安排，因為太陽無法配合。各地的人們仍然希望日出時起床，這表示依照 Swatch 網路時間，全世界各地的日出時間不一樣。結果是即使所有的人手錶都同步，我們還是要知道其他人什麼時候起床、吃飯、上班、下班、睡覺，而這些時間依地點會有所不同。Swatch 的建議是認真的，還是一個超級廣告噱頭，目前尚不清楚。Swatch 經過幾年宣傳，在其間還生產了用「拍」來計時的電子錶，之後就沒下文了。

說到標準化，Swatch 稱它的基本時間單位為「一拍」（.beat），英文寫法的第一個符號是一個句點（或小數點）。這種非標準拼寫方式對自動拼字校正系統造成嚴重困擾，因為系統無法應付以句點開頭的字。

故意添加的困難

怎樣才能在好的設計（容易使用、容易理解）和保密或隱私的需求之間取得平衡？也就是說，一部分設計會涉及敏感的範圍，有必要嚴格控制，只讓某些特定的人容易使用、容易理解。也許我

們不希望任何不相干的陌生人太了解系統，以至危害到系統的安全。難道不能說，有些東西就是不該設計得太好？是不是有些事情就是要神祕模糊，所以只有那些得到許可、受過教育，或有什麼特別理由的人才可以使用？當然啦，我們還是有密碼、鑰匙和其他類型的安全檢查，但是這些檢查讓真正的使用者覺得厭煩。在我看來，如果在某些情況下不規避這些好的設計原則，系統的存在將失去它的意義。（一位名為迪娜‧柯克琪的學生用電子郵件送給我的問題，這真是個好問題。）

在英國的斯泰普福鎮（Stapleford），我碰到了一所學校的大門，非常難打開。它需要同時撥兩個門栓，一個在門的頂端，另一個在門的底端。這兩個門栓很難找，手很難構得到，實在不好用，但是這個困難是有意的。這是個很不錯的設計，因為這所學校的學生都是殘障兒童，而校方不希望孩子在沒有大人陪伴的情況下，自己跑到街上去。只有成年人的體型，才能同時操作兩個門栓。它所需要達到的功能，正是要違反易用性的原則。

大多數的東西應該要易於使用，但是實際上並不好用。然而，有些東西是故意設計得很難使用，而且本意如此。這類設計的數量比預期中來的多：

- 任何有意將人關在裡面或外面的門。
- 只有經過授權的人才能夠使用的安全系統。
- 使用時必須受到限制的危險設備。
- 如果不小心，可能會導致傷亡的危險操作。

- 祕密的門、櫃子或保險箱：你不想別人知道它們的存在，更不用說打開它們了。

- 蓄意阻擋例行動作的方式，如在第 5 章中討論到的案例。實際的例子包括在電腦上刪除文件之前要求的確認，手槍和步槍的保險卡榫，以及滅火器上的安全插梢。

- 需要兩個分開執行，卻必須同時發生的動作，才能操作系統。因為兩個控制器是分開的，所以需要兩個人來操作它。這可以防止一個人採取未經授權的行動，因此多用在安全系統或關鍵性的系統操作上。

- 放置藥物和危險物品的瓶子或櫃子，故意設計得很難開啟，以保護孩子的安全。

- 遊戲，是一種故意挑戰易理解性和易用性的類別。遊戲就是不能太簡單；在某些遊戲中，部分的挑戰就是要弄清楚該做些什麼，以及該怎麼做。

即使在有意剝奪易用性或易理解性的情況下，有兩個原因使得這些設計原則仍然重要：首先，刻意做得困難的設計並非完全困難，通常會有一個困難的部分讓不該使用的人不能使用，而其餘的部分還是要遵循一般的設計原則。第二，即使你的工作是讓事情變得困難，你還是必須知道該怎麼設計。規則仍然是有用的，而你只是反其道而行。想讓事物變得困難，你可以系統性地違反下列的規則：

- 隱藏關鍵性的部分，使得它無法看見。
- 在行動週期的執行部分，使用不自然的對應，使得控制器和被

控制的東西之間的關係雜亂無章。

· 在行動週期的評估部分，使用不自然的對應，使得系統的狀態難以了解。

· 提高行動在身體上的難度，使得它很難做到。

· 要求在時間上或物理性質上很精確的操作。

· 不要給任何回饋。

安全系統代表的是一個特殊的設計問題。在通常情況下，用來消除一個危險的安全設計，往往製造了另一個危險。當工人在一條街上挖一個洞，他們必須豎起屏障，防止車輛和其他人員掉入洞中。這些屏障解決了一個問題，但它們自己帶來另一種危險，所以要再加上標示和閃燈，以警告別人屏障的存在。緊急逃生門、燈號、警報都經常伴隨著警示標誌或安全機制，來限制使用的時間和方式。

設計：為了人而開發科技

設計是一個了不起的領域，將科技和人類，商業和政治，文化和貿易彙集在一起。設計活動有各種不同的嚴苛壓力，向設計者提出巨大的挑戰。在此同時，設計者必須牢牢記住，產品是設計來讓人使用的。這使得設計成為如此意義豐富的專業：一方面，設計要克服許多複雜性和限制；另一方面，設計有太多能豐富人類生活的機會，能同時提供利益和樂趣。

■註釋

1 譯註：除非數目及所測量的變項適合量化的分析，焦點小組一般來說是屬於質化研究，為市場調查研究者的常用方式。

2 譯註：iteration 常因其數學上的應用常被譯成「迭代」，意指用同樣的方式重複一項數學計算，但是每一次的計算都依據前一次的結果而有不同的起點。雖然這個術語現在也被專業者廣泛使用，本書希望採用一個和實際觀念比較貼近的淺顯譯法，來形容人本設計中的這項活動。

3 譯註：scrum 是敏捷開發的方式之一，來自於英式橄欖球裡的正集團（scrummage）。正集團是一種比賽中斷後重新開始的方式。兩隊人馬圍成一圈，用推擠勾球的方式爭取球的控制權。在敏捷開發中有類似的團隊合作方式，容許團隊以重複漸進的方式決定開發的方向。

7

商業世界裡的設計
Design in the World of Business

現實的世界對產品設計設下嚴苛的限制。到現在為止，我描述了人本設計在理想的情況下該如何進行；也就是說，如果不用在意競爭、成本和時間壓力。現實世界中，我們需要解決來自不同來源，互相矛盾卻又各有道理的要求。因此，所有參與設計的人都必須有所妥協。

接下來，我們來談談人本設計的原則之外，會影響產品開發的種種問題。一開始，我們先談「功能沉迷症」（featuritis）[1]，主要症狀是「功能蔓延主義」（creeping featurism），一種因為競爭壓力而不斷引進額外功能，而讓產品變得功能過剩的通病。產品的改變有許多原因，其中之一是科技的演變。當新技術出現時，它對人產生一種立即開發新功能的誘惑。

全新的產品要能成功，需要的時間常常是幾年、幾十年，甚至有幾個例子花了幾個世紀。我們先來討論兩種和設計相關的創新形式：漸進（incremental）的創新（不那麼刺激，但是最常見）和激進（radical）的創新（令人興奮，但是很少成功）。

同時，我想以對這本書過去的歷史和未來的前景，為本書做個結論。這本書的第一版經過了漫長而豐富的歷史。對一本圍繞著科技主題的書來說，二十五年是個很長的時間。如果這個升級版也能撐那麼久，這意味這本書有一天會有五十年的歷史。在下一個二十五年裡，又會有什麼新的發展？科技在我們的生活中會扮演什麼角色？設計專業的道德義務又會是什麼？最後，這本書中所主張的原則還能適用多久？在此時，如同二十五年前，我相信這些原則將永遠適用。為什麼？原因很簡單。如果科技要能適應人類的需求和能力，這種設計決定於人的心理。技術可能會改變，但人類的心理不容易改變。

競爭壓力

今天，全世界的廠商都在互相競爭，而競爭的壓力是嚴苛的。能和競爭對手抗衡的基本方式並不多，三個最重要的因素是價格、功能和品質。而令人遺憾的是，三者的優先順序也經常依序排列。開發的速度也很重要，以防止其他的公司搶先進入市場。這些壓力使我們很難完全遵循重複漸進的方式，持續對產品進行改良。即使是相對上穩定的家用產品，如汽車、廚房電器、電視機和電腦，它們仍然要面對激烈的市場壓力，不斷引進未經充分測試及改良的新功能。

下面是一個簡單的實例。我曾經與一家新創公司合作開發一系列的烹飪設備。公司的創始人有一些獨特的想法，想將烹飪的科技往前推進，遙遙領先今天任何家庭裡使用的科技。我們製作了許多原型，進行了無數次的實際測試，並找了一位世界級的工業設計師來幫忙。基於使用者的早期回饋和烹飪專家的意見，我們對原有的概念做了幾次修改。然而，就在我們即將下單，製作展示樣品的時候（這些手工製作的樣品對獨資的小公司來說非常昂貴），我們看到其他公司已經在商展裡展示類似的產品。發生了什麼事？難道他們偷了我們的想法？不，這是所謂的「時代思潮」（Zeitgeist）。這個德文詞彙指的是一個時代的精神及社會文化的氛圍。換句話說，這個產品的時機已經成熟，而別人也有同樣的想法。在我們的產品出貨之前，競爭的對手已然出現。在這種情形下，一家小小的新創公司能怎麼辦？它沒有龐大資本跟大公司競爭，必須修改它的想法來超過競爭對手，拿出一個理由來證明它的產品，贏得顧客、出資者和經銷商的喝采。經銷商尤其重要；購買烹飪設備的經銷商往往是真正出錢的客戶，而不是最終在店裡購買產品，在自己家裡使用

的消費者。這個例子說明什麼是真正的商業壓力：對開發速度的要求，對成本的考慮，競爭對手的壓力可能會迫使公司修改產品，同時還要滿足幾種不同對象的要求：投資者、經銷商，以及實際使用產品的人。公司該將它有限的資源放在哪裡？更多的使用者研究？更快速的研發？新的獨特功能？

　　新創公司面臨的這些壓力，也會影響已經有基礎的公司，但是後者還有其他方面的壓力。大多數的產品有一到兩年的開發週期，為了每年都要推出新產品，在前一代的產品問世之前，就必須開始下一代產品的設計。更何況，許多公司甚至沒有客戶回饋的機制來了解真正的使用經驗。很多年前，使用者和設計者之間的契合是比較緊密的；今天，兩者之間出現了一些障礙。有些公司有個莫名其妙的限制，禁止設計者和顧客接觸。為什麼？一部分是為了防止新的產品在開發過程中洩漏出去，也有一部分是因為對既有產品的考慮；如果知道有一個更新更好的產品快要上市，顧客可能會因此停止購買現有的產品。但是即使沒有這樣的限制，大公司的複雜組織和開發時限的無情壓力，使顧客和設計者之間的互動變得困難。記得第 6 章裡的諾曼定律嗎？一個產品開始開發的那一天，它就已經落後進度，超過預算了。

功能沉迷症：一個致命的誘惑

　　每一個成功的產品周圍，都潛伏著一個名為「功能沉迷症」的危險併發症。這種疾病似乎在 1976 年被首次發現而且有了名字，但它的起源可以回溯到史前的古老年代。從最早的人類技術開始，這個疾病似乎不可避免，也沒有預防方式，容我慢慢解釋。

　　假設我們依照本書所說的所有原則，設計了一項以人為中心的產品。它遵循所有的設計原則，克服了許多問題，滿足了重要的需求，有吸引力，又容易理解及使用。因為這些優點，這項產品成功了：銷售良好，有口皆碑。這會出什麼問題呢？

　　問題是，當產品上市一段時間之後，一些不可避免的因素會迫使公司增加新功能，朝向功能蔓延的方向進行。這些因素包括：

- 現有的顧客喜歡這項產品，但是希望看到更多的功能。
- 一個競爭對手為他們的產品添加了新的功能，形成競爭壓力，所以不僅要跟上對手的功能，甚至要加入更多功能超越對手。
- 顧客很滿意這項產品，但是因為市場已經飽和，想買這項產品的人都已經買了，所以銷售量開始下降。為了提升銷售量，只好增強原來的產品的功能，促使人們升級到新版的產品。

　　功能沉迷症有很強的傳染力。新產品總是比上一版的產品更複雜，功能更強大，尺寸更大（或更小）。這種趨勢在音樂播放器，智慧型手機，平板電腦等產品尤其強烈。儘管功能越來越多，可攜帶的裝置隨著每一個版本變得越來越小，也越來越複雜難用。有些產品如汽車，家用冰箱，電視機和廚房爐具，每一代的新產品都變得更複雜，尺寸越來越大，功能越來越多。

　　不管產品是變得更大或更小，每個版本總是比前一版多了更多功能。功能沉迷症是一種陰險的疾病，很難根除，也很難防治。面對行銷的壓力，堅持增加新功能很容易，但是沒有人會同時要求刪除舊功能或不再需要的功能。

你怎麼知道你的產品患了功能沉迷症？我們來看個簡單的例子。圖 7.1 說明，自從本書的第一版問世以來，樂高摩托車由簡而繁的變化。原來的摩托車（圖 4.1 和圖 7.1A）只有 15 個零件，不靠任何說明就能拼在一起。足夠的局限使得每一個零件都有獨特的位置和方向。但是如圖 7.1B 所示，今天的樂高摩托車已經變得太複雜，有 29 個零件，而且拼湊時不能不看說明書。

功能沉迷症是一種為產品添加特徵和功能的傾向，往往添加的數目超出了合理的程度。到最後，因為這一大堆加上去的功能，產品不再容易使用或容易了解。

在《哈佛最受歡迎的行銷課》（*Different: Escaping the Competitive Herd*，中譯本先覺出版）一書中，哈佛大學商學院教授穆恩（Youngme Moon

A

B

圖 7.1 功能沉迷症襲向樂高。圖 A 顯示了 1988 年，我在本書的第一版裡引用的樂高摩托車，而圖 B 是 2013 年的新設計。舊版本只有 15 塊，也沒有使用說明；新版本的包裝盒上很自豪地宣稱「共有 29 塊」。我不靠說明書就能把原來的版本拼在一起。圖 B 顯示我在放棄之前，自己能把新版本拼到什麼程度，然後我就不得不看說明書了。為什麼樂高覺得他們必須要改變玩具摩托車的設計？也許是因為功能沉迷症改變了真正的警用摩托車，使得它們變得更大更複雜，而樂高認為它的玩具必須要反映世界的現況。（照片由作者提供）

）主張，這種跟上對手的壓力正是導致所有的產品同質化的原因。當公司靠著和對手拚功能的方式來增加銷售量，他們最終傷害的是自己，因為到最後，當兩家公司產品的功能特點一模一樣時，消費者就不再有任何理由喜歡其中一方了。這是一種受競爭壓力驅使的設計，不幸的是，這種照對手的功能列表開發的思維，充斥在許多公司或組織之內。即使第一代產品的設計能針對真正的需求，完全以人為中心思考，很少有公司會願意讓一個好產品保持不變。

大多數公司和他們的競爭對手做功能性的比較，來決定自己的弱點，然後加強這些領域。穆恩教授認為這個方向錯了，一個更好的策略是找出自己的優勢，進一步加強這個領域，然後集中所有行銷和廣告的資源宣傳自己的長處。這種方式讓自己的產品從盲目跟隨的一般產品之中脫穎而出。至於自己的弱點，穆恩教授認為，別去在意那些無關緊要的差別。這個教訓很簡單：不盲從，針對自己的優勢，而不是弱點。如果產品具有真正的優勢，其他的領域只要「夠好」就行了。

想要做好設計，需要跳開競爭壓力，讓整個產品的印象連貫一致、容易理解。要保持這個立場，公司的領導者必須能承受來自行銷方面的壓力，不要盲目添加功能，因為每一個加進去的功能，對某些人來說似乎都不可或缺。要做最好的產品，不能光去考慮這些相互競爭的聲音，而必須強調產品使用者的真正需求。

亞馬遜（Amazon.com）的創始人和執行長貝佐斯（Jeff Bezos），稱自己的做法是「對客戶的執著」：不去在乎競爭對手，忽視傳統的行銷條件，一切都集中於亞馬遜客戶的要求。重點其實很簡單，所有的問題都以客戶為導向：客戶想要什麼？怎樣才能滿足客戶的需要？怎麼才能提昇對客戶的服務和給客戶的價值？貝佐斯認為，只要專注在客戶身

上，其他的部分自然水到渠成。許多公司聲稱自己崇尚這個理念，但是除非公司的執行長同時也是公司的創始人，很少有人能夠真正落實。一旦公司將控制權交給別人，尤其是交給傳統的管理碩士（MBA），把利潤放在顧客價值之上的經理人，情形只有每下愈況的份。在短期內的確可以增加利潤，但是最終的產品質量會惡化到被客戶拋棄的地步。產品想要提昇，要不斷地關注對產品最重要的人：你的客戶。

新技術導致的變化

今天，我們對產品有許多新要求。我們要在小型、無法容納鍵盤的行動裝置上輸入文字。感應觸摸和手勢的觸控螢幕，可以讓人用新的方式打字。我們也可以跳過打字，用手寫識別和語音辨識輸入文字。

我們來看看圖 7.2 所顯示的四種產品。它們的外觀和操作方式，隨著存在的年代發生根本的變化。圖 7.2A 的早期電話機沒有鍵盤，必須有一個接線生幫你把電話接過去。即使後來電話公司用交換機取代了接線生，當時的電話是使用數字轉盤來撥號的。當數字轉盤被按鍵所取代時，它感染上輕微的功能沉迷症：轉盤的十個位置變成了 12 個按鍵：多加了「＊」和「＃」。

但是更有趣的是裝置之間的結合。個人電腦被換成了筆記型電腦，變得更容易攜帶。電話則演進到可攜帶的手機，然後則是大型觸控螢幕，透過手勢操作的智慧型手機。不久之後，電腦和平板、手機結合，而相機也併入了手機。如今，講電話、視訊會議、寫作、攝影、拍短片，以及各種功能逐漸變成用一個裝置來完成，而這個裝置有不同的螢幕尺

圖7.2　電話和鍵盤的百年歷史。圖 A 和 B 顯示電話從二十世紀初期美國西電公司（Western Electric）所生產的曲柄電話，轉動曲柄會通知接線生，到 2010 年代的智慧型手機。它們之間似乎沒有什麼共同之處。圖 C 和 D 則顯示 1910 年代和 2010 年代的鍵盤之間的對比。打字鍵盤仍然有同樣的格局，但是圖 C 的打字機需要一個鍵、一個鍵往下按，而圖 D 的鍵盤用一根手指劃過這個字的所有字母（圖像顯示使用者正在輸入「many」這個字）。（圖片來源：A、B、C 的照片由作者提供。A 和 C 的實物位於加州帕羅奧圖的美國傳統博物館。圖 D 是來自 Nuance 通訊公司的「Swype」鍵盤，由 Nuance 提供）

寸、計算能力和攜帶的方便性。將它稱為電腦、手機，或者相機是沒有意義的；我們需要一個新的名字。我們姑且稱之為「智慧螢幕」。在二十二世紀，我們還會用手機嗎？儘管我們仍然會和遠距離以外的人說話，我預測未來我們不會再有所謂的電話設備。

　　儘管有產品試著加入用單指或雙手拇指操作的小型機械鍵盤，大螢幕手機已經不再有實體的鍵盤，而是在需要時將鍵盤顯示在螢幕上。如果一次按一個字母，即使系統可以預測正在輸入的字，讓人可以少按幾

個鍵，這還是個緩慢的輸入方式。有幾個系統很快被開發出來，讓手指或手寫筆能用劃線的方式連接這個字的字母，成為一個「文字手勢」（word-gesture）的系統。每一個字的筆劃之間有足夠的差異，所以它甚至不需要劃完所有的字母，只要筆劃的模式夠接近，就能猜出要輸入的字。這變成一種快速簡便的輸入方法（見圖 7.2D）。

藉由這個文字手勢的系統，我們得以重新思考一個重要的問題：為什麼我們要維持 QWERTY 的鍵盤排列法？如果我們將字母重新排列，減少相關字母之間的距離，便能大大提高使用單指或手寫筆輸入的速度。這是個好主意，但是當一位這個領域的先驅者，IBM 的翟樹民（Shumin Zhai）博士開發這項技術時，他碰上了遺留問題。人們都熟悉QWERTY 鍵盤，拒絕學習不同的排列方式。今天，文字手勢的輸入方法被廣泛應用，但卻是在 QWERTY 鍵盤上使用（如圖 7.2D）。

科技改變了我們做事情的方式，但人的基本需求是不會改變的。將想法付諸文字的需求、講故事的需求、批評的需求、寫小說或報導文學的需求都將保持不變。很多人會用鍵盤來寫，因為不管是實體或是虛擬鍵盤，是電子檔案或是白紙黑字，鍵盤仍然是輸入文字最快的方式。有些人會選擇用口述的方式記錄自己的想法，但是說出來的話還是可能會變成文字（即使是在螢幕上的文字），因為閱讀比聆聽快得多。閱讀可以快速進行，英文的閱讀每分鐘大約三百字，如果略讀（skim），或前後跳躍，每分鐘能有效地獲取數千字的資訊量。聆聽是緩慢的，依序進行的，通常在每分鐘大約六十個字。雖然經由語音壓縮（speech compression）的訓練，聆聽速度可以提高一倍甚至兩倍，跟閱讀比起來還是慢得多。但是今後的新媒體和新技術可能取代舊的溝通或記錄方式，使得寫作和閱讀不再佔主導地位。現在，任何人都可以用寫作、口述

、拍照、錄影、繪圖、製作動畫來分享經驗。在二十世紀做這些事需要大量的技術和專業人員，而在今天，我們自己能輕鬆完成這些事情，而且這類方式會繼續增加。

自從人類開始用文字溝通之後，五千年來文字在文明中的角色和形式一直在改變。如今，文字溝通已經非常普及，但它也普遍變得越來越短，例如非正式的簡訊。長年以來，我們互動和交流的方式隨著科技而演變，今天我們能使用多種媒體溝通：語音、視訊、手寫、打字；有時候用十個手指，有時僅僅用拇指，有時用手勢。但是由於人類的基本心理沒有改變，這本書所提到的設計原則仍然適用。

當然，改變的不只是溝通和寫作。從教育、醫療、食品、服裝到運輸，科技影響了我們生活的每一個領域。今天，我們在家中就可以用3D列印機製造東西，我們可以與世界各地的對手玩遊戲。汽車能自動駕駛，而它們的引擎已經從內燃引擎改成純電動或是混合動力引擎。如果你能找到一個尚未被新技術改造的行業或活動，放心好了，它終究會被改變的。

科技的進步是一種強大的變革驅動力。有時變得更好，有時更壞。有時變革是為了滿足重要的需求，有時候僅僅是因為新科技使這些變化得以實現，為了改變而改變，而不是為了產品的進步。

推出一項新產品，需要多久？

從一個想法到一項產品，需要花多久的時間？而在此之後，直到它成為一項成功的產品，又要多久？新創公司的創始人和發明家常常希望

從想法到產品一步到位，頂多花上幾個月。事實上，這個過程包括好幾個步驟，而所需的時間常常是幾十年，甚至於一兩個世紀。

科技的變化很迅速，但人類和文化的變化是緩慢的，因此，快速和緩慢的改變是同時進行的。從發明到產品也許只是幾個月，但是產品要得到認可可能要十年，或數十年。技術上已經落伍，早該消失的舊產品常常還在市場上占位子。很多日常生活裡使用的方式決定於長期以來的習慣，即使這些習慣已經失去意義，而且除了歷史學家，沒有人知道這些習慣是怎麼來的。

就算是今天最先進的技術，也按照這個時間週期進行：很快地被發明，慢慢地被接受，甚至慢到還沒被接受便消失在競爭之中。在二十一世紀初，用手勢觸控的手機、平板和電腦從根本上改變了我們和電子裝置互動的方式。上一代的電子設備有許多旋鈕、按鈕，有實體的鍵盤，可以叫出眾多選單，上下滾動，選擇所想要的指令，而新的設備幾乎淘汰了所有的實體控制鍵和選單。

用手勢控制平板電腦，是一種革命性的改變嗎？對大多數人來說也許如此，但對科技專家來說絕對不是。

「多點觸控顯示器」（multi-touch displays），這種能同時感應數個手指按壓位置的觸控式螢幕，已經在實驗室裡被研究了近三十年。第一個實驗性裝置是由多倫多大學在 1980 年代初期做出來的。三菱（Mitsubishi）隨後開發了一項早期的產品，賣給了一些設計學院和研究單位，而今天所用的許多手勢和技術是在那些機構中研究出來的。為什麼這些多點觸控的螢幕花了這麼長的時間，才成為成功的產品？因為要經過幾十年的努力，才能將技術性的研究成果，改造成是廉價可靠的日常用品。許多小公司試圖生產這種螢幕，但是早期的產品不是太過昂貴

，就是品質不夠可靠。

還有一個問題：大企業的保守主義。大部分激進的想法會失敗，而大公司不允許失敗。小公司可以投資在令人興奮的新概念上，因為就算失敗了，成本也不太高。在高科技的世界裡，如果有一個新的點子，許多人會找幾個願意冒險的朋友和員工，創立了一家新公司來實踐這個夢想。這些公司大多會失敗，只有極少數能順利成長，成為一家穩定的公司，或由大公司併購。

你可能因為這個失敗的比例而感到驚訝，這是因為失敗的公司不會成為新聞，而我們只聽得到極其少數的成功範例。雖然絕大多數的新創公司都會失敗，但是在高科技領域裡，創業失敗並不被認為是件壞事；事實上，它被認為是一種榮譽的勳章，因為它表示這個公司看到了未來的可能性，敢冒這個風險，勇於嘗試。儘管這個公司失敗了，員工藉此學到了經驗，使他們的下一次嘗試更容易成功。失敗可能有很多原因：也許市場還不夠成熟，也許這項技術還不到能商業化的時候，或者是點子很好，但是公司在業務上軌道之前把資金用完了。

一家早期的新創公司 Fingerworks，努力開發了一個價格合理、品質可靠，又能多點觸控的螢幕；但是因為資金短缺，它幾乎放棄了。然而，當時急於進入這個市場的蘋果公司收購了 Fingerworks。被蘋果併購的 Fingerworks 得到充足的經濟支援，而它的技術成為蘋果新產品的動力。如今，手勢觸控的裝置到處都是，我們覺得這類的互動方式看起來明顯自然，但在當時它既不明顯又不自然。從多點觸控發明以來，花了將近三十年的時間，才達到一般消費市場所需的穩定性、多樣性和低成本。一個聰明的想法需要花很長的時間，才能跨越從概念到成功的產品之間的距離。

視訊電話：1879 年構思，至今仍不存在

圖 7.3 摘自維基百科（Wikipedia）上一篇有關視訊電話的文章。文章提到：「杜莫里耶（George du Maurier）有關電子投影的漫畫，通常被認為是對電視和視訊電話的出現最早的預言。」雖然漫畫的標題提到愛迪生，但他和這項發明一點關係都沒有。這種現象被稱為史蒂格勒定律（Stigler's Law）：即使和他們一點關係都沒有，值得注意的想法常常和著名的人物連在一起。

產品設計的世界提供了許多史蒂格勒定律的例子。產品常被以為是靠它賺大錢的公司發明的，而不是真正發明它的公司。在產品開發的過程中，原始的想法是最容易的部分，把它實際生產出來，成為一個成功的產品才是困難的。例如視訊對話的概念，想出這個概念是很容易的，如同我們在圖 7.3 中所見，Punch 雜誌的漫畫家杜莫里耶在電話發明僅僅兩年之後，就畫出了未來的電話形態。他畫出了這個概念，表示這個想法已經開始流傳。到了 1890 年代末期，發明電話的貝爾（Alexander Graham Bell）已經思考過一些設計的問題。但是杜莫里耶的漫畫裡不可思議的場景，在一個半世紀之後仍然沒有成為現實。在今天，視訊電話還是沒有成為日常溝通的方式。

從概念轉化成能夠使用的產品，釐清開發過程中的所有細節，是極端困難的事情，更不要說生產過程中的零組件、產能、穩定度和經濟性的挑戰。有了一個全新的概念，可能需要幾十年才能讓大眾能認可它。發明者往往以為他們的想法將在幾個月內徹底改變世界，但現實的考驗是嚴苛的。大多數新發明都會失敗，如果不失敗也可能需要時間才能為人接受。我們常以為這種過程「很快」，因為大多數的情況下，當一項

圖 7.3 預測未來：1879 年的視訊電話。漫畫的標題寫著：「愛迪生的望遠電話能同時傳送光和聲音。」「每天晚上睡前，父親和母親將望遠電話投影在臥室的壁爐架上，愉快地看著在地球另一端的子女，透過電纜和他們快樂地交談。」（發表於 1878 年 12 月 9 日的 Punch 雜誌。摘自維基百科的「Telephonoscope」）

技術流傳在世界各地的研究室、幾家不成功的新創公司，或者勇於嘗試的高科技圈子裡的時候，它是不會受到社會大眾注意的。

　　即使最終有人能成功地引進這項產品，不成熟的想法經常以失敗告終。這種情況我已經看過了好幾次。當我剛加入蘋果公司的時候，我看著它發表早期的數位相機：QuickTake。也許你從來都不知道蘋果出產過數位相機，因為 QuickTake 失敗了。它的失敗是因為技術上有限制，價格太高，而這個世界還沒有準備放棄底片和沖洗相片。我曾經為生產世界上第一個數位相框的新創公司當過顧問，它也失敗了。同樣地，當時的技術無法完全支持這個想法，而且它的產品相當昂貴。今天，數位相機和數位相框顯然是非常成功的產品，但是蘋果和我服務過的新創公司並沒有和它們的成功連在一起。

　　儘管數位相機已經在攝影市場上立足，它花了幾十年才取代底片。數位錄影機要花上更長的時間，才取代用膠卷底片的錄影機。在我寫這段文字的時候，只有少數的電影用數位方式進行拍攝，也只有少數的電影院用數位方式放映電影。這個努力已經持續了多久？很難說，因為很難確定它從何時開始，但是數位錄影的推進已經有一段很長的時間。高畫質電視花了幾十年才取代解析度很差的前一代電視標準（美國的 NTSC 制以及其他區域的 PAL 及 SECAM 標準[2]）。為什麼更好的畫面

和音效需要花這麼久？人是非常保守的。如果換了標準，電視臺必須要全面更換設備，消費者必須要買新電視機。總體來說，唯一推動這種變革的人是科技的愛好者和電視機的製造商。電視界和電腦界之間在不同標準上的苦戰，也推遲了這項改變（詳見第 6 章）。

至於圖 7.3 中視訊電話，漫畫中的情景令人驚奇，但是奇怪的是，許多必要的細節不清楚。放映孩子們玩耍景像的投影機在哪裡？父親和母親是坐在黑暗中的，因為影像是由一個投影暗箱（camera-obscura）放映出來，光線並不強。拍攝父母親的攝影鏡頭又在哪裡？如果他們坐在黑暗中，他們怎麼能被拍攝得到？有趣的是，雖然影像看上去甚至比今天的科技還好，聲音的部分仍然透過喇叭狀的電話筒，使用者必須拿它對著臉大聲說話。想出一個視訊連線的概念比較容易，仔細思考每一個細節則非常困難，然後造一個系統將它付諸實踐又更難。這張漫畫刊登之後已經過了一個世紀，我們只是勉勉強強做到了這件事。

在這張漫畫刊出之後，第一個連上線的視訊電話花了四十年才出現（1920 年），然後過了十年才看到第一個產品（在 1930 年代中期由德國製造），而這個產品失敗了。美國落後德國三十年，直到 1960 年代才開始嘗試視訊電話服務，也失敗了。接下來各種各樣的想法都試過了，包括視訊電話專用的器材，或是接上家用電視機，用個人電腦進行視訊交談，大到一整個視訊會議室，小到可以戴在手腕上的視訊電話。直到二十一世紀初期，視訊通訊才開始普及。

2010 年代初期，視訊會議終於開始普及。企業和大學裡開始裝設昂貴的視訊會議室。最好的視訊系統讓你感覺對方好像和你在同一個房間裡開會，因為這些系統使用高速的影像傳輸以及好幾個大型螢幕，讓對方的影像以真人大小顯示在桌子的對面；思科（Cisco）的系統甚至

還會連桌子一起賣給你。從第一個概念發表之後已經過了 140 年，第一次實際演示之後過了 90 年，第一個商業應用出現之後 80 年的今天，視訊會議才開始普及。然而，每一個地點的設備和數據傳輸的成本，還是高於一般人或一般公司所能負擔的範圍。許多人在他們的智慧裝置上使用視訊，但是使用的經驗遠比不上專門的設備，沒有人會覺得像在同一個房間裡開會。

　　每一個創新的想法，尤其是能改變生活的想法，需要幾十年才能從概念變成一個成功的產品。經驗法則告訴我們，一個想法在實驗室裡演示之後要二十年才能商業化，然後再經過一二十年才能被廣泛採用。而實際上，大部分的創新想法會失敗，永遠無法接觸群眾。即使是非常好、最後取得成功的想法，在首次推出時經常很坎坷。我的名字常常跟一些失敗登場的產品連在一起，而這些產品在其他公司重新引進市場時獲得成功。真正的區別在於時機；第一次推出時失敗的產品包括美國的第一輛汽車（Duryea，杜里埃汽車），第一部打字機，第一部數位相機，以及第一部家庭電腦（1975 年的 Altair 8800 電腦）。

打字機鍵盤的長期發展過程

　　打字機是一種古老的機械，現在大部分都在博物館裡了，但是在某些開發中國家仍在使用。打字機不僅有非常有趣的歷史，它也是個科技演進的好例子，說明了推出新產品的困難，行銷對設計的影響，以及新產品融入社會的漫長艱苦歷程。這段歷史影響今天所有的人；雖然證據顯示它不是最有效的設計，打字機為這個世界建立了今天通用的鍵盤排列。傳統和習慣，加上有大量已經習於現有排列的使用者，使得鍵盤的

改進非常困難，甚至完全不可能。這是個熟悉的問題：沉重的遺留問題再次限制了技術的進步。

一部成功的打字機，不只是找個可靠的辦法把紙放進去，把字打上去（雖然這件事本身就夠困難了）。其中一個問題是使用者介面：該怎麼將字母呈現給打字的人？換句話說，我們該怎麼設計打字機的鍵盤？

思考一下打字機的鍵盤：字鍵之間斜角排列，幾排按鍵面向打字者形成一個坡度，而字鍵的位置看起來沒有什麼道理。美國人肖爾斯（Christopher Latham Sholes）在 1870 年代設計了目前的標準鍵盤。他發明的奇怪鍵盤排列，最後成為雷明頓打字機（Remington，史上第一部成功的打字機）的設計，而被所有人採用。

鍵盤的設計，有著悠久而奇特的歷史。早期的打字機試過了各種各樣的布局，但是大概有三個基本的概念。一個是循環式的，按字母順序排列。操作員先找到想要的字母，然後按下控制桿，拉一個把手，或是做其他的機械操作，把字打上去。另一種流行的布局類似鋼琴的鍵盤，字母排成一長排；有些早期的鍵盤，包括肖爾斯的早期設計，甚至於還分黑鍵和白鍵。不論是循環式或鋼琴鍵盤的布局，後來都發現不太管用。到最後，打字機的設計開始使把字鍵分成好幾排，排成一個長方形的矩陣，不同的公司做的打字機，字母的排法也不一樣。字鍵操縱的控制桿很大而且笨拙，字鍵的大小，間距和排列也多是由機械設計的因素決定，沒有考慮到人的手指和手掌。因此，鍵盤的面是傾斜的，而按鍵被放置成斜角的形態，以提供機械結構的空間。儘管我們已經不再使用機械結構，在最新的電子裝置上這個設計並沒有改變。

按照字母排列鍵盤在邏輯上來說似乎很合理，為什麼不這麼做？追究起來，是因為打字機的結構。早期的打字機，字鍵下連接著很長的槓

桿。按下一個鍵，槓桿會揮動長條字模，從字模的後頭打上打字紙（也就是說，正在打的字母從打字機正面看不到，我們只能看到打好的字母）。這些長條狀字模經常會打架，夾在一塊兒，打字員必須中斷打字，動手拆開它們。為了避免彼此干擾，肖爾斯將按鍵和字模重新排列，使經常被連在一起的字母不會在鍵盤上彼此相鄰。經過幾次反覆的實驗，一個新的標準產生了，而除了少許地區性的差異，這個標準支配著今天世界各地使用的鍵盤。美國鍵盤最上方的一排按鍵是 QWERTYUIOP，這也給了這個標準一個名字：QWERTY 鍵盤。在歐洲，人們會看到 QZERTY，AZERTY 和 QWERTZ 等不同版本。不同的語言使用不同的字母，所以一些國家不得不移動一些鍵，騰出空間給其他的字母。

民間傳說 QWERTY 按鍵的安排是為了減慢打字的速度，這是錯誤的。它的目的是讓機械性的字模彼此不致靠近，盡量減少碰撞的機會。事實上，我們現在知道 QWERTY 的安排加快了打字的速度，因為連在一起的字母通常隔得很遠，一般會用不同的手打，所以雙手並行，加快了打字的速度。

這是一個未經證實的故事：一個推銷員重新安排了鍵盤，使人可以用同一排的鍵輸入 typewriter 這個字，這個改變違反了盡量分開相連字母的設計原則。圖 7.4B 顯示，早期的肖爾斯鍵盤不是 QWERTY。鍵盤的第二行，今天 R 鍵所在的位置，是一個句點。而 P 鍵和 R 鍵都在最下面一行。把 R 和 P 移到第二行，的確就可以用同一排的鍵輸入 typewriter 這個字。

我們無法證明這個故事的真實性。此外，我只聽到有人談過句點和 R 鍵交換位置，但是沒聽過有關 P 鍵的事情。姑且假設這個故事是真的，我能想像工程師會因此大發雷霆，這聽起來像是邏輯導向的工程師和

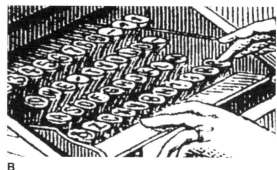

A　　　　　　　　　　　　　　**B**

圖 7.4　1872 年的肖爾斯打字機。第一家成功生產打字機的雷明頓公司，同時也生產縫紉機。圖 A 顯示了縫紉機對打字機設計的影響。早期的打字機有一個懸吊在字模機械上的重錘，每次打了一個字母之後，重力會使機械前進一格。在打字員左手邊有一塊長條板，每按一下也會前進一格，這就是後來的「空格鍵」。它也用了一個腳踏板，踩下腳踏板會拉起重物，讓機械回到每行最開頭的位置，最終演變成了「返回鍵」（Return）。圖 B 顯示了鍵盤的放大圖，注意第二行 R 的位置是一個句點。（摘自 1872 年 *Scientific American* 的 The Type Writer）

　　搞不清楚的行銷單位之間，司空見慣的衝突。（今天我們大概會稱之為行銷決策，但是那個時候這行業還不存在。）是推銷員錯了嗎？等一下，在你決定誰是誰非之前，要知道在此之前，每一部打字機都失敗了。當時雷明頓正要提出一種奇怪的排列方式，銷售員的擔心不是沒有道理的。他們必須用任何手段來加強打字機的銷售。的確，他們也成功了，雷明頓公司成了打字機的領導品牌。（事實上，它的第一款機型不算太成功，大眾還是花了相當長的一段時間才接受打字機。）

　　是不是真的為了要將 typewriter 放在同一排而改變了鍵盤？我無法找到任何確切的證據。但是如果拿今天的鍵盤和圖 7.4B 比較，顯然 R 鍵和 P 鍵的位置是真的被移動了。

　　鍵盤的設計經過了一個漸進的演變過程，但演變主要的驅動力是機械設計和行銷。儘管今天的電腦鍵盤已經沒有字模打在一起這個問題，打字的形式也發生了變化，我們還是牢牢守住這個鍵盤，永遠都不會改。但是不要難過，這個鍵盤算是個很不錯的設計。值得關注的一個問題

是打字常發生的傷害：腕隧道症候群（carpal tunnel syndrome）。這種傷害來自手和手腕長時間做重複性動作，所以常見於打字員、音樂家、運動員、長期寫字或縫紉的人，或裝配線的工人。如圖 7.2D 中的文字手勢鍵盤，可能會減少這個問題。美國國家衛生研究院建議，「人體工學的輔助工具，如分拆鍵盤、鍵盤托盤、打字墊和手腕支撐，可以用來改善打字時手腕的姿勢。打字時要經常休息。如果感到發麻或疼痛，要停止打字。」

　　教育心理學家德弗扎克（August Dvorak），在 1930 年代殫精竭慮地開發出了更好的鍵盤。德弗扎克鍵盤的布局確實優於 QWERTY 鍵盤，但是差別很有限。在我的實驗室中所做的研究發現，QWERTY 的打字速度只比德弗扎克鍵盤稍微慢上一些，這一點差別不值得勞師動眾。如果要改，成千上萬的人要學會另一種打字方式，成千上萬的鍵盤要修改。即使這個改變是一種進步，一旦有了標準，對現有標準已經投入的成本會阻礙改變。以這兩個鍵盤的例子來說，這一點好處抵不上改革的痛苦。「夠好就行」再一次得到勝利。

　　那麼按照字母順序排列的鍵盤呢？既然現在我們不用考慮機械上的限制，照字母排列至少會更容易學習，不是嗎？不行，因為字母必須分好幾排，所以只知道字母是不夠的，你還必須知道每一排在哪一個字母分行。而今天每一個這類鍵盤都在不同的字母分行。QWERTY 鍵盤的一大優勢，是相連的字母多半是用不同的手打，而字母排序的鍵盤沒有這種優勢。簡而言之：還是算了吧。我的研究指出，QWERTY 鍵盤和德弗扎克鍵盤的打字速度比字母排序的鍵盤快得多，而字母排序的鍵盤不比隨機排列的按鍵更快。

　　如果我們能同時按幾個鍵，會不會更快一些？會的，法庭的速記員

可以比任何人打得更快。他們使用所謂的「和弦」鍵盤（chorded key-board），輸入音節而不是單獨的字母。每一個音節是一個按鍵，而幾個按鍵的組合被稱為「和弦」。美國法庭最常見的速記打字機需要打字員同時按下二到六個鍵，用來記錄數字、標點符號和英文的發音。

雖然和弦鍵盤可以打得非常快，一般每分鐘可以超過三百字，但它是很難學習和記憶的，所有的打法都必須記在腦中。看到任何一個普通鍵盤，你立刻能用它打字，只要找到你想要的字母按下去就行了。用和弦鍵盤，你必須同時按下好幾個鍵。你沒有辦法正確標註每一個鍵，光看也沒辦法知道該怎麼打，沒經過訓練的打字員是無法應付的。

兩種創新的形式：漸進和激進

產品創新有兩種主要形式：一種是自然緩慢的進化過程，另一種是透過激進的新發展來實現。人們往往以為創新是激進的、劇烈的變化。事實上最常見、最有力的創新形式往往是漸進的。

雖然漸進的創新每一步都很緩慢，但是隨著時間推移和持續穩定的改變，它能累積成顯著的進步。以汽車為例，第一部由蒸汽驅動的汽車是在十八世紀後期開發的。第一部商業化汽車是由德國人賓士（Karl Benz）於 1888 年製造。他的公司後來和戴姆勒（Daimler）公司合併，在今天被稱為梅賽德斯—賓士公司（Mercedes-Benz）。

賓士汽車是一種激進的創新。雖然他的公司撐了下來，不過賓士的大部分對手都沒有成功。美國的第一家汽車公司是杜里埃，只持續了幾年；頭一名進市場的公司並不保證能成功。雖然汽車本身是一種激進的

創新，自從推出以來，經過了一個多世紀的漸進式改變。除了零組件的幾個根本性革命，汽車的創新是一種緩慢平穩的提升，年復一年的改進。因為這麼長久的演進過程，今天的汽車比以前更安靜、更快速、更有效率、更舒適、更安全，如果把通貨膨脹算進去的話也更便宜。

激進的創新會改變典範（paradigm）。打字機是一種激進的創新，對在辦公室和家裡的寫作產生戲劇性影響。它有助於建立婦女在辦公室裡作為打字員和祕書的新角色，而且重新定義了「祕書」（secretary）這種職位，使它成為低層的輔助工作，而不是邁向高階行政職務的第一步。同樣地，汽車改變了家居生活，讓人們能住得離工作地點遠一些，而且從根本上影響了商業世界。儘管汽車根除了城市街道的馬糞污染，但卻變成空氣污染的一大來源，也是意外死亡的主要原因，每年的全球死亡率超過一百萬人。電氣照明、飛機、廣播、電視、家用電腦和社交網站的推出都具有巨大的社會影響。手機改變了通訊業；通訊系統中一種所謂的「分封交換」（packet switching）的方式導致了網際網路的出現。這些都是激進的創新，從根本上改變了人們的生活和工作。漸進的創新則使事情變得更好，兩者我們都需要。

漸進的創新

大部分的設計以漸進的方式進行創新。在理想的情況下，產品不斷重複測試和重新修改。如果有一次修改使得設計變得更糟，下一次會再改回來。到最後，不夠好的地方被修改，而好的地方被保留下來。這就像矇住眼睛爬山：如果跨出一步，覺得走了下坡，試著換另一個方向。如果是上坡，那就再跨一步。重複這樣的過程，直到你達到一個地步，

朝各個方向跨出去都是下坡，那麼你就知道自己到山頂上了（或者至少在一個小尖頂上）。

爬一座山。這種方法是漸進式創新的祕訣，也是第 6 章中所討論的人本設計的核心。爬山是不是一定會成功？雖然這種方式可以保證設計走到山頂，但是它是不是最高的一座山？難道沒有更高的山？用這種方式爬一座山不能幫你找到更高的山頭，它只能幫你找到這座山的頂峰。想試試爬另一座山？考慮一下激進的創新。你可能找到一個更好的選擇（也可能找到一個更糟的選擇）。

激進的創新

漸進的創新從現有的產品開始，把它們變得更好。激進的創新從頭開始，經常被新科技或新功能所引發。例如真空管的發明是一種激進的創新，啟發了後來廣播電視的快速發展。同樣地，電晶體的發明讓電子設備的計算能力及穩定性突飛猛進，並且大量降低成本。全球定位系統的發展引發了各式各樣的地理位置服務（location-based services）。

第二個要考慮的因素是科技的重新定義。現代的數據網路是一個例子。報紙、雜誌和書籍一度被認為是出版業的一部分，和廣播電視大不相同，而兩者和電影及音樂又不一樣。但是一旦網際網路扎了根，隨著電腦和螢幕的低廉價格及強力功能，我們很清楚地看到這些不同的行業實際上只是不同形式的訊息提供者，所有的媒體都可以透過單一的媒介傳達給客戶。這種重新定義的結果，是將出版品、電話、廣播、電視和音樂工業結合在一起。我們仍然有書籍、報紙、雜誌、電視節目、電影、音樂家和音樂，但是它們分布的方式發生了變化，因此相關的行業需

要大規模重組。電子遊戲，另一種激進形態的創新，一方面和電影及視訊結合，另一方面和其他的書籍結合，形成新型的互動方式。這種不同行業之間的碰撞正在發生，最後會成為一種取代現狀的新形態。

激進的創新是很多人所追求的，因為它是劇烈、精彩的改變形式。但是大部分激進的新想法都失敗了。這一章裡的例子說明即使有一些最終成功的發明，也可能需要幾十年，甚至上百年的時間才成功。漸進式產品創新並不容易，但是它的困難遠比不上激進的創新所面臨的挑戰。每一年，我們能看到數以百萬的漸進式改革，但是激進式創新的數目有如鳳毛麟角。

接下來，哪一個行業可能會產生激進式改變？也許是教育、交通運輸、醫療、居住，這些事業都需要根本性的轉型。

設計的心理學：從 1988 年到 2038 年

科技的變化迅速，人和文化的變化緩慢。或者就像法國人所說的：

「事物變化越多，就越保持不變。」

人的環境持續發生改變，但人類進化的步伐是用千年來計算的。文化的演進稍微迅速一些，是以幾十年或幾百年來測量的。小眾文化，如不同的青少年文化，可以在一個世代內發生改變。雖然科技不斷引進新方法，人改變的緩慢速度，意味著人們多不願意改變他們的生活方式。

來看看三個簡單的例子：社會互動、溝通和音樂，代表三種不同的

人類活動。儘管支持這些活動的技術持續發生變化，因為每一種都是很基本的活動，所以它們在人類的歷史中延續下來。它們和飲食活動很類似：新技術不斷改變我們的食物和烹調的方式，但是絕對不會改變我們對飲食的需求。人們經常要我預測「下一波的偉大革命」，我的回答是去研究一些基礎的活動，如社會互動、溝通、運動、遊戲、音樂和娛樂。下一波的變化將在這些活動領域之內發生。只有這些算是基礎活動？當然不是。再加上教育、學習、商業、交通運輸、自我表達、藝術，當然啦，還包括性行為。而且不要忘了重要的生活機能，例如良好的衛生、飲食、衣服和房屋。雖然滿足需求的活動方式會有劇烈的改變，但基本的需求會保持不變。

《設計的心理學》（當時的原名為 *The Psychology of Everyday Things*）於 1988 年首次出版。直到今天，科技已經改變了太多，很多 1988 年的例子已經不再適合。許多互動科技已經改變，然而門、開關和水龍頭仍然和當年一樣帶給我們許多困擾，再加上新科技帶來的困難和混亂。同樣的設計原則仍然適用，一如當年，但這一回它們也必須適用於新的科技，如智慧型裝置、與大量數據來源的互動、社交網站，以及能和世界各地的朋友互動的通訊產品。

我們能用手勢和肢體動作來與機器進行互動，而它們透過聲音、觸感，以及各種尺寸的螢幕與我們溝通。有些螢幕可以穿戴在我們身上，有些在地上、牆上或天花板上，有些則直接投影到我們的眼睛裡。我們對機器說話，而它們對我們回答。因為它們越來越聰明，從家裡的溫度控制器到汽車，人工智慧做了很多本來只有人能做的事情。技術總是不斷變化，也不斷改變我們的生活。

技術在變化，人能保持不變嗎？

因為我們不斷開發互動和溝通的新方式，我們需不需要新的設計原則？如果我們戴上擴增實境（augmented reality）的眼鏡，或在身上植入越來越多的科技，會發生什麼事？用手勢和肢體動作來控制很有趣，但不是很精確，它們的設計原則又是什麼？

數千年來，儘管科技已經發生了根本的變化，人類還是維持不變。這一點在未來是否依然如此？會不會因為我們在身體內添加更多的功能而改變？裝了義肢的人會比普通人更快、更強，會是更好的田徑選手或運動員。我們已經使用植入式助聽器、人工水晶體和人工角膜。如果我們能植入記憶和通信裝置，這意味著有些人始終不會遺忘，永遠能保留現實，從來不會缺乏資訊。植入性的計算裝置也許能提高解決問題以及做決策的能力。人們可能會成為半機械人：一部分是生物體，一部分是科技產品。反過來，機器將變得更像人，具有類似神經系統的計算能力和像人一樣的行為。此外，生物學的新發展可能會發明出人為的補強功能，例如改造人類的基因，或加入生物晶片的機器設備。

這些可能性引起相當大的道德爭議。「科技會變，人不變」這種長期以來的觀點也許不再成立。此外，一個新的物種正在產生：人造的機器能有許多動物和人類的能力，有些能力甚至比人類更好。機器可能比人強這種想法一直是存在的；機器在某些方面的確優越，即使是簡單的計算機也能算得比我們快，這就是為什麼我們要使用計算機。許多電腦會做高等數學，比人類還厲害，使它們成為很有用的研究助理。機器正在改變，人們正在改變，這也意味著文化正在發生變化。

人類的文化不斷被受到新技術的影響，這一點是毋庸置疑的。我們

的生活、家庭人數、居住的安排,以及商業和教育在我們生活中扮演的角色,都被當時的技術所支配。現代的通信技術改變我們分工合作的性質。而隨著科技的前進,如果人能藉由植入的科技提升認知能力,如果機器可以藉由人工智慧得到類似人類的特質,如果生物機械(bionic)技術能增強人的體力,我們可以期待更多的變化。技術、人和文化,一切都會改變。

讓我們變得聰明的事物

科技能讓我們使用全身的肢體運動和手勢,加上高品質視聽設備,將能看到、聽到的世界加以放大,重新詮釋,這些進展給人類史無前例的能力。如果機器能在任何時候,用忠實的方式重現過去任何時間發生的事,人類的記憶還有限制嗎?有一種說法是,科技使我們變得聰明,當我們的認知能力大為提昇之後,能記得的事會遠超過以前的人類。

另一種說法是,技術使我們變笨了。有了科技,我們看起來當然很聰明,但是一旦把科技拿走了,我們比有科技以前更笨。今天,我們已經非常依賴科技;我們靠著科技經驗世界,與人順暢地對話,流利地寫作,以及清楚地記憶。

一旦科技能計算數目,幫我們記住事情,並且告訴我們該怎麼做,我們就沒有必要學習這些事情。但是科技消失的那一瞬間,我們就變得無助,無法運用這些基本的技能,因此覺得痛苦。沒有科技,現代人已經無法剝獸皮或織麻為衣,無法種植並收穫農作或捕獵動物,最後將凍餓而死。沒有維繫認知能力的科技,我們將陷入何等無知的狀態?

這些擔憂早已存在。在古希臘,柏拉圖告訴我們,蘇格拉底抱怨書

籍的後遺症，認為對書面資料的依賴不僅會影響記憶，而且會降低思考辯論的能力和經由討論來學習的需要。蘇格拉底認為，當一個人告訴你一件事，你可以質疑這件事，和這個人討論或爭辯，從而提高對這件事的理解。對著一本書，你能做什麼？你不能和書辯論。

但是長年以來，人類的大腦一直保持大致相同的狀態。人類的智力很明顯沒有因為書籍而減弱。誠然，我們不再學習如何背誦大量資料。我們不再需要精通算術，因為計算機替我們解決了。但是這會讓我們變笨嗎？我不再記得自己的電話號碼，是不是表示我越來越糊塗？不是，剛好相反。使用機器將我們的心靈從枝微末節的小事中釋放出來，讓我們能把注意力集中在重要和關鍵的事情上。

依靠科技有益於人類。隨著科技發展，大腦既不變得更好，也不更壞，但是我們做的事情改變了。人加上機器，比單獨的人或機器來得更強大。

最強的西洋棋電腦可以擊敗最強的人類棋士。但是你猜怎麼著？人加電腦的組合可以擊敗最好的棋士和最強的電腦，更何況，這種組合不一定需要最厲害的人或電腦。正如麻省理工學院教授布林約爾森（Erik Brynjolfsson）在美國國家工程學院的報告：

> 當今世界上最好的西洋棋棋士，不是一部電腦或一個人，而是一個人類加上電腦一起合作的團隊。在開放式西洋棋比賽裡，人類和電腦可以湊隊參加。贏家往往不是有最強的電腦或人類棋士的隊伍。優勝的隊伍能夠利用人類和計算機的獨特長處，一起做決定。這是一個對人類未來的比喻，讓人和科技共同工作，以新的方式來創造價值。（Brynjolfsson, 2012）

　　這是為什麼？布林約爾森和麥克費（Andrew McAfee）引用世界西洋棋冠軍卡斯帕羅夫（Gary Kasparov）的話，來解釋為什麼最近的開放式棋賽的冠軍「既無最好的人類棋士，也沒有最強大的電腦。」卡斯帕羅夫描述，一個冠軍隊伍要包括：

> 兩個美國來的業餘棋士，同時使用三臺電腦。他們指導電腦讓電腦能深入計算的技巧，有效地抵消了西洋棋大師對棋理的理解，和其他參賽電腦的強大計算功能。業餘棋士＋普通電腦＋更好的程式能勝過一部強大的電腦，而更值得注意的是，這個組合也優於西洋棋大師＋電腦＋不好的程式。（**Brynjolfsson & McAfee, 2011**）

　　此外，布林約爾森與麥克費主張，同樣的模式在包括商業與科學在內的許多活動裡出現。「贏得競賽的關鍵不是跟機器競爭，而是和機器合作。幸運的是，人類最強的地方，就是電腦弱的地方，兩者的結合成為一種美麗的合作關係。」

　　聖地牙哥加州大學認知科學家和人類學家哈欽斯（Edwin Hutchins）教授，一直倡導分布式認知（distributed cognition）的力量，亦即某些部分是由人（可以是分布在不同時間和空間的人）來做，其他部分則由科技來做。哈欽斯讓我了解這個組合使得我們變得有多強大。這也回答了以下的問題：「新科技會不會使我們變笨？」當然不會，剛好相反，它只是改變了我們做的事情。正如最強的棋士是人類與科技的結合，我們與科技的結合，讓我們比以往任何時候都來得聰明。如同我在《心科技》一書中所提到，沒有輔助的心智的力量是有限的，我們能靠科技

變得聰明。

> 如果沒有外部的輔助工具，人的心智能力很有限。但是人類的智慧高度靈活，適應力強，能用創新發明克服自身的限制。我們真正的力量來自使用外在的工具輔助自己的認知功能，提高記憶、思考和推理能力。換句話說，我們發明工具，然後用它來讓自己更聰明。有些輔助來自合作的社會行為，有些是利用環境中的資訊，有些則經由認知思考的輔助工具，以補充我們的能力和增強心智力量。（《心科技》，第三章，第一段）

書籍的未來

寫作傳統書籍的輔助工具是一回事，但是當書籍的形式從根本改變，那又是完全另一回事。

為什麼一本由文字和插圖組成的書，必須要從第一頁讀到最後一頁？為什麼不可以有分開獨立的章節，而讀者可以依任何順序閱讀？為什麼不能有一本動態的書，裡面加上短片和聲音？也許它的內容根據閱讀的人而改變，還附帶由其他讀者做的筆記，甚至於作者最近的想法。也許一邊閱讀，內容就跟著改變，而裡面的「文本」可以是任何形式：語音、影片、圖像、圖表和文字。

有些作者，尤其是小說作者，大概還是比較喜歡線性的情節，因為作者是個講故事的人，而在故事中，人物出場和事件的順序是很重要的元素。用它們製造懸疑，吸引讀者的注意，帶領讀者情緒的高低起伏，

這些都是把故事說得精彩的要領。但是對於非小說類（例如這本書），順序並不那麼重要。這本書並不試圖操縱你的情緒，把你懸在那裡，或者製造戲劇性的高潮。你應該可以依喜好的次序體驗這本書，不用照章節閱讀，可以跳過任何你覺得不相關的部分。

如果這是本互動式的書，如何？當你無法理解某些東西，你可以點擊書頁，我就會出來做一番解釋。很多年前，我試過將三本書合併成一本互動式的電子書，但是因為產品開發的致命傷，這項嘗試失敗了：一個太早出現的好點子註定不會成功。

製作那部書費了很多工夫。我和航海家出版公司（Voyager Books）的一個團隊合作，飛到加州聖莫尼加（Santa Monica），花了大約一年的時間拍攝短片和我解說的部分。航海家公司的負責人斯坦恩（Robert Stein）組織了一支很有才華的隊伍，從編輯、製作人、攝影師、互動設計師到插畫家一應俱全。遺憾的是，最後的產品在一個名為 HyperCard 的系統上製作。HyperCard 由蘋果公司開發，是一種聰明的工具，但是從來沒得到蘋果充分的支持。最後，蘋果停止了這項產品。儘管我保留了原始的軟體磁片，這些磁片在今天的電腦上已經不能用了。（即使它們還能用，影片的解析度以今天的標準來說非常差。）

請注意這句話：「製作這部書費了很多工夫。」我不記得到底有多少人參與這項計畫，但是作品最後的致謝名單包括以下諸位：編輯、製作人、藝術指導、美術設計、程式編寫、介面設計（共 4 個人，包括我在內），實際製作團隊（共 27 人），再加上特別感謝 17 人。

今天任何人都有能力錄音、撰稿、拍個短片，並且做簡單的編輯。但是要製作一本專業水準的多媒體電子書，包括大約三百頁的內容及兩小時長的影片，讓世界各地的人能夠閱讀分享，需要相當數量的人才以

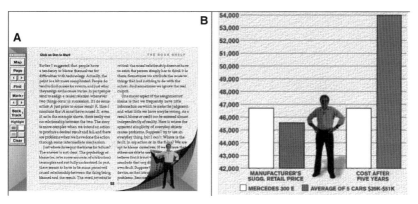

圖 7.5　航海家公司的互動電子書。左側的圖 A 顯示我走上《設計＆日常生活》的一頁。右邊的圖 B 顯示，我在《心科技》一書中解釋一個有關圖表設計的要點。

及各種技能。業餘愛好者可以做五到或十分鐘的短片，但超過這個程度便需要高超的編輯技巧。此外，還要有一位作者、一位攝影師、一位錄音師，和一位燈光照明師，還要有一位導演來協調這些活動，並決定每個場景該怎麼拍最好，再加上一位熟練的剪接師來剪輯所有的片段及組合。美國前副總統高爾（Al Gore）的一部有關環境的電子書《我們的選擇》（*Our Choice*）[3]，列舉了大量的工作職位和協助者：出版者（兩位）、編輯、製作總監、製作編輯和製作主管、軟體架構師、介面工程師、工程師、互動圖形設計、動畫製作、美術設計、攝影編輯、剪接師（兩位）、攝影師、音樂和封面設計。這本書會變得非常貴。

　　新科技的再次出發，是希望使書籍、互動性媒體，以及所有教育性或娛樂性資訊變得更有效及令人愉悅。許多工具使這件事變得很容易，因此我們會看到這種資訊急劇增加。大部分的產品看起來會不夠專業、缺乏完整性、內容鬆散，但即使是業餘者的製作也能對我們的生活提供價值。就像網路上為數龐大的自製影片，能教你各種各樣的事情，從如何做韓式蔥油餅，怎麼修理水龍頭，到了解馬克士威（James Clerk Maxwell）的電磁波方程式。但是要有高品質的專業資訊，要講一個連

貫可靠的故事，還要讓所有細節都正確無誤、含義明確、敘述流暢，就一定需要專家的協助。今天的科技工具釋放了許多人未經琢磨的創造力，但是精緻的專業製作還是很困難。我對未來社會的期待裡混雜著愉悅、深思以及憂慮。

設計的道德義務

設計會影響社會，並不是件新鮮事。許多設計者認真看待這種影響力，但是有意地用設計去影響社會常出現嚴重的副作用，因為並不是每個人對設計都有相同的目標。設計因此常有政治性的內涵，而實際上，在不同政治制度中的設計理念也有所不同。在西方文化中，設計反映了資本主義市場的重要性，並強調會吸引購買意願的外部特徵。在一個消費性經濟裡，要推銷昂貴的食品或飲料，味道並不是一個主要條件，易用性也不是銷售家庭或辦公室電氣用品的首要標準。包圍著我們的商業訊息，不是針對我們使用的東西，而是我們想要的東西。

不必要的功能，不必要的改版：對企業有利，對環保不利

在食品和新聞這類產品的世界，總是需要更多的食物和新聞。當產品被消費時，顧客也是消費者。生產、消費，是個永無止境的循環。在服務業的世界裡，同樣的模式也適用。有人在餐廳裡提供餐點，當我們生病時照顧我們，與我們進行日常的交易。服務業可以持續進行，因為需求是永遠存在的。

　　但是一家製造和銷售耐久商品的企業，面臨一個問題：想要這個產品的人都買了之後，就沒有市場需求了。銷售量滑落，公司只好關門。

　　在 1920 年代，製造商想盡辦法讓他們的產品限期作廢（這種做法在此之前早已存在），讓每一項產品都有一個有限的壽命。有一個故事提到福特（Henry Ford）買了報廢的福特車，叫工程師把它們拆開，看看哪些部分壞了，哪些部分的狀態仍然良好。工程師以為這樣做是為了想找到容易故障的部分，重新設計使它們更加牢靠。錯了，福特告訴他們，他想了解的是仍然狀態良好的部分。如果他們重新設計這些零件，讓它們和其他的部分同時故障，公司可以省下一筆錢。

　　讓東西變得不耐用，不是維持銷售量的唯一途徑。婦女的服裝業是一個例子：今年流行的服飾明年就不流行了，藉以鼓勵女性每一季、每一年替換她們的服裝。同樣的觀念很快被引進到汽車業，車款定期性的明顯變化，讓人能清楚看到誰跟得上流行，誰又落伍了。我們的智慧型手機、攝影機和電視機何嘗不是如此？即使是廚房設備和洗衣機之類的家電，一般都能用個十幾年，也受到了時尚的影響。現在，過時的功能、過時的造型，甚至過時的顏色都能誘使消費者換新家電。這中間有一些性別差異：男人對時裝並不像女人那麼敏感，但他們對最新的汽車和其他科技潮流的關注，有過之而無不及。

　　但是，舊電腦還很好用，為什麼要買新電腦？又為什麼要買新廚具、新冰箱、新手機或新相機？我們是不是真的需要冰箱門上掉冰塊的功能，烤箱門上的螢幕，或是使用立體影像的導航系統？製造這些新產品所消耗的材料和能源，所產生的環境成本是什麼？更不用談處置舊產品引起的環境安全問題。

　　另一種永續的方式是訂閱模式。你有沒有電子閱讀器，或者是音樂

、影片播放器？你可以訂閱文章、新聞、音樂、娛樂和電影的服務。這些媒體都是消耗品，所以儘管智慧螢幕是耐久商品，這些服務能保證持續不斷的收入。不用說，這個模式只有在商品的製造商也提供服務的情況下才行得通。如果不是，有什麼替代模式嗎？

啊，每年的新車款！每一年車廠總是會推出跟去年不同的新車款，而且聲稱比去年更好，新車總會加上一些馬力和功能。同時，科學家、工程師、發明家正忙著開發新科技。你喜歡你的電視嗎？如果它是立體電視，怎麼樣？還附帶多聲道環繞音響。再加上個虛擬實境的護目鏡（virtual goggles），所以你可以看到 360 度的影像。觀看體育節目時，你可以成為球隊的一分子，從球隊的角度體驗這場球賽。汽車不僅能自動行駛，保護你的安全，還在路上提供大量的娛樂。電子遊戲會一直增加新挑戰，新的故事情節和人物，當然再加上立體的虛擬環境。家用電器會彼此交談，將我們日常作息的模式偷偷進行分析。

日常事物的設計正經歷一場極大的危機，將成為功能超載，多餘不必要事物的設計。

設計思維與對設計的思考

只有最終的產品成功了，設計才算成功；人們購買它、使用它、享受它，因而口耳相傳。無論設計的團隊認為它有多麼偉大，一個沒人購買的設計就是一個失敗的設計。

設計師需要做的事情，是滿足人們各方面的需求。功能的需求、容易理解和使用的需求、情感上滿足的需求，讓使用者感覺榮耀和愉悅。

換句話說，設計必須被看成是經驗的總和。

　　但是成功的產品需要的不僅是偉大的設計。它們必須可靠地、有效率地如期生產。如果設計使得工程要求太複雜，以至於它們無法在成本和期限之內完成，那麼這個設計是有缺陷的。同樣地，如果這個設計出來的產品無法生產，那麼設計是有問題的。

　　市場行銷的考慮非常重要。設計者想要滿足人們的需求，而行銷想保證人們會購買和使用該產品。這是兩種不同的要求：產品設計兩者都必須滿足。如果人們不買它，設計得再好也沒有用；而他們開始使用之後不喜歡它，賣得再多也沒有用。如果能更加了解行銷和市場，以及企業的財務考量，設計工作會更有成效。

　　最後，產品有複雜的生命週期。很多人在使用產品時需要幫助，也許是因為設計或說明不明確，或者是因為他們的獨特使用方式在產品開發時沒被考慮，或是許多其他原因。如果提供給這些人的協助不夠，產品將受到影響。同樣地，如果產品必須維護、修理或升級，這些過程如何進行，將影響人們對產品的觀感。

　　由於環保意識的提高，我們必須考慮產品的整個生命週期。我們要知道產品的環境成本，包含材料、製造過程、經銷和維修。如果要更換產品，回收或以其他方式循環利用，對環境的影響又是什麼？

　　產品的開發過程是複雜而困難的，但是對我來說，這也就是它有價值的地方。偉大的產品通過一連串的嚴厲挑戰，要滿足各種要求，需要技巧和耐心，以及許多能力的組合：高超的技術、商業能力，以及成熟的社交能力來跟參與開發的許多專業互動溝通。這些人有自己的目標，而且每一個人都相信自己的要求是最重要的。

　　設計產品是一連串令人興奮的精彩挑戰，每個挑戰都是一個機會。

像所有偉大的戲劇，它有情感的高峰和低谷。偉大的產品能克服低谷的挑戰，而到達最終的峰頂。

現在，就要看你自己了。如果你是一名設計師，請為產品的易用性而奮鬥。如果你是一位使用者，請提供你的聲音，大聲疾呼，要求更容易使用的產品。寫信給製造商，抵制無法使用的不良設計。即使要跑遠一點，即使要多花一點錢，請你支持好的產品設計，並對銷售產品的商店表達你的看法。廠商總是會聽顧客的意見。

當你造訪科技博物館，如果有不能理解的地方一定要發問。對展覽品的內容提出回饋，鼓勵博物館的展覽走向更好的易用性和易理解性。

同時，學著從設計中得到樂趣，審視周遭事物的設計細節。學會觀察，為每一件有助於使用者的小事而喝采，感謝提供這個設計的人。了解細節的重要，想像設計者花了多少工夫，才能保留這些細節。如果你碰到了困難，要記住：這不是你的錯，這是不良設計的錯。鼓勵優良的設計，而指出那些不該鼓勵的錯誤設計。

科技不斷變化，有正面的影響，也有負面的影響。所有的發明都可以被應用在發明者原先預期不到的方向。一個令人興奮的發展，是我所稱的「小而美的崛起」（the rise of the small）。

小而美的崛起

我夢想能看到單獨的個人，或者一群人，充分發揮他們的創造力、想像力，以及聰明才智來開發各種創新的想法。新科技使得這個夢想得以實現；今天，在歷史上第一次，任何人都能分享他們的主意和夢想。他們可以生產自己的產品，創造自己的服務，提供給世界上的任何人。

所有的人都可以成為自己的主人，發揮屬於自己的特殊才能，追求自己的興趣。

是什麼在推動這樣的夢想？是小型、高效能工具的普及。這種工具可以列上一張很長的單子，而且數目持續增長。想想對人類對音樂的探索，從傳統樂器、電子樂器演變到虛擬樂器。又例如個人出版的興起，跳過了傳統的出版商、印刷商和經銷商，代之以廉價的數位出版，你的著作能輕易下載到世界上任何人的電子書閱讀器裡。不再藉由龐大的社會機制，小而美的個人能做很多事。

全世界都看得到的數十億網上影片，就是一個見證。有些是自我宣傳，有些非常有教育性，有些很幽默，有些很嚴肅。它們的範圍從如何做德國麵疙瘩（spätzle），如何理解數學，到怎麼跳舞或演奏樂器。有些影片純粹是為了娛樂，但是大學也來插上一腳，分享學校裡教的整個課程。大學的學生在網上用影片和文字發表自己的作業，讓全世界的人都從他們的努力中獲益。同樣的現象在寫作、新聞、音樂和藝術各方面都在發生。

這些新的能力包括物美價廉、隨手可得的馬達、感應器、電腦和通訊服務。想像如果 3D 列印機的功能提高了，價錢降低了，每個人都能製造自己想要的東西，能實現多少潛在的可能性？世界各地的設計師能發布他們的想法和計畫，會出現一個全新的產業來生產少量訂製的商品，不會比大量生產的來得貴。每一個人都能設計適合自己的物品，或委託越來越多的自由設計師。設計師可以發布自己的設計，然後在當地的 3D 列印店或在自己家裡做出來。

同時，我們看到許多專業者出現，幫助我們規劃飲食、烹飪，修改設計，滿足我們的不同需要。許多專業者在部落格和維基百科分享他們

的知識和專長，而理由只是為了幫助別人，唯一的回報是讀者的感謝。

我夢想能見到另一次文藝復興，讓所有的人都能善用他們的技能和才華。有些人可能為了安全和保障，選擇為公司或大機構服務；有些人會希望建立新的企業；有些人只是為了興趣。有些人可能會組成小團體和合作社，召集各種專業者，分享他們的知識，或找到足夠的人來形成影響力。有些人則願意被聘用，一方面為大型專案或機構提供他們的專業技能，一方面仍然保持自己的自由。

在過去，創新大多發生在工業化國家，隨著時間的推移，每一項發明變得更複雜，往往塞滿了不同功能。舊的技術被轉讓給發展中國家，而環境成本很少受到考慮。但是隨著小而美科技的興起，這些靈活低廉的技術正在改變權力結構。今天，世界上的任何一個人都能創新、設計以及製造。新興的開發國家正在利用這些科技進行各種建設。此外，出於需要，他們發展出的技術耗電更少，同時也更容易製造、維護及使用，例如無需冷藏技術或持續耗電的醫療程序。與其使用已開發國家的舊科技，他們正在發展對所有人都有益處的新科技。

隨著網路、全球通訊、強大的設計，和所有人都能用的製造方式，世界正在迅速改變。設計是一種有效的均衡工具，它所需要的不過是觀察能力、創造力和努力，任何人都能做得到。憑著開放原始碼（open-source）的軟體，便宜而開放專利的 3D 列印機，甚至於開放式教育，我們可以改變世界。

世界在變化，什麼能保持不變？

雖然世界時時在變化，一些基本的原則是不會變的。人類一直是社

會性群體，即使跨越漫長的歷史，社會互動和與人溝通聯繫的需求會繼續下去。這本書裡面所提到的設計原則不會改變；不管是可發現性、回饋、預設用途的作用、指意、對應，及概念模型，這些原則將歷久彌新。即使是完全自動化的系統，它們之間的互動也將遵循這些原則。我們的科技可能會改變，但互動的基本原則將是永久的。

■註釋

1. 譯註：「featuritis」並不是一個字典裡的英文字。「-itis」是疾病的字根，如 bronchitis（氣管炎）。將「feature」和「-itis」連起來，表示功能太多的一種病態。

2. 譯註：NTSC 是美國國家電視系統委員會（National Television System Committee）所制定的數位電視訊號標準，為北美洲和東亞為主的國家所通用。SECAM（Séquentiel Couleur à Mémoire）是法國研發的標準，在法國，非洲，和東歐通用。世界上其他的區域則採用 PAL（Phase Alternating Line）標準。

3. 譯註：這是一個可以在 iTunes 下載的互動性應用。詳情請見 http://pushpoppress.com/ourchoice/。

推薦讀物

在下面的部分，我希望為讀者提供相關的閱讀資料。

在這個能快速獲取訊息的世界，你自己可以找到書中許多主題的相關資訊。舉個例子：在第 5 章中，我討論到根本原因分析，以及日本人所謂的「五個為什麼」方法。雖然我在第 5 章對這些概念的描述還算清楚，想知道更多的讀者可以使用自己喜歡的搜尋網站，用引號中的關鍵詞語搜尋更多的資料。

大多數的相關訊息今天可以在網上找得到。問題是網址通常會改來改去，明天資訊可能不在今天所在的位置。今天嘈雜、不可靠的網際網路，明天可能會被另一種更好的方式所取代（謝天謝地！）。我提供的網址你可能找不到；好消息是，這本書出版後十年內，更好的搜尋方式肯定會出現，應該能更容易幫你找到任何在這本書中所提到的概念。

如果你想知道得更多，這些資料提供了很好的出發點，它們是書中提到概念的重要參考文獻。這些參考資料有兩個意義：第一，它們介紹資料的來源和原作者；第二，讀者可以順著這些參考資料獲得更深，或更新的了解。搜索知識的技能是在二十一世紀取得成功的重要工具。

閱讀設計

當這本書的第一版出版時，互動設計這個領域還不存在，人機互動的研究還處於起步的階段。大多數的研究是還是歸納在「易用性」或「使用者介面」的範圍裡。幾個非常不同的學科都希望為這個領域做更為清晰的定義，但是學科之間很少交流。電腦科學、心理學、人因工程和人體工學都知道彼此的存在，並經常合作，但是設計並不在內。為什麼？上述的學科都屬於科學和工程，換句話說，是科技的領域。而設計當

時主要是屬於藝術或建築學院裡的一門職業，而不是作為一個以研究為
基礎的學科。設計師與科學或工程幾乎從不接觸。雖然有許多優秀的設
計從業者受過良好的訓練，但是基本上沒有理論基礎，而是靠在職學習
，前輩的指導和經驗的累積來成長。

　　在學院裡做研究的人也不了解設計這個重要的行業，因此設計的領
域，尤其是視覺、傳播和工業設計，在新興的人機互動，或者早已存在
的人因工程和人體工學之外獨立發展。機械工程系也有一些產品設計的
課程，但是與設計系也沒有交流。設計根本就不被認為是一個研究領域
，所以沒有機會和其他學科認識或合作。雖然這種早期區隔的痕跡到今
天依然存在，近幾年來，設計逐漸成為一門有研究基礎的學問，而設計
系的師資除了有實際經驗的設計師之外，也開始有博士。這種學科之間
的界限正在消失。

　　這些彼此獨立，卻又關注類似問題的學科，給了這個領域獨特的歷
史，也讓人很難完整提供能涵蓋學術及實務兩方面的參考文獻。不管是
人機互動、體驗設計，或者是易用性研究，各方面的書籍和期刊的數目
非常龐大。我試著將我認為重要的資料列了一個清單，但是數目太多
了，使它變成一個心理學家 Barry Schwartz 在《只想買條牛仔褲》（*The
Paradox of Choice: Why More Is Less*，中譯本天下雜誌出版）中提到的問題
：選擇太多了。所以我決定大量簡化，以下我只能提供極少數的例子。
從這些例子裡你會很容易找到其他資料，包括本書出版之後才發表的研
究。同時，我要向許多朋友致歉，我無法包括他們的重要研究及貢獻。

　　工業設計師 Bill Moggridge 在設計界中建立了互動設計的領域，是
位非常有影響力的設計師。他在第一部手提式電腦的設計中扮演重要角
色，也是 IDEO（世界上最有影響力的設計公司）的三位創始人之一。

透過採訪許多這個領域的重要人物，他寫了兩本關於這個領域早期發展的書：《關鍵設計報告》（*Designing Interactions*，中譯本麥浩斯出版）以及 *Designing Media*。如同一般討論設計的書，他的作品幾乎完全著重於設計的做法，沒有提到科學基礎。舊金山加州藝術學院和史丹福設計學院的教授，以及 IDEO 的研究院士 Barry Katz，在 *Ecosystem of Innovation: The History of Silicon Valley Design* 一書中為設計在美國加州矽谷的歷史做了絕佳的介紹。Bernhard Bürdek 所著的 *Design: History, Theory, and Practice of Product Design* 是一本非常好、非常完整的產品設計史。這本書最初在德國發行，但是有出色的英文譯本，是我能夠找到對產品設計最全面的描述，我強力推薦給想要了解歷史基礎的讀者。

現代的設計師喜歡形容自己的工作，是深入洞察基本的問題，而不是一般人以為的只是讓東西變得漂亮。設計師強調他們處理問題的特殊取向，一種稱為「設計思維」的思考方式。一本介紹了這個方式的好書是由 IDEO 的執行長 Tim Brown 和院士 Barry Katz 所合著的《設計思考改造世界》（*Change by Design*，中譯本聯經出版）。

一本對設計研究很好的介紹書是 Jan Chipchase 和 Simon Steinhardt 所合寫的 *Hidden in Plain Sight*。這本書記述設計研究者如何觀察人們的生活內容，包括家庭、理髮店，和世界各地的居住方式。Chipchase 是 Frog Design 的全球設計研究總監，在上海的設計中心工作。Hugh Beyer 和 Karen Holtzblatt 合寫的 *Contextual Design: Defining Customer-Centered Systems* 提出了行為分析的有效方法，還出了一本有用的工作簿。

我同時想推薦以下這些優秀的書籍：

- Bill Buxton 的 *Sketching User Experience: Getting the Design Right and the Right Design*。

- Del Coates 的 *Watches Tell More Than Time: Product Design, Information, and the Quest for Elegance*。
- Alan Cooper、Robert Reimann 和 David Cronin 合著的 *About Face 3: The Essentials of Interaction Design*。
- Marc Hassenzahl 的 *Experience Design: Technology for All the Right Reasons*。

另外有兩本參考書提供了有關本書主題的全面，詳細的探討：
- Julie Jacko 編纂的 *The Human-Computer Interaction Handbook: Fundamentals, Evolving Technologies, and Emerging Applications*。
- John Lee 和 Alex Kirlik 合著的 *The Oxford Handbook of Cognitive Engineering*。

兩本參考書到底該看哪一本？兩本都非常好。雖然價格稍微貴了點，對設計工作者是值得的。如書名所提示，*The Human-Computer Interaction Handbook* 著重在人機互動方面，主要是討論由電腦增強的互動，而 *The Oxford Handbook of Cognitive Engineering* 廣泛地包含更多的層面。哪本書比較好？這取決於你想解決什麼問題。對我而言，兩本書都不可或缺。

最後，讓我推薦兩個網站：

www.interaction-design.org，互動設計協會。特別注意它的百科全書（Encyclopedia）裡的文章。

www.sigchi.org，計算機協會（Association of Computing Machinery, ACM）是全世界最大的電腦科學的組織，有許多特別主題的研究團體（Special Interest Group, SIG）。其中一個以人機互動（Computer-Human Interaction, CHI）為主題的團體，名為 SIGCHI。

參考文獻

Alexander, C. (1964). *Notes on the synthesis of form*. Cambridge, England: Harvard University Press.

Anderson, R. J. (2008). *Security engineering—A guide to building dependable distributed systems* (2nd edition). New York, NY: Wiley. http://www.cl.cam.ac.uk/~rja14/book.html

Anonymous. (1872). The type writer. *Scientific American, 27*(6, August 10), 1.

Atance, C. M., & O'Neill, D. K. (2001). Episodic future thinking. *Trends in Cognitive Sciences, 5*(12), 533–537. http://www.sciencessociales.uottawa.ca/ccll/eng/documents/15Episodicfuturethinking_000.pdf

Aviation Safety Network. (1992). Accident description: Airbus A320-111. Retrieved February 13, 2013, from http://aviation-safety.net/database/record.php?id=19920120–0

Baum, L. F., & Denslow, W. W. (1900). *The wonderful wizard of Oz*. Chicago, IL; New York, NY: G. M. Hill Co. http://hdl.loc.gov/loc.rbc/gen.32405

Beyer, H., & Holtzblatt, K. (1998). *Contextual design: Defining customer-centered systems*. San Francisco, CA: Morgan Kaufmann.

Bobrow, D., Kaplan, R., Kay, M., Norman, D., Thompson, H., & Winograd, T. (1977). GUS, a frame-driven dialog system. *Artificial Intelligence, 8*(2), 155–173.

Boroditsky, L. (2011). How Languages Construct Time. In S. Dehaene & E. Brannon (Eds.), *Space, time and number in the brain: Searching for the foundations of mathematical thought*. Amsterdam, The Netherlands; New York, NY: Elsevier.

Brown, T., & Katz, B. (2009). *Change by design: How design thinking transforms organizations and inspires innovation*. New York, NY: Harper Business.

Brynjolfsson, E. (2012). Remarks at the June 2012 National Academy of Engineering symposium on Manufacturing, Design, and Innovation. In K. S. Whitefoot & S. Olson (Eds.), *Making value: Integrating manufacturing, design, and innovation to thrive in the changing global economy*. Washington, DC: The National Academies Press.

Brynjolfsson, E., & McAfee, A. (2011). *Race against the machine: How the digital revolution is accelerating innovation, driving productivity, and irreversibly transforming employment and the economy.* Lexington, MA: Digital Frontier Press (Kindle Edition). http://raceagainstthemachine.com/

Bürdek, B. E. (2005). *Design: History, theory, and practice of product design.* Boston, MA: Birkhäuser–Publishers for Architecture.

Buxton, W. (2007). *Sketching user experience: Getting the design right and the right design.* San Francisco, CA: Morgan Kaufmann.

Buxton, W. (2012). Multi-touch systems that I have known and loved. Retrieved February 13, 2013, from http://www.billbuxton.com/multi-touchOverview.html

Carelman, J. (1984). *Catalogue d'objets introuvables: Et cependant indispensables aux personnes telles que acrobates, ajusteurs, amateurs d'art.* Paris, France: Éditions Balland.

Carver, C. S., & Scheier, M. (1998). *On the self-regulation of behavior.* Cambridge, UK; New York, NY: Cambridge University Press.

Chapanis, A., & Lindenbaum, L. E. (1959). A reaction time study of four control-display linkages. *Human Factors, 1*(4), 1–7.

Chipchase, J., & Steinhardt, S. (2013). *Hidden in plain sight: How to create extraordinary products for tomorrow's customers.* New York, NY: HarperCollins.

Christensen, C. M., Cook, S., & Hal, T. (2006). What customers want from your products. *Harvard Business School Newsletter: Working Knowledge.* Retrieved February 2, 2013, from http://hbswk.hbs.edu/item/5170.html

Coates, D. (2003). *Watches tell more than time: Product design, information, and the quest for elegance.* New York, NY: McGraw-Hill.

Colum, P., & Ward, L. (1953). *The Arabian nights: Tales of wonder and magnificence.* New York, NY: Macmillan. (Also see http://www.bartleby.com/16/905.html for a similar rendition of 'Ali Baba and the Forty Thieves.)

Cooper, A., Reimann, R., & Cronin, D. (2007). *About face 3: The essentials of interaction design.* Indianapolis, IN: Wiley.

Cooper, W. E. (Ed.). (1963). *Cognitive aspects of skilled typewriting.* New York, NY: Springer-Verlag.

Csikszentmihalyi, M. (1990). *Flow: The psychology of optimal experience.* New York, NY: Harper & Row.

Csikszentmihalyi, M. (1997). *Finding flow: The psychology of engagement with everyday life.* New York, NY: Basic Books.

Degani, A. (2004). Chapter 8: The grounding of the *Royal Majesty.* In A. Degani (Ed.), *Taming HAL: Designing interfaces beyond 2001.* New York, NY: Palgrave Macmillan. http://ti.arc.nasa.gov/m/profile/adegani/Grounding%20of%20the%20Royal%20Majesty.pdf

Dekker, S. (2011). *Patient safety:A human factors approach.* Boca Raton, FL: CRC Press.

Dekker, S. (2012). *Just culture: Balancing safety and accountability*. Farnham, Surrey, England; Burlington, VT: Ashgate.

Dekker, S. (2013). *Second victim: Error, guilt, trauma, and resilience*. Boca Raton, FL: Taylor & Francis.

Department of Transportation, National Highway Traffic Safety Administration. (2013). Federal motor vehicle safety standards: Minimum sound requirements for hybrid and electric vehicles. Retrieved from https://www.federalregister.gov/articles/2013/01/14/2013-00359/federal-motor-vehicle-safety-standards-minimum-sound-requirements-for-hybrid-and-electric-vehicles-p-79

Design Council. (2005). The "double-diamond" design process model. Retrieved February 9, 2013, from http://www.designcouncil.org.uk/designprocess

Dismukes, R. K. (2012). Prospective memory in workplace and everyday situations. *Current Directions in Psychological Science 21*(4), 215–220.

Duke University Medical Center. (2013). Types of errors. Retrieved February 13, 2013, from http://patientsafetyed.duhs.duke.edu/module_e/types_errors.html

Fischhoff, B. (1975). Hindsight ≠ foresight: The effect of outcome knowledge on judgment under uncertainty. *Journal of Experimental Psychology: Human Perception and Performance, 104*, 288–299. http://www.garfield.library.upenn.edu/classics1992/A1992HX83500001.pdf is a nice reflection on this paper by Baruch Fischhoff, in 1992. (The paper was declared a "citation classic.")

Fischhoff, B. (2012). *Judgment and decision making*. Abingdon, England; New York, NY: Earthscan.

Fischhoff, B., & Kadvany, J. D. (2011). *Risk: A very short introduction*. Oxford, England; New York, NY: Oxford University Press.

Florêncio, D., Herley, C., & Coskun, B. (2007). Do strong web passwords accomplish anything? Paper presented at Proceedings of the 2nd USENIX workshop on hot topics in security, Boston, MA. http://www.usenix.org/event/hotsec07/tech/full_papers/florencio/florencio.pdf and also http://research.microsoft.com/pubs/74162/hotsec07.pdf

Gaver, W. (1997). Auditory Interfaces. In M. Helander, T. K. Landauer, & P. V. Prabhu (Eds.), *Handbook of human-computer interaction* (2nd, completely rev. ed., pp. 1003–1041). Amsterdam, The Netherlands; New York, NY: Elsevier.

Gaver, W. W. (1989). The SonicFinder: An interface that uses auditory icons. *Human-Computer Interaction, 4*(1), 67–94. http://www.informaworld.com/10.1207/s15327051hci0401_3

Gawande, A. (2009). *The checklist manifesto: How to get things right*. New York, NY: Metropolitan Books, Henry Holt and Company.

Gibson, J. J. (1979). *The ecological approach to visual perception*. Boston, MA: Houghton Mifflin.

Goffman, E. (1959). *The presentation of self in everyday life*. Garden City, NY: Doubleday.

Goffman, E. (1974). *Frame analysis: An essay on the organization of experience*. New York, NY: Harper & Row.

Gore, A. (2011). *Our choice: A plan to solve the climate crisis* (ebook edition). Emmaus, PA: Push Pop Press, Rodale, and Melcher Media. http://pushpoppress.com/ourchoice/

Greenberg, S., Carpendale, S., Marquardt, N., & Buxton, B. (2012). *Sketching user experiences: The workbook*. Waltham, MA: Morgan Kaufmann.

Grossmann, I., Na, J., Varnum, M. E. W., Park, D. C., Kitayama, S., & Nisbett, R. E. (2010). Reasoning about social conflicts improves into old age. *Proceedings of the National Academy of Sciences*. http://www.pnas.org/content/early/2010/03/23/1001715107.abstract

Gygi, B., & Shafiro, V. (2010). *From signal to substance and back: Insights from environmental sound research to auditory display design* (Vol. 5954). Berlin & Heidelberg, Germany: Springer. http://link.springer.com/chapter/10.1007%2F978–3–642–12439–6_16?LI=true

Hassenzahl, M. (2010). *Experience design: Technology for all the right reasons*. San Rafael, CA: Morgan & Claypool.

Hollan, J. D., Hutchins, E., & Kirsh, D. (2000). Distributed cognition: A new foundation for human-computer interaction research. *ACM Transactions on Human-Computer Interaction: Special Issue on Human-Computer Interaction in the New Millennium, 7*(2), 174–196. http://hci.ucsd.edu/lab/hci_papers/JH1999–2.pdf

Hollnagel, E., Woods, D. D., & Leveson, N. (Eds.). (2006). *Resilience engineering: Concepts and precepts*. Aldershot, England; Burlington, VT: Ashgate. http://www.loc.gov/catdir/toc/ecip0518/2005024896.html

Holtzblatt, K., Wendell, J., & Wood, S. (2004). *Rapid contextual design: A how-to guide to key techniques for user-centered design*. San Francisco, CA: Morgan Kaufmann.

Hurst, R. (1976). *Pilot error: A professional study of contributory factors*. London, England: Crosby Lockwood Staples.

Hurst, R., & Hurst, L. R. (1982). *Pilot error: The human factors* (2nd edition). London, England; New York, NY: Granada.

Hutchins, E., J., Hollan, J., & Norman, D. A. (1986). Direct manipulation interfaces. In D. A. Norman & S. W. Draper (Eds.), *User centered system design; New perspectives on human-computer interaction* (pp. 339–352). Mahwah, NJ: Lawrence Erlbaum Associates.

Hyman, I. E., Boss, S. M., Wise, B. M., McKenzie, K. E., & Caggiano, J. M. (2010). Did you see the unicycling clown? Inattentional blindness while walking and talking on a cell phone. *Applied Cognitive Psychology, 24*(5), 597–607. http://dx.doi.org/10.1002/acp.1638

IDEO. (2013). Human-centered design toolkit. IDEO website. Retrieved February 9, 2013, from http://www.ideo.com/work/human-centered-design-toolkit/

Inspector General United States Department of Defense. (2013). *Assessment of the USAF aircraft accident investigation board (AIB) report on the F-22A mishap of November 16, 2010*. Alexandria, VA: The Department of Defense Office of the Deputy Inspector General for Policy and Oversight. http://www.dodig.mil/pubs/documents/DODIG-2013–041.pdf

Jacko, J. A. (2012). *The human-computer interaction handbook: Fundamentals, evolving technologies, and emerging applications* (3rd edition.). Boca Raton, FL: CRC Press.

Jones, J. C. (1984). *Essays in design.* Chichester, England; New York, NY: Wiley.

Jones, J. C. (1992). *Design methods* (2nd edition). New York, NY: Van Nostrand Reinhold.

Kahneman, D. (2011). *Thinking, fast and slow.* New York, NY: Farrar, Straus and Giroux.

Katz, B. (2014). *Ecosystem of innovation: The history of Silicon Valley design.* Cambridge, MA: MIT Press.

Kay, N. (2013). Rerun the tape of history and QWERTY always wins. *Research Policy.*

Kempton, W. (1986). Two theories of home heat control. *Cognitive Science, 10,* 75–90.

Kumar, V. (2013). *101 design methods: A structured approach for driving innovation in your organization.* Hoboken, NJ: Wiley. http://www.101designmethods.com/

Lee, J. D., & Kirlik, A. (2013). *The Oxford handbook of cognitive engineering.* New York: Oxford University Press.

Leveson, N. (2012). *Engineering a safer world.* Cambridge, MA: MIT Press. http://mitpress.mit.edu/books/engineering-safer-world

Leveson, N. G. (1995). *Safeware: System safety and computers.* Reading, MA: Addison-Wesley.

Levitt, T. (1983). *The marketing imagination.* New York, NY; London, England: Free Press; Collier Macmillan.

Lewis, K., & Herndon, B. (2011). Transactive memory systems: Current issues and future research directions. *Organization Science, 22*(5), 1254–1265.

Lord, A. B. (1960). *The singer of tales.* Cambridge, MA: Harvard University Press.

Lützhöft, M. H., & Dekker, S. W. A. (2002). On your watch: Automation on the bridge. *Journal of Navigation, 55*(1), 83–96.

Mashey, J. R. (1976). Using a command language as a high-level programming language. Paper presented at *Proceedings of the 2nd international conference on Software engineering,* San Francisco, California, USA.

Mehta, N. (1982). *A flexible machine interface.* M.S. Thesis, Department of Electrical Engineering, University of Toronto.

Meisler, S. (1986, December 31). Short-lived coin is a dealer's delight. *Los Angeles Times,* 1–7.

Moggridge, B. (2007). *Designing interactions.* Cambridge, MA: MIT Press. http://www.designinginteractions.com—Chapter 10 describes the methods of interaction design: http://www.designinginteractions.com/chapters/10

Moggridge, B. (2010). *Designing media.* Cambridge, MA: MIT Press.

Moon, Y. (2010). *Different: Escaping the competitive herd.* New York, NY: Crown Publishers.

NASA, A. S. R. S. (2013). NASA Aviation Safety Reporting System. Retrieved February 19, 2013, from http://asrs.arc.nasa.gov

National Institute of Health. (2013). PubMed Health: Carpal tunnel syndrome. From http://www.ncbi.nlm.nih.gov/pubmedhealth/PMH0001469/

National Research Council Steering Committee on the Usability Security and Privacy of Computer Systems. (2010). *Toward better usability, security, and privacy of information technology: Report of a workshop.* The National Academies Press. http://www.nap.edu/openbook.php?record_id=12998

National Transportation Safety Board. (1982). *Aircraft accident report: Air Florida, Inc., Boeing 737-222, N62AF, collision with 14th Street Bridge near Washington National Airport (Executive Summary).* NTSB Report No. AAR-82-08. http://www.ntsb.gov/investigations/summary/AAR8208.html

National Transportation Safety Board. (1997). *Marine accident report grounding of the Panamanian passenger ship ROYAL MAJESTY on Rose and Crown Shoal near Nantucket, Massachusetts June 10, 1995* (NTSB Report No. MAR-97-01, adopted on 4/2/1997): National Transportation Safety Board. Washington, DC. http://www.ntsb.gov/doclib/reports/1997/mar9701.pdf

National Transportation Safety Board. (2013). NTSB Press Release: NTSB identifies origin of JAL Boeing 787 battery fire; design, certification and manufacturing processes come under scrutiny. Retrieved February 16, 2013, from http://www.ntsb.gov/news/2013/130207.html

Nickerson, R. S., & Adams, M. J. (1979). Long-term memory for a common object. *Cognitive Psychology, 11*(3), 287–307. http://www.sciencedirect.com/science/article/pii/0010028579900136

Nielsen, J. (2013). Why you only need to test with 5 users. Nielsen Norman group website. Retrieved February 9, 2013, from http://www.nngroup.com/articles/why-you-only-need-to-test-with-5-users/

Nikkan Kogyo Shimbun, Ltd. (Ed.). (1988). *Poka-yoke: Improving product quality by preventing defects.* Cambridge, MA: Productivity Press.

Norman, D. A. (1969, 1976). *Memory and attention: An introduction to human information processing* (1st, 2nd editions). New York, NY: Wiley.

Norman, D. A. (1973). Memory, knowledge, and the answering of questions. In R. Solso (Ed.), *Contemporary issues in cognitive psychology: The Loyola symposium.* Washington, DC: Winston.

Norman, D. A. (1981). Categorization of action slips. *Psychological Review, 88*(1), 1–15.

Norman, D. A. (1982). *Learning and memory.* New York, NY: Freeman.

Norman, D. A. (1983). Design rules based on analyses of human error. *Communications of the ACM, 26*(4), 254–258.

Norman, D. A. (1988). *The psychology of everyday things.* New York, NY: Basic Books. (Reissued in 1990 [Garden City, NY: Doubleday] and in 2002 [New York, NY: Basic Books] as *The design of everyday things.*)

Norman, D. A. (1992). Coffee cups in the cockpit. In *Turn signals are the facial expressions of automobiles* (pp. 154–174). Cambridge, MA: Perseus Publishing. http://www.jnd.org/dn.mss/chapter_16_coffee_c.html

Norman, D. A. (1993). *Things that make us smart.* Cambridge, MA: Perseus Publishing.

Norman, D. A. (1994). *Defending human attributes in the age of the machine*. New York, NY: Voyager. http://vimeo.com/18687931

Norman, D. A. (2002). Emotion and design: Attractive things work better. *Interactions Magazine, 9*(4), 36–42. http://www.jnd.org/dn.mss/Emotion -and-design.html

Norman, D. A. (2004). *Emotional design: Why we love (or hate) everyday things*. New York, NY: Basic Books.

Norman, D. A. (2007). *The design of future things*. New York, NY: Basic Books.

Norman, D. A. (2009). When security gets in the way. *Interactions, 16*(6), 60–63. http://jnd.org/dn.mss/when_security_gets_in_the_way.html

Norman, D. A. (2010). *Living with complexity*. Cambridge, MA: MIT Press.

Norman, D. A. (2011a). The rise of the small. *Essays in honor of the 100th anniversary of Steelcase*. From http://100.steelcase.com/mind/don-norman/

Norman, D. A. (2011b). Video: Conceptual models. Retrieved July 19, 2012, from http://www.interaction-design.org/tv/conceptual_models.html

Norman, D. A., & Bobrow, D. G. (1979). Descriptions: An intermediate stage in memory retrieval. *Cognitive Psychology, 11*, 107–123.

Norman, D. A., & Draper, S. W. (1986). *User centered system design: New perspectives on human-computer interaction*. Mahwah, NJ: Lawrence Erlbaum Associates.

Norman, D. A., & Fisher, D. (1984). Why alphabetic keyboards are not easy to use: Keyboard layout doesn't much matter. *Human Factors, 24*, 509–519.

Norman, D. A., & Ortony, A. (2006). Designers and users: Two perspectives on emotion and design. In S. Bagnara & G. Crampton-Smith (Eds.), *Theories and practice in interaction design* (pp. 91–103). Mahwah, NJ: Lawrence Erlbaum Associates.

Norman, D. A., & Rumelhart, D. E. (1963). Studies of typing from the LNR Research Group. In W. E. Cooper (Ed.), *Cognitive aspects of skilled typewriting*. New York, NY: Springer-Verlag.

Norman, D. A., & Verganti, R. (in press, 2014). Incremental and radical innovation: Design research versus technology and meaning change. *Design Issues*. http://www.jnd.org/dn.mss/incremental_and_radi.html

Núñez, R., & Sweetser, E. (2006). With the future behind them: Convergent evidence from Aymara language and gesture in the crosslinguistic comparison of spatial construals of time. *Cognitive Science, 30*(3), 401–450.

Ortony, A., Norman, D. A., & Revelle, W. (2005). The role of affect and proto-affect in effective functioning. In J.-M. Fellous & M. A. Arbib (Eds.), *Who needs emotions? The brain meets the robot* (pp. 173–202). New York, NY: Oxford University Press.

Oudiette, D., Antony, J. W., Creery, J. D., & Paller, K. A. (2013). The role of memory reactivation during wakefulness and sleep in determining which memories endure. *Journal of Neuroscience, 33*(15), 6672.

Perrow, C. (1999). *Normal accidents: Living with high-risk technologies*. Princeton, NJ: Princeton University Press.

Portigal, S., & Norvaisas, J. (2011). Elevator pitch. *Interactions, 18*(4, July), 14–16. http://interactions.acm.org/archive/view/july-august-2011/elevator-pitch1

Rasmussen, J. (1983). Skills, rules, and knowledge: Signals, signs, and symbols, and other distinctions in human performance models. *IEEE Transactions on Systems, Man, and Cybernetics, SMC-13,* 257–266.

Rasmussen, J., Duncan, K., & Leplat, J. (1987). *New technology and human error.* Chichester, England; New York, NY: Wiley.

Rasmussen, J., Goodstein, L. P., Andersen, H. B., & Olsen, S. E. (1988). *Tasks, errors, and mental models: A festschrift to celebrate the 60th birthday of Professor Jens Rasmussen.* London, England; New York, NY: Taylor & Francis.

Rasmussen, J., Pejtersen, A. M., & Goodstein, L. P. (1994). *Cognitive systems engineering.* New York, NY: Wiley.

Reason, J. T. (1979). Actions not as planned. In G. Underwood & R. Stevens (Eds.), *Aspects of consciousness.* London: Academic Press.

Reason, J. (1990). The contribution of latent human failures to the breakdown of complex systems. *Philosophical Transactions of the Royal Society of London. Series B, Biological Sciences 327*(1241), 475–484.

Reason, J. T. (1990). *Human error.* Cambridge, England; New York, NY: Cambridge University Press.

Reason, J. T. (1997). *Managing the risks of organizational accidents.* Aldershot, England; Brookfield, VT: Ashgate.

Reason, J. T. (2008). *The human contribution: Unsafe acts, accidents and heroic recoveries.* Farnham, England; Burlington, VT: Ashgate.

Roitsch, P. A., Babcock, G. L., & Edmunds, W. W. (undated). *Human factors report on the Tenerife accident.* Washington, DC: Air Line Pilots Association. http://www.skybrary.aero/bookshelf/books/35.pdf

Romero, S. (2013, January 27). Frenzied scene as toll tops 200 in Brazil blaze. *New York Times,* from http://www.nytimes.com/2013/01/28/world/americas /brazil-nightclub-fire.html?_r=0 Also see: http://thelede.blogs.nytimes .com/2013/01/27/fire-at-a-nightclub-in-southern-brazil/?ref=americas

Ross, N., & Tweedie, N. (2012, April 28). Air France Flight 447: "Damn it, we're going to crash." *The Telegraph,* from http://www.telegraph.co.uk /technology/9231855/Air-France-Flight-447-Damn-it-were-going-to -crash.html

Rubin, D. C., & Kontis, T. C. (1983). A schema for common cents. *Memory & Cognition, 11*(4), 335–341. http://dx.doi.org/10.3758/BF03202446

Rubin, D. C., & Wallace, W. T. (1989). Rhyme and reason: Analyses of dual retrieval cues. *Journal of Experimental Psychology: Learning, Memory, and Cognition, 15*(4), 698–709.

Rumelhart, D. E., & Norman, D. A. (1982). Simulating a skilled typist: A study of skilled cognitive-motor performance. *Cognitive Science, 6,* 1–36.

Saffer, D. (2009). *Designing gestural interfaces.* Cambridge, MA: O'Reilly.

Schacter, D. L. (2001). *The seven sins of memory: How the mind forgets and remembers.* Boston, MA: Houghton Mifflin.

Schank, R. C., & Abelson, R. P. (1977). *Scripts, plans, goals, and understanding: An inquiry into human knowledge structures.* Hillsdale, NJ: L. Erlbaum Associates; distributed by the Halsted Press Division of John Wiley and Sons.

Schieber, F. (2003). Human factors and aging: Identifying and compensating for age-related deficits in sensory and cognitive function. In N. Charness & K. W. Schaie (Eds.), *Impact of technology on successful aging* (pp. 42–84). New York, NY: Springer Publishing Company. http://sunburst.usd .edu/~schieber/psyc423/pdf/human-factors.pdf

Schneier, B. (2000). *Secrets and lies: Digital security in a networked world*. New York, NY: Wiley.

Schwartz, B. (2005). *The paradox of choice: Why more is less*. New York, NY: HarperCollins.

Seligman, M. E. P. (1992). *Helplessness: On depression, development, and death*. New York, NY: W. H. Freeman.

Seligman, M. E. P., & Csikszentmihalyi, M. (2000). Positive psychology: An introduction. *American Psychologist, 55*(1), 5–14.

Sharp, H., Rogers, Y., & Preece, J. (2007). *Interaction design: Beyond human-computer interaction* (2nd edition). Hoboken, NJ: Wiley.

Shingo, S. (1986). *Zero quality control: Source inspection and the poka-yoke system*. Stamford, CT: Productivity Press.

Smith, P. (2007). Ask the pilot: A look back at the catastrophic chain of events that caused history's deadliest plane crash 30 years ago. Retrieved from http://www.salon.com/2007/04/06/askthepilot227/ on February 7, 2013.

Spanish Ministry of Transport and Communications. (1978). *Report of a collision between PAA B-747 and KLM B-747 at Tenerife, March 27, 1977*. Translation published in *Aviation Week and Space Technology*, November 20 and 27, 1987.

Spink, A., Cole, C., & Waller, M. (2008). Multitasking behavior. *Annual Review of Information Science and Technology, 42*(1), 93–118.

Strayer, D. L., & Drews, F. A. (2007). Cell-phone–induced driver distraction. *Current Directions in Psychological Science, 16*(3), 128–131.

Strayer, D. L., Drews, F. A., & Crouch, D. J. (2006). A Comparison of the cell phone driver and the drunk driver. *Human Factors: The Journal of the Human Factors and Ergonomics Society, 48*(2), 381–391.

Toyota Motor Europe Corporate Site. (2013). Toyota production system. Retrieved February 19, 2013, from http://www.toyota.eu/about/Pages /toyota_production_system.aspx

Verganti, R. (2009). *Design-driven innovation: Changing the rules of competition by radically innovating what things mean*. Boston, MA: Harvard Business Press. http://www.designdriveninnovation.com/

Verganti, R. (2010). User-centered innovation is not sustainable. *Harvard Business Review Blogs* (March 19, 2010). http://blogs.hbr.org/cs/2010/03 /user-centered_innovation_is_no.html

Vermeulen, J., Luyten, K., Hoven, E. V. D., & Coninx, K. (2013). Crossing the bridge over Norman's gulf of execution: Revealing feedforward's true identity. Paper presented at CHI 2013, Paris, France.

Wegner, D. M. (1987). Transactive memory: A contemporary analysis of the group mind. In B. Mullen & G. R. Goethals (Eds.), *Theories of group behavior* (pp. 185–208). New York, NY: Springer-Verlag. http://www.wjh. harvard.edu/~wegner/pdfs/Wegner Transactive Memory.pdf

Wegner, T. G., & Wegner, D. M. (1995). Transactive memory. In A. S. R. Manstead & M. Hewstone (Eds.), *The Blackwell encyclopedia of social psychology* (pp. 654–656). Oxford, England; Cambridge, MA: Blackwell.

Whitehead, A. N. (1911). *An introduction to mathematics.* New York, NY: Henry Holt and Company

Wiki of Science (2013). Error (human error). Retrieved from http://wikiof science.wikidot.com/quasiscience:error on February 6, 2013.

Wikipedia contributors. (2013a). Air Inter Flight 148. *Wikipedia, The Free Encyclopedia.* Retrieved February 13, 2103, from http://en.wikipedia.org /w/index.php?title=Air_Inter_Flight_148&oldid=534971641

Wikipedia contributors. (2013b). Decimal time. *Wikipedia, The Free Encyclopedia.* Retrieved February 13, 2013, from http://en.wikipedia.org/w/index.php ?title=Decimal_time&oldid=501199184

Wikipedia contributors. (2013c). Stigler's law of eponymy. *Wikipedia, The Free Encyclopedia.* Retrieved February 2, 2013, from http://en.wikipedia .org/w/index.php?title=Stigler%27s_law_of_eponymy&oldid=531524843

Wikipedia contributors. (2013d). Telephonoscope. *Wikipedia, The Free Encyclopedia.* Retrieved February 8, 2013, from http://en.wikipedia.org/w/index.php ?title=Telephonoscope&oldid=535002147

Winograd, E., & Soloway, R. M. (1986). On forgetting the locations of things stored in special places. *Journal of Experimental Psychology: General, 115*(4), 366–372.

Woods, D. D., Dekker, S., Cook, R., Johannesen, L., & Sarter, N. (2010). *Behind human error* (2nd edition). Farnham, Surry, UK; Burlington, VT: Ashgate.

Yasuoka, K., & Yasuoka, M. (2013). QWERTY people archive. Retrieved February 8, 2013, from http://kanji.zinbun.kyoto-u.ac.jp/db-machine/~yasuoka /QWERTY/

Zhai, S., & Kristensson, P. O. (2012). The word-gesture keyboard: Reimagining keyboard interaction. *Communications of the ACM, 55*(9), 91–101. http:// www.shuminzhai.com/shapewriter-pubs.htm

國家圖書館出版品預行編目（CIP）資料

設計的心理學：人性化的產品設計如何改變世界／
　Donald A. Norman 著；陳宜秀譯．
　-- 初版 . -- 臺北　市；遠流 , 2014.08
　　面；　公分 . -- （大眾心理館；341）
　譯自：The design of everyday things

　ISBN 978-957-32-7458-2（平裝）

　1. 工業設計　2. 人體工學

440.19　　　　　　　　　　　　　103012877

THE DESIGN OF EVERYDAY THINGS: Revised and Expanded Edition
Copyright © 2013 by Don Norman
Complex Chinese translation copyright © 2020, 2014 by Yuan-Liou Publishing Co., Ltd.
Published by arrangement with Basic Books, a Member of Perseus Books Group
　through Bardon-Chinese Media Agency
博達著作權代理有限公司
All rights reserved

大眾心理館 341
設計的心理學
── 人性化的產品設計如何改變世界

作者：Donald A. Norman
譯者：陳宜秀
策劃：吳靜吉博士
主編：林淑慎
執行編輯：廖怡茜

發行人：王榮文
出版發行：遠流出版事業股份有限公司
104005 台北市中山北路一段 11 號 13 樓
郵撥／0189456-1
電話／2571-0297　　傳真／2571-0197

著作權顧問：蕭雄淋律師
2014 年 8 月 1 日　初版一刷
2024 年 1 月 1 日　初版二十刷
售價新台幣 420 元（缺頁或破損的書，請寄回更換）

有著作權‧侵害必究　　Printed in Taiwan
ISBN 978-957-32-7458-2　　（英文版 ISBN 978-0-465-05065-9）

YLib 遠流博識網
http://www.ylib.com　　　E-mail: ylib@ylib.com
【增訂版《設計 & 日常生活》，原大眾心理學叢書 310，2007 年】